工业机器人
与现场总线网络技术

黄 风　编著

化学工业出版社

·北京·

工业以太网是当前自动控制工程中广泛应用的技术，一个项目中通常有大量的机器人通过以太网联网使用。本书是一本综合性的工业机器人在现场总线以及工业以太网中应用的技术手册，重点介绍了机器人联网使用后的各种应用功能，对通信格式、参数设置、数据链接、实时控制都有详细说明，提供了编程样例，以及无缝信息链接 SLMP 技术，具有重要的实际参考价值。全书以 CC-Link 总线为代表，介绍了现场总线的技术规范，包括主从站连接、参数设置、PLC 编程，列举了许多工业机器人在现场总线中的应用案例和机器人与触摸屏的连接使用案例。

　　本书适用于自动化控制领域特别是机器人行业的工程师、操作工人、维护保养技术人员学习查阅，也可供高等院校的教师和相关专业的学生学习参考。

图书在版编目（CIP）数据

工业机器人与现场总线网络技术/黄风编著. —北京：化学工业出版社，2020.2
　ISBN 978-7-122-35681-9

　Ⅰ.①工⋯　Ⅱ.①黄⋯　Ⅲ.①工业机器人-应用-总线-技术-研究　Ⅳ.①TP336

中国版本图书馆 CIP 数据核字（2019）第 253162 号

责任编辑：张兴辉	文字编辑：陈　喆
责任校对：杜杏然	装帧设计：王晓宇

出版发行：化学工业出版社（北京市东城区青年湖南街 13 号　邮政编码 100011）
印　　装：大厂聚鑫印刷有限责任公司
787mm×1092mm　1/16　印张 25　字数 643 千字　2020 年 4 月北京第 1 版第 1 次印刷

购书咨询：010-64518888　　　　　　　售后服务：010-64518899
网　　址：http://www.cip.com.cn
凡购买本书，如有缺损质量问题，本社销售中心负责调换。

前　言

　　20 世纪 60 年代，在山城桂林的一个"小人书摊"前，一个小孩坐在小凳上看一本科幻小人书，书中讲述了一个机器人冒充足球队员踢球的故事，这个冒名顶替的"足球队员"又能跑、又能抢，关键是射门准确，只要球队处于劣势，把他换上场就无往不胜。　这个故事太吸引人了，小孩恨不得自己就是那个机器人。　这个小孩就是当年的我。　50 多年过去了，有些当年的科幻变成了现实，有些现实超越了当年的科幻。

　　机器人在我们的生活中越来越多地出现。　工业机器人是机器人领域的重要分支。　近年来，工业机器人在制造领域的应用如火如荼，已经成为智能制造的核心技术。　工业机器人行业是国家和地方政府大力扶持、重点倾斜的高新技术行业，工业机器人销量在全球所有主要市场均出现增长。　2017 年我国工业机器人产量达 13 万套，累计增长 68.1%。　2018～2019 年中国安装的工业机器人数量位居全球之首。

　　在自动化控制工程领域，联网控制是基本控制要求，机器人大量使用在各生产现场，如汽车制造领域、各种流水线，通过现场总线或工业以太网可以将大量的机器人联网控制使用。

　　本书从实用的角度出发，对工业机器人在现场总线以及工业以太网中的应用做了深入浅出的介绍，并提供了大量的应用案例。

　　本书第 1 篇（第 1～8 章）是现场总线的使用介绍。　以 CC-Link 现场总线为代表，介绍了现场总线的技术规范，包括安装连接、参数设置、主站与各从站的通信、相关 PLC 编程。

　　本书第 2 篇（第 9～12 章）介绍了工业机器人在现场总线中的使用技术。　以机器人配置的 CC-Link 卡为代表，介绍了机器人 CC-Link 卡的技术规范，包括安装连接、参数设置、通信、相关 PLC 编程，并提供了应用案例。

　　本书第 3 篇（第 13 章）介绍了工业机器人与触摸屏的连接和使用及其应用案例。

　　本书第 4 篇（第 14～22 章）介绍了工业机器人在以太网中的应用技术。　介绍了安装连接、参数设置、数据链接通信和实时控制以及无缝信息链接 SLMP 技术，并提供了应用案例。

　　感谢林步东先生对本书的写作提供了大量的支持。

　　作者水平有限，书中不免有疏漏，希望读者批评、指教和交流。

　　作者邮箱：hhhfff57710@ 163. com。

编著者

目　录

第 3 篇 工业机器人与触摸屏的连接

第 4 篇　工业机器人在以太网联网控制中的应用

第 **1** 篇

现场总线网络技术

第1章

CC-Link现场总线概说

1.1 概说

CC-Link是"控制和通信链接"的缩写。CC-Link现场总线网络是一种用于工业现场的控制和通信网络,已经列入国标。

CC-Link用专用电缆连接"I/O模块""智能模块"和"特殊功能模块"这样的分布式模块,在连接这些模块后,就可以由PLC CPU控制这些分布式模块。

CC-Link现场总线特点:

① 将各CC-Link专用模块分布安装到生产现场的生产线或单机设备上,可以提高整个系统的配线效率,节约成本并提高可靠性。

② 可以高速发送和接收由各从站处理的输入、输出信号和数字数据。

③ 可以通过连接多个PLC CPU配置一个简单的分布式系统。如图1-1所示。

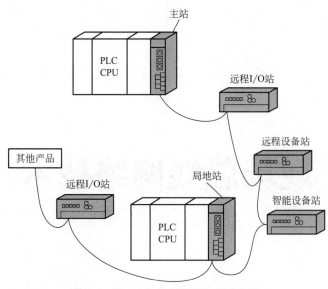

图1-1 CC-Link现场总线网络的构成

1.2 技术术语解释

① 主站 控制数据链接系统的站。

② 远程I/O站 只处理"开关量"[以"位(bit)"为单位]的远程站。远程I/O站多为"输入、输出单元"。

③ 远程设备站　只处理以"位（bit）"为单位和以"字（Word）"为单位的数据的远程站。例如"模拟量转换单元"和"变频器"等。

④ 局地站　有一个 PLC CPU 并且可以和"主站"以及"其他局地站"通信的站。

⑤ 智能设备站　可以执行数据瞬时传送的站。例如"运动控制单元"。

1.3　CC-Link 现场总线主要功能

CC-Link 现场总线的主要功能如下。

（1）主站与远程 I/O 站通信

远程 I/O 站中的开关（输入信号）或指示灯（输出信号）等的 ON/OFF 状态通过主站的远程输入 RX 和远程输出 RY 与 PLC CPU 进行通信。如图 1-2 所示。

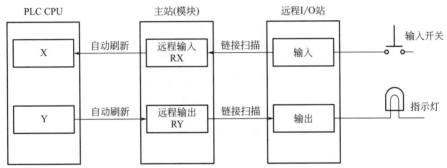

图 1-2　主站与远程 I/O 站通信

（2）主站与远程设备站通信

远程设备站输入、输出的信号使用远程输入 RX 和远程输出 RY 与主站进行通信。主站与远程设备站进行数据通信则用远程寄存器 RWw 和 RWr。如图 1-3 所示。

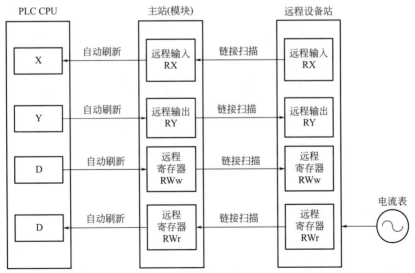

图 1-3　主站与远程设备站通信

（3）主站与局地站通信

主站和局地站之间的通信使用两种传送方法：循环传送和瞬时传送。

① 循环传送 PLC CPU 之间的数据通信可以使用位数据（远程输入 RX 和远程输出 RY）和字数据（远程寄存器 RWw 和 RWr）以 $N:N$ 的模式进行。如图 1-4 所示。

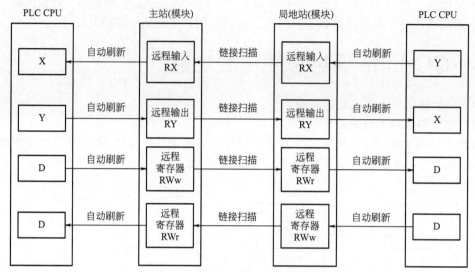

图 1-4 主站与局地站通信（循环）

② 瞬时传送 主站与局地站缓冲存储器（缓存器）的通信使用 PLC CPU 的专用指令"读（RIRD）"或"写（RIWT）"可以在任何时序进行。如图 1-5 所示。

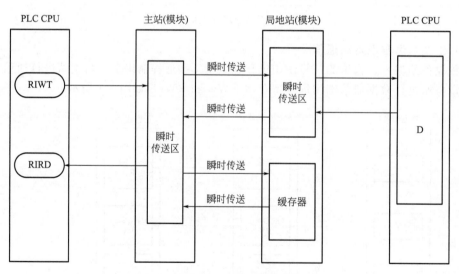

图 1-5 主站与局地站通信（瞬时）

（4）主站与智能设备站通信

主站与智能设备站之间的通信使用两种传送方法：循环传送和瞬时传送。

① 循环传送 主站和智能设备站之间的"开关量"信号（例如"定位开始""定位结束"等）通信使用远程输入 RX 和远程输出 RY 进行。主站和智能设备站之间的"字数据（Word）"通信则使用远程寄存器 RWw 和 RWr 进行。如图 1-6 所示。

② 瞬时传送 对智能设备站缓冲存储器的"读（RIRD）"或"写（RIWT）"可以在任何时序进行。如图 1-7 所示。

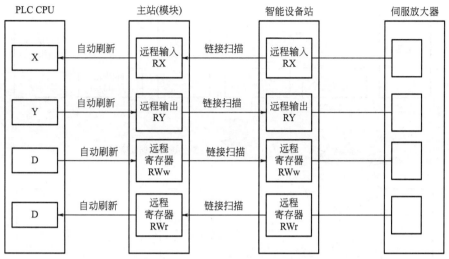

图 1-6　主站与智能设备站通信（循环）

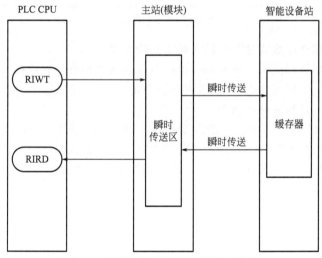

图 1-7　主站与智能设备站通信（瞬时）

（5）宕机预防（从站切断功能）

在网络连接系统中，如果有一个站出现故障，可能会对其他站产生影响。CC-Link 因为采用总线连接方法，即使一个模块系统因故障或停电而失效，也不会影响其他正常模块的通信，而且，对于使用两个端子排的模块，可以在数据链接的时候更换该模块（切断模块电压然后更换模块）。但是，如果断开了连接电缆，就禁止了所有站的数据链接。如图 1-8 所示。

（6）自动复位功能

如果某一站因断电而使链接断开，可以自动执行复位使该站恢复到正常状态。

（7）主站 PLC CPU 出错时数据链接状态设置

如果主站的 PLC CPU 产生如"SP. UNIT ERROR（主站单元故障）"这样的故障而导致操作停止，数据链接状态可以设定为"停止"或者"继续"。如果是"BATTERY ERROR（电池电量低）"这样的轻度故障，则不管设置如何，可继续执行数据链接。

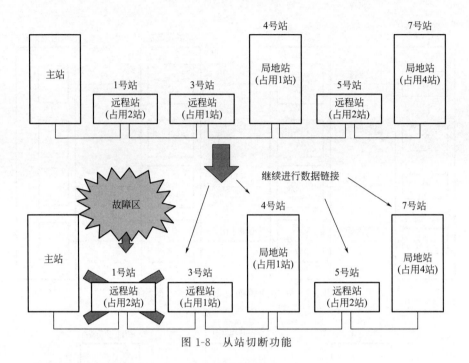

图 1-8　从站切断功能

(8) 设置"数据链接故障站"的输入数据处理方法

对于出现"数据链接故障"的从站，可以清除该站"接收到的数据（输入）"或保持该站在出现故障之前的"瞬间状态"。由设置方法而定。

(9) 待机主站（备用主站）功能

如果主站因 PLC CPU 或电源问题发生故障，系统可以通过切换到"备用主站（主站的备用站）"继续进行数据链接。在使用"备用主站"进行数据链接时，如果主站已经恢复正常，可以使主站复位到"在线状态"，即恢复主站控制。本功能在备用主站宕机的时候启用。如图 1-9 所示。

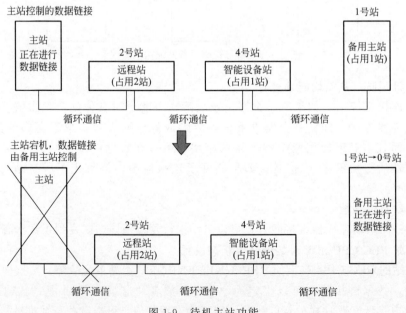

图 1-9　待机主站功能

（10）远程设备站初始化流程注册功能

本功能使用 GPPW 软件为"远程设备站"进行初始设置，不用编制 PLC 顺控程序。

GPPW 是三菱电机开发的 PLC 编程软件，本书的 PLC 编程以及 CC-Link 现场总线通信以三菱 PLC 硬件为主。GPPW 软件可在三菱电机公司网站下载，有 GX WORK2、GX WORK3，以下简称"GPPW"。

（11）中断程序的触发信号

可以在 GPPW 软件中设置"中断程序"的"触发条件"，当总线网络的某一从站满足"触发条件"，PLC CPU 立即执行中断程序。

（12）自动启动 CC-Link

通过安装主站模块（QJ61BT11），不用编制 PLC 顺控程序，只要电源为"ON"，就启动 CC-Link 并刷新所有数据。但是，如果连接从站的数目小于 64 的话，就有必要设定网络参数以优化链接扫描时间。

（13）根据系统选择模式

CC-Link 有两种模式：远程网络模式和远程 I/O 网络模式。两种模式的比较在表 1-1 中。

表 1-1　远程网络模式和远程 I/O 网络模式的比较

模式	远程网络模式	远程 I/O 网络模式
可连接的站	远程 I/O 站 远程设备站 智能设备站 局地站 待机主站	远程 I/O 站
传送速率	最大 10Mbps	最大 10Mbps
链接扫描时间	—	比远程网络模式更快

（14）预留站功能

如果需要在后续的项目中使用这些"从站"，而当前并没有使用这些"站"，可以将未实际连接的站（准备在后续连接的站）设置为"预留站"，则系统不将"预留站"作为"故障站"处理。这样使构建现场总线网络具有更大的灵活性。如图 1-10 所示。

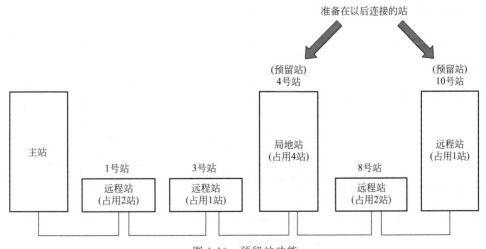

图 1-10　预留站功能

(15) "不检测出错故障站"功能

如果在总线网络中希望对"某一站"即使出现故障也不做处理，可以将该站设置为"不检测出错故障站"，则主站和局地站就不对该站进行"故障检测"。如图 1-11 所示。但必须注意这种设置的安全性。

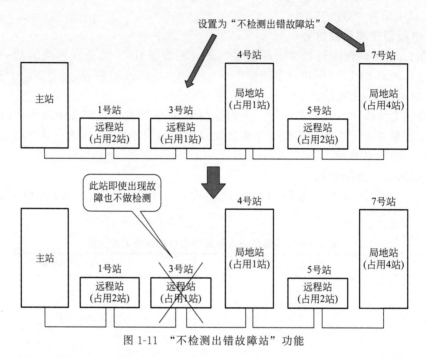

图 1-11 "不检测出错故障站"功能

(16) 扫描同步功能
本功能使链接扫描和顺控扫描同步。

(17) 数据链接停止/重新启动
可以停止和重新启动数据链接。

(18) 站号重合检测功能
本功能检测总线系统中已设置的站号是否重合或者是否有多于 1 个站的站号被设定为 0。

(19) 瞬时传送
瞬时传送即指定了传送目标站并且在任意时间都可执行 1：1 通信。如图 1-12 所示。

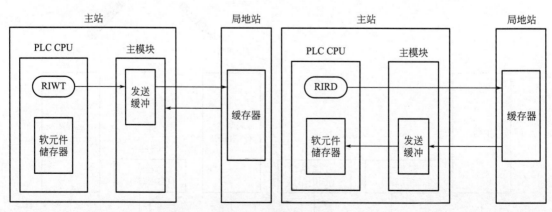

图 1-12 瞬时传送功能

1.4　CC-Link 现场总线配置

CC-Link 现场总线可以由一个单独的主站模块连接总共 64 个从站。从站包括远程 I/O 站、远程设备站、局地站、备用主站和智能设备站。配置必须满足表 1-2 所示的条件。

表 1-2　从站构成条件

$(1)1a + 2b + 3c + 4d \leqslant 64$
a—占用 1 个站的模块数量
b—占用 2 个站的模块数量
c—占用 3 个站的模块数量
d—占用 4 个站的模块数量
$(2)16A + 54B + 88C \leqslant 2304$
A—远程 I/O 站的数量，$A \leqslant 64$
B—远程设备站的数量，$B \leqslant 42$
C—局地站、备用主站和智能设备站的数量，$C \leqslant 26$

第（1）种配置为控制系统只有 1 个主站模块，即 1 个主站模块可以控制的从站数量。

第（2）种配置为控制系统有 36 个主站模块，即 CC-Link 现场总线全部可以控制的从站种类和数量。

1.5　CC-Link 现场总线技术规格

表 1-3 列出了 CC-Link 总线的技术规格。

表 1-3　CC-Link 总线的技术规格

项目	规格
传送速率	可以从 156Kbps、625Kbps、2.5Mbps、5Mbps、10Mbps 中选择
最大传送距离	随传送速率的不同而变化
连接从站的最大数量	64，但是必须满足表 1-2 的条件
局地站模块占用站的数量	1～4 个站
每个系统的最大链接点数	远程 I/O(RX，RY)：2048 点 远程寄存器 RWw：256 点(主站模块→远程设备站/局地站/智能设备站/备用主站模块) 远程寄存器 RWr：256 点(远程设备站/局地站/智能设备站/备用主站模块→主站模块)
远程站/局地站/智能设备站/备用主站模块 每个站的最大链接点数	远程 I/O(RX，RY)：32 点(局地站模块是 30 点) 远程寄存器 RWw：4 点(主站模块→远程设备站/局地站/智能设备站/备用主站模块) 远程寄存器 RWr：4 点(远程设备站/局地站/智能设备站/备用主站模块→主站模块)
通信方式	轮询方式
同步方式	标志同步方式

项目	规格
编码方法	NRZI
传送路径	总线(RS-485)
传送格式	符合 HDLC
出错控制系统	CRC(X16+X12+X5+1)
连接电缆	CC-Link 专用电缆/CC-Link 专用高性能电缆
RAS 功能	• 自动恢复功能 • 从站切断功能 • 通过链接特殊继电器/特殊寄存器检查故障
I/O占用点数量	32点(I/O地址分配:智能32点)

1.6 CC-Link 现场总线最长连接距离

(1) 只包含远程 I/O 站和远程设备站的系统

传送速率和最长连接距离的关系如图 1-13 和表 1-4 所示。

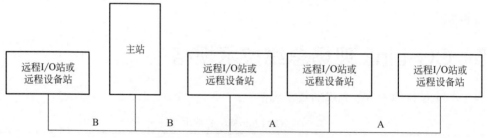

图 1-13　站点之间的连接距离（1）

A—远程 I/O 站或远程设备站之间的电缆长度；

B—主站与相邻站之间的电缆长度

表 1-4　传送速率和最长连接距离的关系

传输速度	各站点之间的电缆长度		电缆最大总长度
	A	B	
156Kbps	30cm	1m 或更长	1200m
625Kbps			600m
2.5Mbps			200m
5Mbps	30~59cm		110m
	60mm 或更长		150m
10Mbps	30~59cm		50m
	60~99cm		80m
	1m 或更长		100m

(2) 包括远程 I/O 站、远程设备站、局地站和智能设备站的系统

在包括远程 I/O 站、远程设备站、局地站和智能设备站的系统中，传送速率和最长连

接距离的关系如图 1-14 和表 1-4 所示。

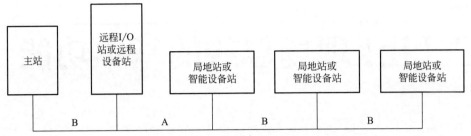

图 1-14　站点之间的连接距离（2）

A—远程 I/O 站或远程设备站之间的电缆长度；

B—主站、局地站或智能设备站与相邻站之间的电缆长度

第2章

CC-Link现场总线的基本功能

本章说明 CC-Link 主站 QJ61BT11 的功能。以下简称 QJ61BT11 为"主站模块"。如果述及"局地站模块"也指"QJ61BT11"。QJ61BT11 模块为三菱 Q 系列 PLC 使用的 CC-Link 主站模块。本书以"QJ61BT11"为例说明 CC-Link 现场总线的功能及应用。

2.1 CC-Link 现场总线功能一览表

表 2-1 列出了 CC-Link 现场总线的基本功能。

表 2-1 CC-Link 现场总线基本功能一览表

项目	说明
与远程 I/O 站通信	与远程 I/O 站进行开/关量数据通信
与远程设备站通信	与远程设备站进行开/关量数据和数字数据通信
与局地站通信	与局地站进行开/关量数据和数字数据通信
与智能设备站通信	与智能设备站通信,循环传送和瞬时传送开/关量数据和数字数据

2.2 CC-Link 现场总线的基本功能

2.2.1 主站和远程 I/O 站的通信

2.2.1.1 通信网络模式

CC-Link 系统有两种通信模式:远程网络模式和远程 I/O 网络模式。

(1) 远程网络模式

在远程网络模式中,主站模块可以和全部站(远程 I/O 站、远程设备站、局地站、智能设备站和备用主站)通信。因此,可以根据使用要求配置不同的从站,选择不同的网络。

(2) 远程 I/O 网络模式

在远程 I/O 网络模式中,只有包括主站模块和远程 I/O 站的系统才执行高速循环传送。因此,同远程网络模式相比,可以缩短链接扫描时间。

主站模块在和远程 I/O 站通信的时候,远程 I/O 站的开关和指示灯(输入、输出)的 ON/OFF 数据通过"远程输入 RX"和"远程输出 RY"进行通信。如图 2-1 所示。

2.2.1.2 数据链接启动

(1) 数据链接自动启动(以下动作顺序以各图中序号标示为基准)

① PLC 系统电源为 ON 时,PLC CPU 中的"网络参数"传送到主站模块,CC-Link 系统自动启动。

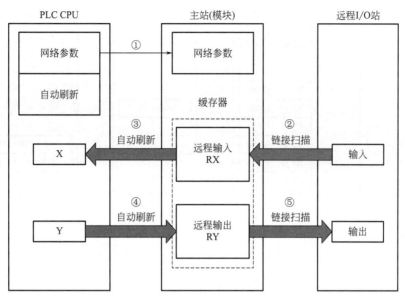

图 2-1　远程 I/O 站的输入、输出信号传递过程

（2）远程输入

如图 2-2 所示。

② 每次链接扫描时，远程 I/O 站的输入状态 X 自动传送在主站模块的"远程输入 RX"中。

③ 存储在"远程输入 RX"中的输入状态 ON/OFF 被自动刷新到 PLC CPU 的软元件 X 中（由网络参数设置的 PLC CPU 的软元件 X 编号，下同）。

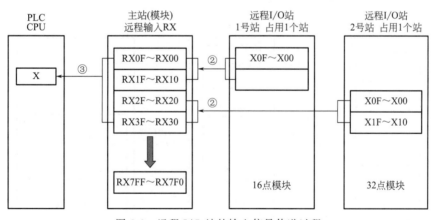

图 2-2　远程 I/O 站的输入信号传递过程

（3）远程输出

如图 2-3 所示。

④ PLC CPU 内软元件 Y 的 ON/OFF 数据自动刷新到主站"远程输出 RY"缓存器中（对应软元件号由网络参数设置）。

⑤ 每次链接扫描时，主站模块"远程输出 RY"的输出状态 ON/OFF 自动传送到远程 I/O 站的输出端。

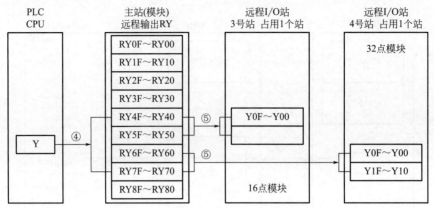

图 2-3　远程 I/O 站的输出信号传递过程

(4) 设置注意事项

设置自动刷新参数时，一定要把 PLC CPU 内对应"远程输出 RY"的刷新软元件设置为"Y"。如果设置了"Y"之外的其他软元件（例如 M 或者 L），在 CPU 停止工作时，这些软元件会保持停止工作前的状态。

2.2.2　主站和远程设备站的通信

2.2.2.1　概述

主站模块和远程设备站之间传送开关量信号时，使用"远程输入 RX"和"远程输出 RY"进行通信。传送数字量时，使用远程寄存器 RWw 和 RWr 进行通信。

2.2.2.2　主站与远程设备站的通信过程

如图 2-4 所示。

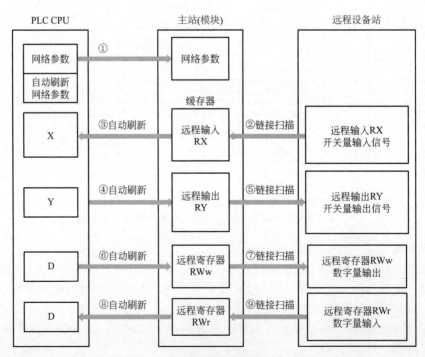

图 2-4　主站与远程设备站的通信过程

（1）数据链接启动

① PLC 电源为 ON 时，PLC CPU 中的网络参数传送到主站模块，CC-Link 系统自动启动。

（2）远程输入

远程输入的信号传递过程如图 2-5 所示。

② 每次链接扫描时，远程设备站的"远程输入 RX"自动传送至主站模块的"远程输入 RX"中。

③ 在主站模块"远程输入 RX"中的输入状态 ON/OFF 数据自动刷新到（通过参数设置）PLC CPU 软元件 X 中。

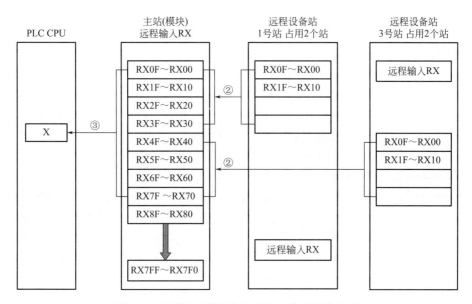

图 2-5　主站与远程设备站的输入信号通信过程

样例：以模拟量转换 A/D 模块 AJ65BT-64AD 为远程设备站，A/D 模块 AJ65BT-64AD 的 RX 已经由模块本身定义。将 AJ65BT-64AD 设定为 1 号站时的"远程输入 RX"的功能定义如表 2-2 所示。

表 2-2　AJ65BT-64AD 设定为 1 号站时的"远程输入 RX"功能定义

软元件号	信号名称
信号方向：A/D 模块 AJ65BT-64AD→主站模块	
RX00	通道 1 模→数转换完成标志
RX01	通道 2 模→数转换完成标志
RX02	通道 3 模→数转换完成标志
RX03	通道 4 模→数转换完成标志
RX04～RX17	未用
RX18	请求执行初始数据处理
RX19	初始数据设置完成
RX1A	故障信号

续表

信号方向：A/D 模块 AJ65BT-64AD→主站模块	
软元件号	信号名称
RX1B	远程 READY
RX1C～RX1F	未用

（3）远程输出

远程输出 RY 的信号传递过程如图 2-6 所示。

④ PLC CPU 软元件 Y 的 ON/OFF 数据自动刷新到主站模块的"远程输出 RY"中。PLC CPU 软元件 Y 是用自动刷新参数设置的。

⑤ 每次链接扫描时，主站模块的"远程输出 RY"ON/OFF 状态自动传送到远程设备站的"远程输出 RY"中。

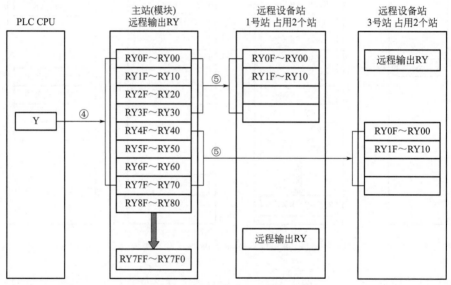

图 2-6　远程输出 RY 的信号传递

样例：以模拟量转换 A/D 模块 AJ65BT-64AD 为远程设备站，A/D 模块 AJ65BT-64AD 的 RY 已经由模块本身定义。设置 AJ65BT-64AD 为 1 号站时"远程输出 RY"的功能定义如表 2-3 所示。

表 2-3　设置 AJ65BT-64AD 为 1 号站时"远程输出 RY"的功能定义

信号方向：主站模块→AJ65BT-64AD	
软元件号	信号名称
RY00	选择变址/增益值
RY01	选择电压/电流
RY02～RY17	未用
RY18	初始数据设定完成标志
RY19	初始数据处理请求标志
RY1A	故障复位请求标志
RY1B～RY1F	未用

（4）数据写入

"远程寄存器 RWw"的功能如图 2-7 所示。

⑥ PLC CPU 软元件 D 的数据自动刷新到主站模块的"远程寄存器 RWw"中。PLC CPU 软元件 D 的地址是用自动刷新参数设置的。

⑦ 每次链接扫描时，主站模块的"远程寄存器 RWw"中的数据自动传送到每个远程设备站的"远程寄存器 RWw"中。

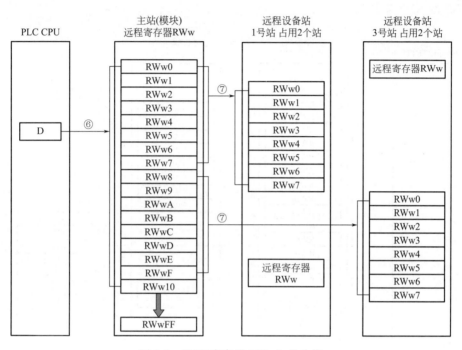

图 2-7　"远程寄存器 RWw"的功能

样例：以模拟量转换 A/D 模块 AJ65BT-64AD 为"远程设备站"，A/D 模块 AJ65BT-64AD 的"远程寄存器 RWw"的功能已经由模块本身定义。设置 AJ65BT-64AD 为 1 号站时"远程寄存器 RWw"的功能定义如表 2-4 所示。

表 2-4　设置 **AJ65BT-64AD** 为 **1** 号站时"远程寄存器 **RWw**"的功能定义

信号方向：主站模块→AJ65BT-64AD	
软元件	信号名称
RWw0	平均处理设置
RWw1	通道 1 平均时间、次数
RWw2	通道 2 平均时间、次数
RWw3	通道 3 平均时间、次数
RWw4	通道 4 平均时间、次数
RWw5	数据格式
RWw6	A/D 转换启用/禁止设置
RWw7	未用

各远程设备站中的远程寄存器 RWw0～RWwn 的数据内容是根据各模块的功能预先定

义的。

（5）数据读取

远程寄存器 RWr 存放的是可读取的内容，如图 2-8 所示。

⑧ 主站模块中"远程寄存器 RWr"数据自动刷新到 PLC CPU 软元件 D 中。PLC CPU 软元件 D 的地址用自动刷新参数设置。

⑨ 每次链接扫描时，远程设备站的"远程寄存器 RWr"的数据自动传送到主站模块的"远程寄存器 RWr"中。

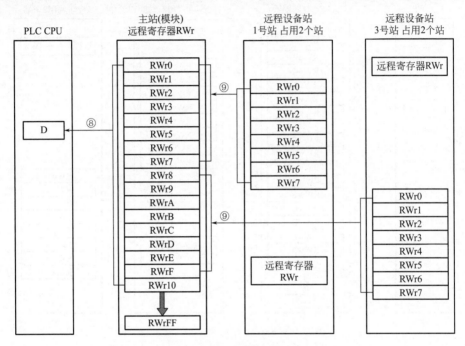

图 2-8　主站与远程设备站的数字量信号读入过程

样例： 以模拟量转换 A/D 模块 AJ65BT-64AD 为"远程设备站"。AJ65BT-64AD 的"远程寄存器 RWr"的功能已经由模块本身定义。设置 AJ65BT-64AD 为 1 号站时"远程寄存器 RWr"的功能定义如表 2-5 所示。

表 2-5　设置 AJ65BT-64AD 为 1 号站时"远程寄存器 RWr"的功能定义

信号方向：AJ65BT-64AD→主站模块	
地址	信号名称
RWr0	通道 1 数字输出值
RWr1	通道 2 数字输出值
RWr2	通道 3 数字输出值
RWr3	通道 4 数字输出值
RWr4	故障代码
RWr5	
RWr6	未用
RWr7	

2.2.3　主站和局地站的通信

2.2.3.1　概述

PLC CPU 之间的数据通信可以使用远程输入 RX 和远程输出 RY（位数据）以及远程寄存器 RWw 和远程寄存器 RWr（字数据）以 N：N 的模式进行。如图 2-9 所示。

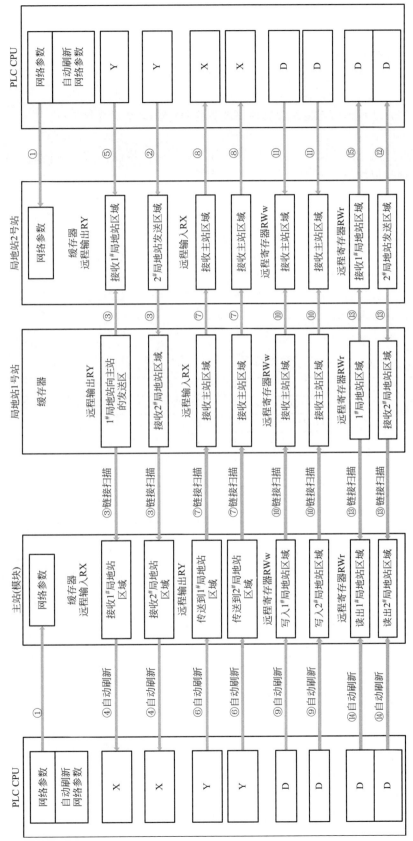

图 2-9　主站与局地站的通信过程

2.2.3.2 主站与局地站的通信过程

如图 2-9 所示。

(1) 数据链接启动

① PLC 电源为 ON 时，PLC CPU 中的网络参数传送到主站模块，CC-Link 系统自动启动。

(2) 从局地站到主站或其他局地站的 ON/OFF 数据通信

如图 2-10 所示。

② 局地站一侧，PLC CPU 软元件 Y（用自动刷新参数设置的）的 ON/OFF 数据存储在局地站模块的"远程输出 RY"缓存器中。"远程输出 RY"用作在局地站模块中输出数据。

③ 每次链接扫描时，局地站模块"远程输出 RY"中的数据自动传送到主站模块的"远程输入 RX"和其他局地站模块中的"远程输出 RY"中。

④ 主站模块中，"远程输入 RX"中的输入状态自动刷新到 PLC CPU 软元件 X 中。

⑤ 局地站一侧，从其他局地站传送过来的 ON/OFF 数据存储在"远程输出 RY"中，同时，"远程输出 RY"的输入状态自动刷新到 PLC CPU 软元件 Y 中。注意：每个站占用各自的地址编号。

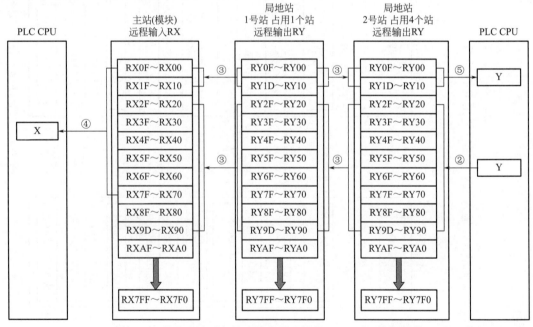

图 2-10 从局地站到主站或其他局地站的 ON/OFF 数据通信

(3) 从主站到局地站的 ON/OFF 数据通信

如图 2-11 所示。

⑥ 主站 PLC CPU 软元件 Y 的 ON/OFF 数据自动刷新到主站模块的"远程输出 RY"缓存器中。

⑦ 每次链接扫描时，主站"远程输出 RY"中的数据自动传送到局地站的"远程输入 RX"中。

⑧ 局地站"远程输入 RX"自动刷新到 PLC CPU（局地站）软元件 X 中。

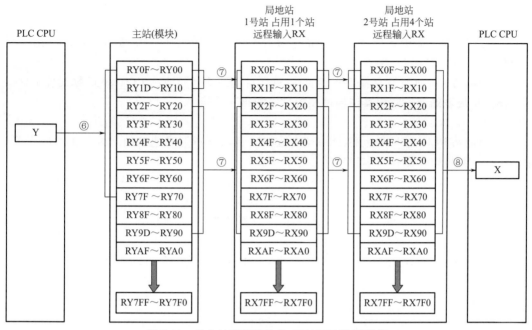

图 2-11　从主站到局地站的 ON/OFF 数据通信

（4）从主站到所有局地站的"字数据"通信

如图 2-12 所示。

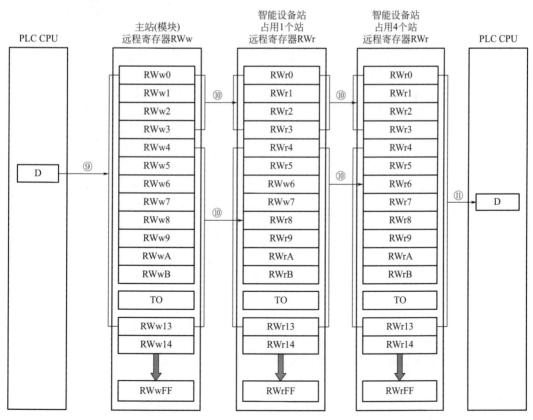

图 2-12　从主站到所有局地站的"字数据"通信

⑨ 主站 PLC CPU 软元件 D 中的"字数据"自动刷新到主站模块的"远程寄存器 RWw"中。

⑩ 每次链接扫描时，主站"远程寄存器 RWw"中的数据自动传送到全部局地站的"远程寄存器 RWr"中。

⑪ 局地站中"远程寄存器 RWr"的字数据自动刷新到局地站 PLC CPU 软元件 D 中。

(5) 从局地站到主站和其他局地站的"字数据"通信

如图 2-13 所示。

⑫ 局地站 PLC CPU 软元件 D 中"字数据"自动刷新到局地站的"远程寄存器 RWw"中。注意：数据仅存储在与本局地站站号相对应的区域。

⑬ 每次链接扫描时，局地站"远程寄存器 RWw"的数据自动传送到主站模块的"远程寄存器 RWr"和其他局地站模块的"远程寄存器 RWw"中。

⑭ 存储在主站"远程寄存器 RWr"的"字数据"自动刷新到主站 PLC CPU 软元件 D 中。

⑮ 存储在其他局地站"远程寄存器 RWw"中的"字数据"自动刷新到 PLC CPU 软元件中。

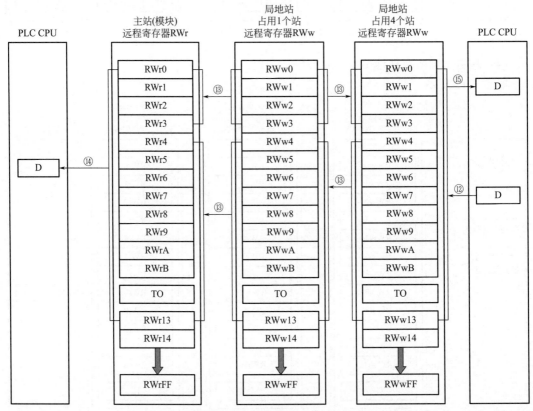

图 2-13　从局地站到主站和其他局地站的"字数据"通信

2.2.3.3　主站与局地站之间通过瞬时传送进行通信

使用 RIWT 指令把数据写入局地站缓存器的过程如图 2-14 所示。

"瞬时传送"是指在任意时刻对指定的"目标站"以 1：1 的模式瞬时发送和接收数据。"瞬时传送"需要使用专用指令。

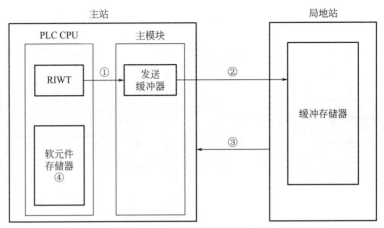

图 2-14　使用 RIWT 指令把数据写入局地站缓存器

（1）使用专用指令 RIWT 将数据写入局地站缓存器

使用 RIWT 指令将数据写入局地站缓存器的过程如下：

① 将需要写入局地站的数据存储在主站的发送缓冲器中。

② 数据写入局地站缓存器中。

③ 局地站向主站回送一个"写入完成"回应信号。

④ 接通用 RIWT 指定的软元件。

（2）使用 RIRD 指令从局地站缓存器读取数据

使用 RIRD 指令从局地站缓存器读取数据步骤如图 2-15 所示。

① 读取局地站缓存器中的数据。

② 读取的数据存储在主站的接收缓冲器中。

③ 数据存入 PLC CPU 的软元件存储器中，并接通用 RIRD 指令指定的软元件。

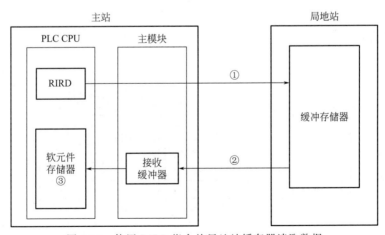

图 2-15　使用 RIRD 指令从局地站缓存器读取数据

2.2.4　主站与智能设备站的通信

2.2.4.1　主站与智能设备站之间通过循环传送进行通信

主站与智能设备站之间进行开关量信号（如定位完成、定位开始等）通信，使用远程输入 RX 和远程输出 RY 进行。主站与智能设备站之间进行数字数据（定位开始位置、当前进给值等）通信，使用远程寄存器 RWw 和 RWr 进行。如图 2-16 所示。

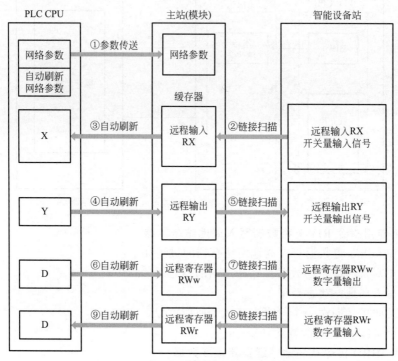

图 2-16　主站与智能设备站之间的通信

2.2.4.2　主站与智能设备站之间的通信过程

（1）数据链接启动

① PLC 系统电源为 ON 时，PLC CPU 中的网络参数传送到主站模块，CC-Link 系统自动启动。

（2）远程输入

如图 2-17 所示。

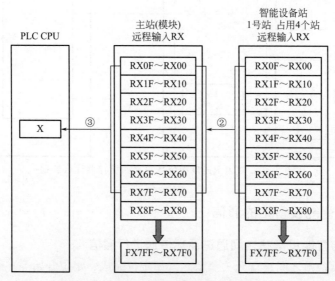

图 2-17　主站与智能设备站的 X 信号通信

② 每次链接扫描时，智能设备站的"远程输入 RX"的 ON/OFF 状态自动传送到主站的"远程输入 RX"中。

③ 主站的"远程输入 RX"的 ON/OFF 状态自动刷新到 PLC CPU 软元件中。

样例： 以"运动控制模块 AJ65BT-D75P2-S3 为例"，设置 AJ65BT-D75P2-S3 为 1 号站时远程输入 RX 信号定义如表 2-6 所示。

表 2-6　AJ65BT-D75P2-S3 为 1 号站时远程输入 RX 信号定义

信号方向：AJ65BT-D75P2-S3 → 主站模块	
软元件号	信号名称
RX00	准备完成
RX01	单轴启动完成
RX02	双轴启动完成
RX03	禁止使用
RX04	单轴工作中
RX05	双轴工作中
RX06	禁止使用
RX07	单轴定位完成
RX08	双轴定位完成

(3) 远程输出

如图 2-18 所示。

④ PLC CPU 软元件 Y 的 ON/OFF 状态自动刷新到主站"远程输出 RY"中。

⑤ 每次链接扫描时，主站"远程输出 RY"的 ON/OFF 状态自动传送到智能设备站的"远程输出 RY"。

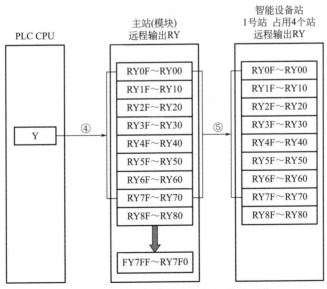

图 2-18　主站与智能设备站的 Y 信号通信

样例： 设定 AJ65BT-D75P2-S3（运动控制模块）为 1 号站时远程输出 RY 的功能定义如表 2-7 所示。

表 2-7　AJ65BT-D75P2-S3 为 1 号站时远程输出 RY 功能定义

信号方向：主站模块→AJ65BT-D75P2-S3	
软元件号	信号名称
RY01～RY0F	禁止使用
RY10	单轴定位启动
RY11	双轴定位启动
RY12	禁止使用
RY13	单轴定位运动停止
RY14	双轴定位运动停止

（4）数字数据的写入

如图 2-19 所示。

⑥ PLC CPU 软元件 D 的数据自动刷新到主站模块的"远程寄存器 RWw"缓存器中。

⑦ 主站"远程寄存器 RWw"中的数据通过链接扫描发送到智能设备站的远程寄存器 RWw 中。

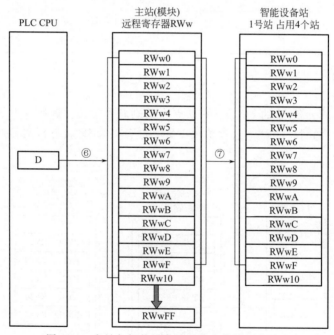

图 2-19　主站与智能设备站的数字信号写入过程

样例： 以智能模块"运动控制模块"AJ65BT-D75P2-S3 为例，设置 AJ65BT-D75P2-S3 为 1 号站时远程寄存器 RWw 的功能定义如表 2-8 所示。

表 2-8　AJ65BT-D75P2-S3 为 1 号站时远程寄存器 RWw 的功能定义

信号方向：主站模块→AJ65BT-D75P2-S3	
软元件号	信号名称
RWw0	单轴定位开始数据
RWw1	单轴行程限位数据

续表

信号方向：主站模块→AJ65BT-D75P2-S3

软元件号	信号名称
RWw2	单轴新当前值
RWw3	
RWw4	单轴新速度值
RWw5	
RWw6	单轴 JOG 速度
RWw7	

（5）从远程寄存器（RWr）中读取数据

如图 2-20 所示。

⑧ 智能设备站的远程寄存器 RWr 数据在链接扫描时自动传送到主站模块的"远程寄存器 RWr"中。

⑨ 在主站"远程寄存器 RWr"中的数据自动刷新到 PLC CPU 软元件 D 中。

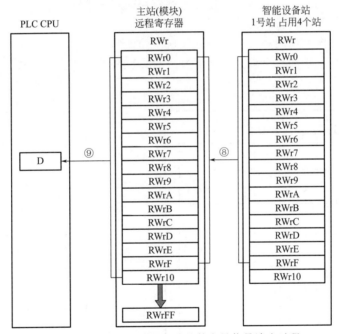

图 2-20　主站与智能设备站的数字量信号读出过程

样例：以智能模块"运动控制模块"AJ65BT-D75P2-S3 为例，设置 AJ65BT-D75P2-S3 为 1 号站时远程寄存器 RWr 的功能定义如表 2-9 所示。

表 2-9　AJ65BT-D75P2-S3 为 1 号站时远程寄存器的 RWr 功能定义

信号方向：AJ65BT-D75P2-S3→主站模块

软元件号	信号名称
RWr0	单轴当前进给值
RWr1	

续表

信号方向：AJ65BT-D75P2-S3→主站模块	
软元件号	信号名称
RWr2	单轴进给速度
RWr3	
RWr4	单轴有效 M 码
RWr5	单轴出错报警编号
RWr6	单轴警告编号
RWr7	单轴运行状态

2.2.4.3　主站和智能设备站之间的瞬时传送通信

（1）瞬时传送通信定义

使用专用指令，在任意时刻指定"目标站"，以 1：1 的模式瞬时发送和接收数据。

（2）使用 RIWT 指令把数据写入智能设备站中的缓存器

如图 2-21 所示。

① 将要写入智能设备站的数据先送入主站模块的发送缓冲器中。

② 将数据写入智能设备站的缓存器。

③ 智能设备站向主站回送一个"写入完成"回应信号。

④ RIWT 指令指定的 1 个软元件为 ON，表示 RIWT 指令执行完成。

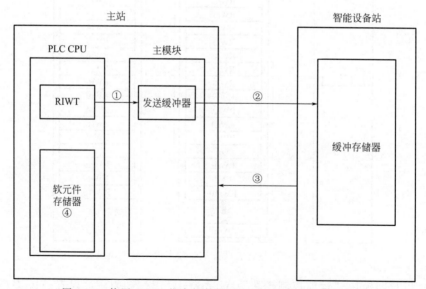

图 2-21　使用 RIWT 指令把数据写入智能设备站中的缓存器

（3）使用 RIRD 指令从智能设备站中的缓存器读取数据

如图 2-22 所示。

① 读取智能设备站缓存器中的数据。

② 将读取的数据存储在主站模块的接收缓冲区中。

③ 数据存入 PLC CPU 的软元件存储器中，

④ RIRD 指令指定的 1 个软元件为 ON，表示 RIRD 指令执行完成。

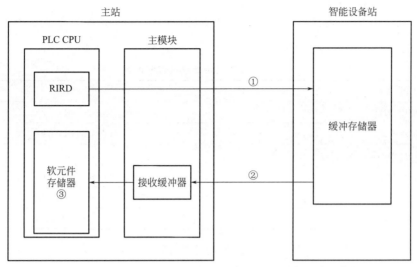

图 2-22　使用 RIRD 指令从智能设备站中的缓存器读取数据

2.3　快捷功能

2.3.1　执行高速处理（执行中断程序条件）

为了能够使 PLC CPU 执行中断程序，可以使用指定的 RX、RY 和 SB 软元件的 ON/OFF 状态和指定的 RWr 和 SW 软元件数据为中断条件，即执行中断程序的信号。

中断条件可以使用 GPPW（三菱 PLC 编程软件）设置，不需要编制 PLC 程序进行指定，这样 PLC 程序步数减少，缩短了扫描时间。

全部从站都可以发出中断条件信号。最多可以设置 16 个中断条件。

2.3.2　启动电源就激活数据链接（自动 CC-Link 启动）

（1）自动启动

将主站模块 QJ61BT11 装在包括远程设备站和智能设备站以及远程 I/O 站的 CC-Link 系统中，则只要电源为 ON 就可以执行 CC-Link 启动并完成数据刷新，而不用创建一个顺控程序。如图 2-23 所示。

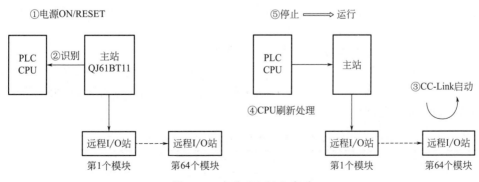

图 2-23　自动 CC-Link 启动

（2）自动 CC-Link 启动时缺省参数设置的内容

① 自动刷新参数的缺省值　CC-Link 自动启动时，自动刷新参数的缺省值如表 2-10 所示。

表 2-10　自动刷新参数缺省值内容

CPU 侧	方向	主站侧
X1000～X17FF	←	RX0000～RX07FF
Y1000～Y17FF	→	RY0000～RY07FF
W1E00～W1EFF	←	RWr00～RWrFF
W1F00～W1FFF	→	RWw00～RWwFF
SB0600～SB07FF	←	SB0000～SB01FF
SW0600～SW07FF	←	SW0000～SW01FF

② 网络参数缺省值　网络参数缺省值如表 2-11 所示。

表 2-11　网络参数缺省值内容

模式设置	在线（远程网络模式）
连接的模块总数	64 个模块
重试次数	3 次
自动恢复模块数量	1 个模块
备用主站数量	空白
CPU 宕机时的处理方式	主站 CPU 发生错误时数据链接停止
扫描模式设置	异步
延迟时间设置	不指定延迟时间

③ 智能设备站缓冲存储器容量　智能设备站缓冲存储器容量如表 2-12 所示。

表 2-12　智能设备站缓冲存储器容量

发送缓冲	64 字
接收缓冲	64 字
自动更新缓冲	128 字

（3）与智能设备站通信（远程网络模式）

远程网络模式可以与所有站进行通信（远程 I/O 站，远程设备站，局地站，智能设备站和备用主站）。而且，它不仅可以"循环传送"，还可以"瞬时传送"，在瞬时传送中，可以在任意时刻向智能站和局地站传送数据。

（4）加快远程 I/O 站的响应（远程 I/O 网络模式）

远程 I/O 网络模式可以用于只包括主站和远程 I/O 站的系统。远程 I/O 网络模式允许高速的循环传送，这样就可以缩短链接扫描时间。表 2-13 列出了远程 I/O 网络模式和远程网络模式的链接扫描时间。

表 2-13　远程 I/O 网络模式和远程网络模式链接扫描时间对比

站数	远程 I/O 网络模式	远程网络模式
8	0.65ms	1.2ms

续表

站数	远程 I/O 网络模式	远程网络模式
16	1.0ms	1.6ms
32	1.8ms	2.3ms
64	3.3ms	3.8ms

（5）预留站功能

① 功能　预留站功能指系统为后续项目扩展的需要，预先留出一些"站点"。这些站点不连接实际的模块，所以称为预留站。预留站需要通过参数设置。这样主站和局地站就不会把没有实际连接的远程站、局地站、智能设备站和备用主站当作"数据链接异常站"处理。如图 2-24 所示。

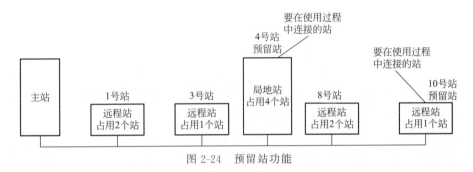

图 2-24　预留站功能

② 操作要点　如果把连接的远程站、局地站、智能设备站或备用主站设置为预留站，则禁止与指定站的数据链接。

③ 设置方法　用 GPPW 设置网络参数的"站信息设置"中的预留站功能。

（6）对运行故障站不做检测的功能

功能：如果需要对某一站的运行故障不做检测（如该站出现停电），可使用参数进行设置，本功能用于防止主站和局地站把网络中断电的远程站、本地站、智能设备站当作"数据链接异常站"处理。如图 2-25 所示。

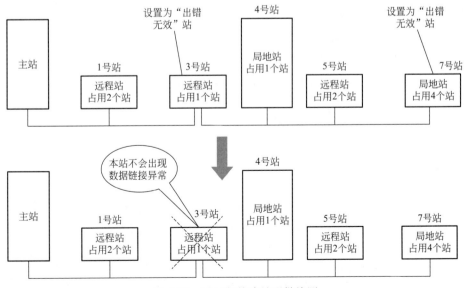

图 2-25　对运行故障站不做检测

但是要特别注意，如果设置了某一个站为本功能，则不再检测该站发生的故障。

（7）使链接扫描和顺控扫描同步（扫描同步功能）

功能：本功能选择链接扫描是否要和顺控扫描同步。

① 同步模式　顺控扫描和链接扫描同时开始，用和顺控程序同步的扫描执行数据链接。在同步模式中，因为链接扫描和顺控扫描同步，那么顺控扫描用的时间长的话，则链接扫描间隔时间也会长。

关键点：在同步模式中，顺控扫描时间绝不能超过相应传输速率规定的时间，规定时间如表 2-14 所示。如果扫描时间超过指定时间，就会发生超时错误。

表 2-14　顺控扫描时间与传输速率的关系

传输速率	顺控扫描时间（规定）
10Mbps	50ms
5Mbps	50ms
2.5Mbps	100ms
625Kbps	400ms
156Kbps	800ms

② 异步模式　执行与顺控程序不同步的数据链接。

③ 设置方法　用 GPPW 在网络参数的"扫描模式设置"中设置。

（8）暂时不检测从站故障出错功能

① 功能　暂时不检测从站故障出错功能指对于暂时出现故障的从站不做故障检测。不把暂时出现故障的从站当做数据链接异常站处理。本功能允许在线更换模块而不做故障检测。

② 输入/输出状态　已设置"暂时不检测故障"的从站的所有循环传输数据都要更新。但是，如果该站点出现异常的话，则保留输入并且切断输出。

（9）站号重叠检查功能

① 功能　本功能检查连接站的状态。检查各从站号是否重号并检测系统中是否有多于一个站的站号设置为 0。

② 站号重号检查

a. 检测站号是否重号。如图 2-26。

• 局地站模块（1 号站占用站数：4 个，1 号站、2 号站、3 号站、4 号站）

图 2-26　站号重号检查

• 远程设备站（4 号站占用站数：2 个，4 号站、5 号站）

检查结果：4 号站有重号。

b. 起始站号不能做重号检查。如图 2-27 所示。

图 2-27　不能做起始站号重号检查

- 局地站（1 号站占用站数：4 个，1 号站、2 号站、3 号站、4 号站）
- 远程设备站（1 号站，占用站数：2 个，1 号站、2 号站）

检查结果：不能做起始站号重号检查。

c. 报警及显示

- 有重号时，"ERR."LED 闪烁，重号状态存储在 SW0098～SW009B（站号重号状态）。
- 即使有重号，数据链接也会在其余功能正常的站之间继续进行。
- 重新设置，消除"重号"，重新启动数据链接，那么"ERR."LED 熄灭，并清除 SW0098～SW009B 中的数据。

③ 站号为 0 的站的重叠检查　检查系统中是否有多于一个站的站号设置为 0。

a. 重号时，"ERR."LED 亮起，出错代码存储在 SW006A，SB006A 为 ON。

b. 重新设置，消除"重号"，重新启动数据链接，"ERR."LED 熄灭，并清除 SW006A 中的数据。

2.4　瞬时传送功能

本节解释瞬时传送功能。表 2-15 所列的专用指令用于瞬时传送。

表 2-15　用于瞬时传送的专用指令

适用站	指令	说明
主站、本地站	RIRD	从指定站的缓冲存储器或指定站的 PLC CPU 软元件中读取数据
	RIWT	向指定站的缓冲存储器或指定站的 PLC CPU 软元件写入数据
智能设备站	RIRD	从指定站的缓冲存储器中读取数据
	RIWT	向指定站的缓冲存储器写入数据
	RIRCV	与指定站自动交换数据并从这些站的缓冲存储器中读取数据
	RISEND	与指定站自动交换数据并向这些站的缓冲存储器写入数据
	RIFR	从指定站的自动更新缓冲区中读取数据
	RITO	向指定站的自动更新缓冲区写入数据

第3章

CC-Link现场总线的参数解说和设置

本章叙述执行 CC-Link 通信所必需的参数及其设置。

3.1 从参数设置到数据链接启动的步骤

3.1.1 CPU 参数区和主站参数存储器

CPU 参数区和主站参数存储器之间的关系如图 3-1 所示。

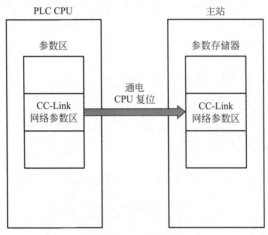

图 3-1 参数传送

(1) CPU 参数区
CPU 参数区用于设置控制 PLC 系统的基本参数和控制 CC-Link 系统的网络参数。
(2) 主站参数存储区
主站参数存储区用于存储 CC-Link 系统的网络参数。如果断电或 PLC CPU 复位，就擦除网络参数。

3.1.2 从参数设置到数据链接启动的步骤

从参数设置到数据链接启动遵从下列步骤，如图 3-2 所示。
(1) 使用 GPPW 软件设置参数
使用 GPPW 软件设置"网络参数"和"自动刷新参数"，然后将这些参数下载到 PLC CPU。
(2) 参数传送
在 PLC 上电操作时，PLC 中的"网络参数"就传送到"主站"，CC-Link 数据链接自动启动。

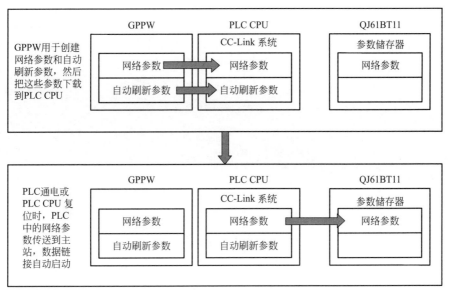

图 3-2　从参数设置到数据链接启动

3.2　参数设置项目

本节叙述了 CC-Link 进行数据通信所需的参数设置。如表 3-1 所示。

表 3-1　参数功能说明

设置项目	说明
连接模块的数量	连接到主站的远程站、本地站、智能设备站和备用主站的总数(包括预留站)。 缺省值:64(模块) 设置范围:1～64
重试次数	设置发生通信错误时的重试次数。 缺省值:3(次) 设置范围:1～7(次)
自动恢复模块数目	设置通过一次链接扫描可以恢复到系统运行中的远程站、本地站、智能设备站和备用主站的总数。 缺省值:1(模块) 设置范围:1～10(模块)
备用主站指定	指定备用主站的站号。 缺省值:空白(未指定备用主站) 设置范围:空白,1 号站～64 号站
CPU 宕机时的操作	指定主站 PLC CPU 发生故障时的数据链接状态。 缺省值:停止 设置范围:停止、继续
扫描模式指定	指定扫描是同步模式还是异步模式。 缺省值:异步 设置范围:异步、同步

设置项目	说明
延迟时间设置	设定链接扫描时间间隔（单位：50μs）。 缺省值：0（未指定） 设置范围：0～100
预留站	设置预留站。 缺省值：不设置 设置范围：不设置、设置
故障不检测站设置	设置故障不检测站。 缺省值：不设置 设置范围：不设置、设置
站信息	设置连接的远程站、本地站、智能设备站和备用主站的类型。 缺省值：远程 I/O 站，占用 1 个站 设置范围：站类型——远程 I/O 站、远程设备站、智能设备站 占用站的数目：占用 1～4 个站 站号：1～64
分配通信缓冲区和自动更新缓冲区	瞬时传送时分配的缓冲存储区容量。 缺省值： 发送缓冲区容量：40H（64）（字） 接收缓冲区容量：40H（64）（字） 自动更新缓冲区容量：80H（128）（字） 设置范围： 通信缓冲区容量：0H（0）（字），或 40H（64）～1000H（4096）（字）总的通信缓冲区容量必需小于或等于 1000H（4096）（字） 自动更新缓冲区：0H（0）（字）或 80H（128）～1000H（4096）（字）。总的自动缓冲区容量必需小于或等于 1000H（4096）（字）

3.3 参数设置样例

本节以图 3-3 所示系统配置为例，说明如何使用 GPPW 进行参数设置。

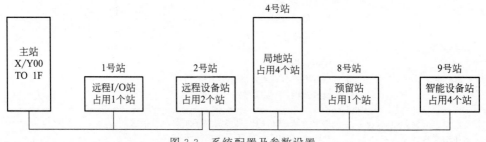

图 3-3 系统配置及参数设置

在如图 3-3 所示的网络系统配置中，计有：

① 一个主站；

② 一个远程 I/O 站（图中为 1 号站——占用 1 个站）；

③ 一个远程设备站（图中为 2 号站——占用 2 个站）；

④ 一个局地站（图中为 4 号站——占用 4 个站）；

⑤ 一个预留站（图中为 8 号站——占用 1 个站）；

⑥ 一个智能设备站（图中为 9 号站——占用 4 个站）。

3.3.1　主站网络参数设置

3.3.1.1　操作步骤

如图 3-4 所示，在安装完成 GPPW 软件后，操作步骤如下。

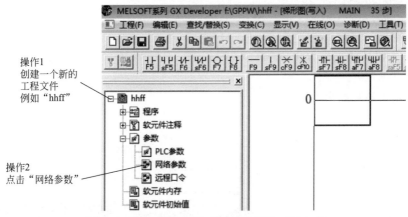

图 3-4　打开 "GPPW" 创建一个新的工程文件

（1）创建一个新的 "工程文件"

点击 "工程" → "新建"，创建一个新的 "工程文件"。例如 "hhff"。

（2）选择 "CC-Link 参数设置" 界面

如图 3-5，点击 "参数" → "网络参数" → "CC-Link"，弹出 "CC-Link 参数设置" 界面。

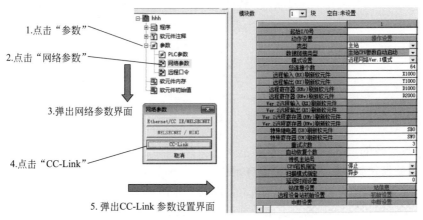

图 3-5　选择 "CC-Link 参数设置" 界面

（3）可设置的 "CC-Link 参数"

在 "CC-Link 参数设置界面" 内，如图 3-6 所示，可以设置的各 CC-Link 参数如下：

① 主站模块数量；

② 操作设置；

③ 主站类型；

④ 数据链接类型；

⑤ 网络类型；

⑥ 总连接站数；

⑦ RX 对应的刷新软元件；

⑧ RY 对应的刷新软元件；

⑨ RWr 对应的刷新软元件；

⑩ RWw 对应的刷新软元件；

⑪ 重试次数；

⑫ 自动恢复站个数；

⑬ CPU 宕机后的工作方式；

⑭ 站信息设置；

⑮ 远程设备站初始设置；

⑯ 中断方式设置；

各参数的设置方法如后所述。

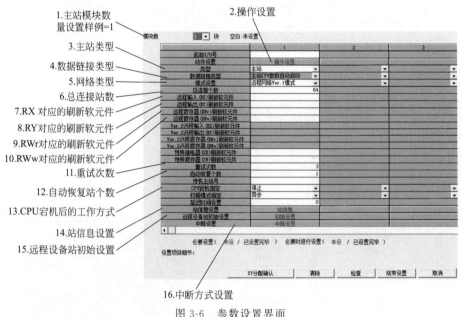

图 3-6　参数设置界面

3.3.1.2　各参数的设置

（1）"主站模块数量"及"起始 I/O 地址"

①"主站模块数量"为在一个 CC-Link 现场总线网络系统中使用的主站模块个数。在一个现场网络系统中可以使用的"主站模块数量"最大为 8。本例网络系统配置中，"主站模块数量"＝1，故设置如图 3-7 所示。

②"起始 I/O 号"指"主站模块"安装在系统基板上的位置。本例为叙述方便，将"主站模块"安装在 CPU 右侧第 1 个槽位，所以起始 I/O 地址为"0000"。如图 3-7 所示。

（2）主站类型设置

如图 3-8 所示，点击"主站"后，"下拉菜单"显示可选择设置的主站类型有 4 种。本例中选择设置为"主站"。

图 3-7　主站模块数量设置界面

图 3-8　主站类型设置界面

(3) 网络类型设置

如图 3-9 所示，点击"模式设置"后，"下拉菜单"显示可选择设置的网络类型有 6 种。本例中选择设置为"远程网络"模式。

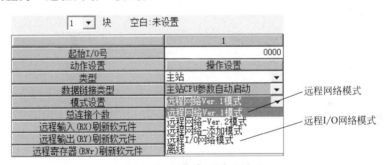

图 3-9　网络类型设置界面

(4) 刷新软元件设置

自动刷新软元件是指与"主站模块"中的 RX、RY、RWw、RWr 对应的在 PLC CPU 一侧的软元件。在本例中，如图 3-10 所示。

	1	
起始I/0号		
动作设置	操作设置	
类型	主站	▼
数据链接类型	主站CPU参数自动启动	▼
模式设置	远程网络Ver.1模式	▼
总连接个数	64	
远程输入(RX)刷新软元件	X1000	
远程输出(RY)刷新软元件	Y1000	
远程寄存器(RWr)刷新软元件	D1000	
远程寄存器(RWw)刷新软元件	D2000	

RX对应的刷新软元件
设置样例：X1000

RY对应的刷新软元件
设置样例：Y1000

RWr对应的刷新软元件
设置样例：D1000

RWw对应的刷新软元件
设置样例：D2000

图 3-10　刷新软元件设置界面

① 设置与 RX 对应的软元件为 "X1000"，即 X1000 对应 RX0，其后顺序对应。

② 设置与 RY 对应的软元件为 "Y1000"，即 Y1000 对应 RY0，其后顺序对应。

③ 设置与 RWr 对应的软元件为 "D1000"，即 D1000 对应 RWr，其后顺序对应。

④ 设置与 RWw 对应的软元件为 "D2000"，即 D2000 对应 RWw，其后顺序对应。

（5）重试次数等设置

在图 3-11 所示的设置界面中，可设置如下参数。

① 重试次数，样例设置＝3。

② 自动恢复站个数（即预留站个数），样例设置＝1。

③ CPU 宕机后的工作方式，样例设置＝停止。

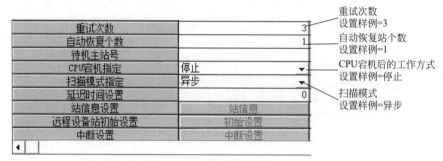

图 3-11　重试次数等设置界面

④ 扫描模式，设置顺控扫描与链接扫描是同步还是异步。

缺省值：异步。

设置范围：异步、同步。

样例设置＝异步。

（6）站信息设置

站信息设置是对各从站的参数进行更详细的设置。设置方法如图 3-12 所示：

① 点击 "站信息"。

② 弹出站信息设置界面。

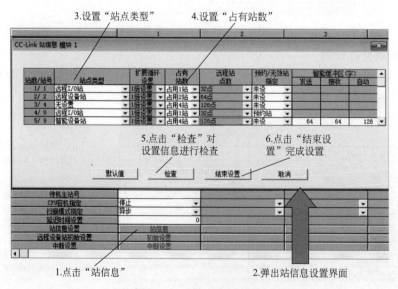

图 3-12　站信息设置界面

③ 设置"站点类型"（站点类型有"远程 I/O 站""远程设备站""智能设备站"可选）。

④ 设置各从站的占有站数。

⑤ 对设置信息进行检查。

⑥ 点击"结束设置"，完成全部设置。

（7）中断设置

中断设置是对中断方式进行更详细的设置。设置方法如图 3-13 所示。

① 点击"中断设置"。

② 弹出中断信息设置界面。

③ 设置引起中断的软元件类型（软元件类型有"RX""RY""RWr""RWw"等可选）。

④ 设置"软元件号"。

⑤ 设置中断信号检查的"监测方法"（如边沿检测、电平检测等）。

⑥ 设置"中断条件"（如 ON/OFF）。

⑦ 设置中断（SI）号。

⑧ 设置"字软元件设定值"。如果以"字软元件"作为中断软元件，就必须设置"字软元件设定值"，当设定的"字软元件"内容与本数据相等时，就执行"中断"。

⑨ 点击"检查"键，执行以上设置的数据进行检查。

⑩ 点击"结束设置"，完成全部设置。

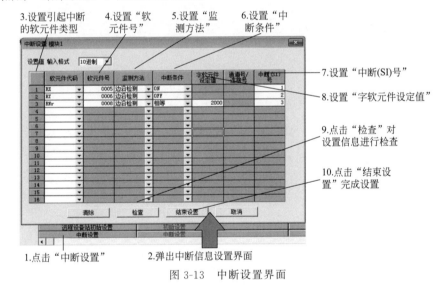

图 3-13　中断设置界面

3.3.2　通信缓冲区和自动更新缓冲区分配

图 3-14 为通信缓冲区和自动更新缓冲区分配的结果。

图 3-14　通信缓冲区和自动更新缓冲区分配的结果

表 3-2 是各站点的缓存区和自动更新缓冲区的地址。

表 3-2 各站点的缓存区和自动更新缓冲区的地址

站号/模块	缓冲区名称	地址
4 号站/局地站	发送缓冲区	1000H～103FH
4 号站/局地站	接收缓冲区	1040H～107FH
9 号站/智能设备站	发送缓冲区	1080H～10BFH
9 号站/智能设备站	接收缓冲区	10C0H～10FFH
4 号站/局地站	自动更新缓冲区	2000H～207FH
9 号站/智能设备站	自动更新缓冲区	2080H～20FFH

第4章

CC-Link现场总线模块的安装及设置

本章说明从主站模块安装到数据链接启动的步骤。

4.1 启动数据链接之前的步骤

如图 4-1 所示，从模块安装到 CC-Link 数据链接启动的步骤如下。

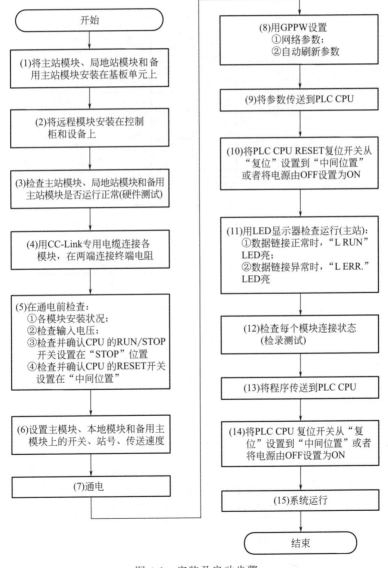

图 4-1 安装及启动步骤

4.2　部件名称和设置

本节说明主站模块和局地站模块的各零件名称以及 LED 显示器和开关设置的内容。

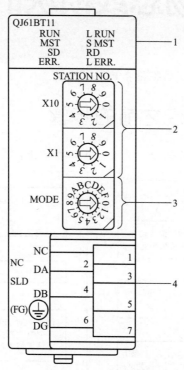

图 4-2　主站模块主视图

主站模块各部分的名称和功能参见图 4-2 和表 4-1。

表 4-1　主站模块各部分的名称和功能

编号	名称		说明
1	LED 显示 QJ61BT11 RUN　L RUN MST　S MST SD　RD ERR.　L ERR.		用 LED ON/OFF 验证数据链接状态
		RUN	ON:模块正常运行。 OFF:警戒定时器报警
		ERR.	ON:站点通信故障。 发生下列故障时 ERR. 灯也会亮: ① 开关类型设置不对。 ② 在同一总线上有超过 1 个以上的主站。 ③ 参数设置错误。 ④ 数据链接超时。 ⑤ 电缆断开。 ⑥ 传送路径受到电磁噪声干扰。 闪烁:某个站有通信错误
		MST	ON:作为主站运行(数据链接控制期间)
		S MST	ON:作为备用主站运行(备用期间)
		L RUN	ON:正在进行数据链接

续表

编号	名称	说明	
1	LED 显示 QJ61BT11 RUN　　L RUN MST　　S MST SD　　　RD ERR.　　L ERR.	L ERR.	ON:通信故障(上位机)。 以固定时间间隔闪烁:通电时改变开关 2 和 3 的设置。 以不固定的时间间隔闪烁:没有装终端电阻;模块和 CC-Link 专用电缆受到电磁干扰
		SD	ON:正在进行数据发送
		RD	ON:正在进行数据接收
2	站号设置开关 STATION NO. ×10 ×1	设置模块站号(出厂设置:0)	
		设置范围: 主站:0。 局地站:1～64。 备用主站:1～64。 如果设置了 0～64 之外的数字,"ERR."LED 亮	

设置传送速率和运行条件(出厂设置:0)

编号	传送速率设置	模式
0	传送速率 156Kbps	在线
1	传送速率 625Kbps	
2	传送速率 2.5Mbps	
3	传送速率 5Mbps	
4	传送速率 10Mbps	
5	传送速率 156Kbps	线路测试:站号设置设为 0 时,线路测试 1。 站号设置设为 1～64 时:线路测试 2
6	传送速率 625Kbps	
7	传送速率 2.5Mbps	
8	传送速率 5Mbps	
9	传送速率 10Mbps	
A	传送速率 156Kbps	硬件测试
B	传送速率 625Kbps	
C	传送速率 2.5Mbps	
D	传送速率 5Mbps	
E	传送速率 10Mbps	
F	不允许设置	

编号 3：传送速率/模式设置开关　模式选择　MoDE

编号	名称	说明
4	NC NC 　DA　　2 SLD 　DB　　4 (FG) 　DG　　6 1 3 5 7	连接专用电缆 端子 SLD 和 FG 在模块内连接

4.3 检查模块状态（硬件测试）

　　硬件测试检查每个模块自身是否工作正常。在配置系统以前一定要先进行硬件测试，每个模块没有接线以前也一定要对其自身进行测试。否则，就不能正确执行硬件测试。按照下列步骤执行硬件测试，如图 4-3 所示。

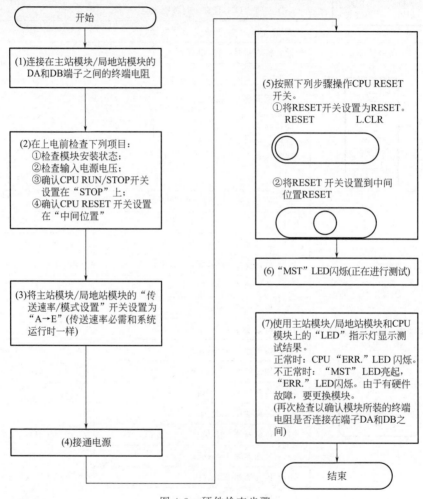

图 4-3　硬件检查步骤

4.4 用 CC-Link 专用电缆连接模块

　　本节说明如何用 CC-Link 专用电缆连接主站模块、局地站模块、备用主站模块、远程站模块和智能软元件模块。

4.4.1 连接

（1）连接方法及要求

① 可以从任意站号开始连接 CC-Link 电缆。

② 将标配的"终端电阻"连接到 CC-Link 系统两端的模块上。将终端电阻连接在"DA"和"DB"之间。

③ 终端电阻根据 CC-Link 系统中采用的电缆型号确定。

a. 如果使用 CC-Link 专用电缆：110Ω、1/2W（棕—棕—棕）。

b. 如果使用 CC-Link 专用高性能电缆：130Ω、1/2W（棕—橙—棕）。

④ 主站模块可以在两端之外的点连接。

⑤ 不允许星形连接。

⑥ 连接方法如图 4-4 所示。

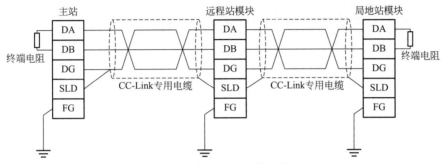

图 4-4　CC-Link 专用电缆连接方法

（2）要点

将 CC-Link 专用电缆的屏蔽线接到每个模块的 SLD 上，通过 FG 用 D 型接地将屏蔽线的两端接地。在模块内 SLD 和 FG 是接通的。

4.4.2　接线检查

本节以图 4-5 连接的系统为例，说明如何检查远程 I/O 站和外部设备之间的接线状态。

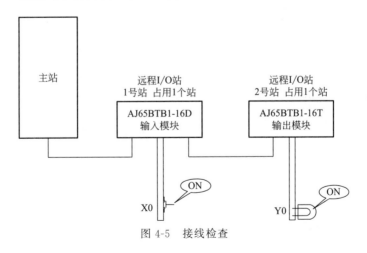

图 4-5　接线检查

（1）参数设置

在设置参数时，将主站模块的"远程输入（RX）"设置为"X1000"，"远程输出（RY）"设置为"Y1000"。

（2）检查输入模块和外部设备之间的接线

① 使 1 号站"X0"开关为 ON。

② 用 GPPW 软件通过选择"在线"→"监视"→"软元件批量"在"软元件"中设置"X1000",并点击"监视开始"。如图 4-6 所示。

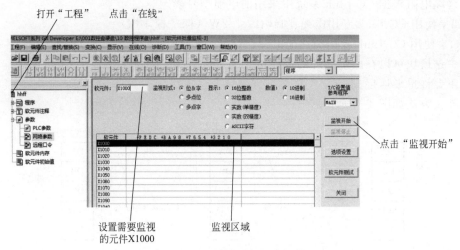

图 4-6 监视输入信号状态

③ 如果 X1000 为 ON,则已正确执行输入模块和外部设备之间的连接。

(3) 检查输出模块和外部设备之间的接线

① 用 GPPW 软件通过选择"在线"→"调试"→"软元件测试"设置要执行测试的软元件"Y1000"。最后点击"强制 ON"。如图 4-7 所示。

② 如果输入模块和外部设备之间的连接正确,对应于外部设备"Y0"的指示灯就亮起。如图 4-5 所示。

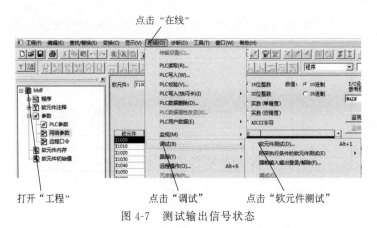

图 4-7 测试输出信号状态

4.5 开关设置

本节说明如何设置模块开关。

4.5.1 站号设置

本节说明如何设置主站模块、局地站模块、备用主站模块、远程站模块和智能设备站模块的站号。

(1) 设置连续的站号

① 可以按连接站的顺序指定站号。

② 占用两个或两个以上站的模块，只需要指定第 1 个站号。

(2) 每一个站设置唯一的站号

如果设置了重复的站号，就会发生故障报警。

(3) 设置示例

如图 4-8，跳过一个站号指定站号时，将"未实际连接的站"指定为预留站。不对预留站做"数据链接异常站"处理（可以通过链接特殊寄存器 SW0080～SW0083 验证）。

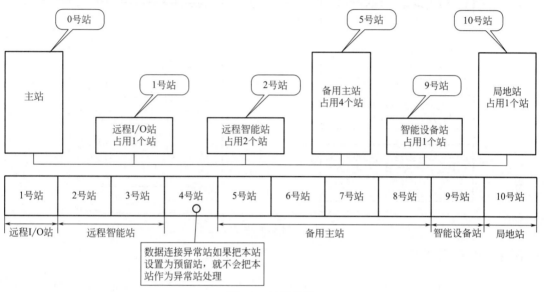

图 4-8 站号设置

4.5.2 传送速率和模式设置

用"传送速率/模式设置"开关指定传送速率和模式设置。传送速率/模式设置开关的细节见第 4.2 节。传送速率必须根据总距离进行设置。

要点：主站模块、远程站模块、局地站模块、智能设备站模块和备用主站模块要使用相同的传送速率。只要其中一个站的设置不同，就不能正确建立数据链接。

4.6 检查连接状态（线路测试）

用 CC-Link 专用电缆正确连接所有模块后，要进行检查测试

(1) 线路测试 1

检查总线网络连接的所有模块的通信状态。

(2) 线路测试 2

检查指定模块的通信状态。

线路测试 1 和线路测试 2 都不需要参数设置。

要点：如果线路测试 1 发现出错，才执行线路测试 2。如果线路测试 1 正常，就不进行线路测试 2。

4.6.1　线路测试 1

检查连接状态以及和远程站、局地站、智能设备站、备用主站的通信状态。线路测试 1 按照图 4-9 所列步骤进行测试。

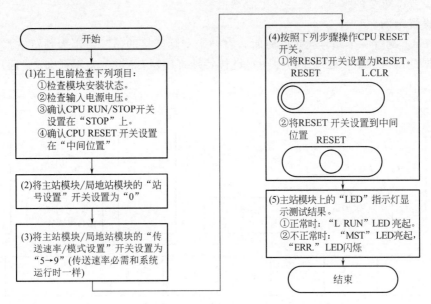

图 4-9　线路测试 1 步骤

4.6.2　线路测试 2

线路测试 2 用于对指定的远程站、局地站、智能设备站或备用主站进行通信测试。步骤参见图 4-10。

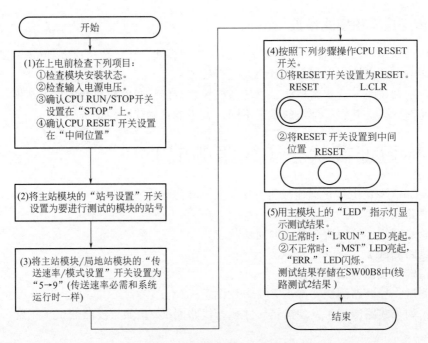

图 4-10　线路测试 2 步骤

第5章

CC-Link通信所必需的编程准备

本章解释有关编程的一般事项。

5.1 编程的目的

为执行 CC-Link 通信，必须编制相关的 PLC 程序，这部分 PLC 程序要包含以下内容：

① 能够检测 CC-Link 现场总线各个站（1 号站～64 号站）的数据链接状态；

② 远程 I/O 站、远程设备站、局地站、智能设备站、备用主站之间的互锁；

③ 故障处理。

5.2 程序样例

如图 5-1 所示是 PLC 程序的样例结构，现就 PLC 程序的样例结构进行说明。

① 第 1～9 步，是检测 CC-Link 现场总线各个站（1 号站～64 号站）的数据链接状态。（经过预先设定的刷新参数，GPPW 将主站模块的"特殊继电器（SB）刷新软元件"设置为"SB0"并将"特殊寄存器（SW）刷新软元件"设置为"SW0"。这样主站模块内部的特殊寄存器"SW80～SW83"存放的 1 号站～64 号站的链接状态就刷新到 PLC CPU 的

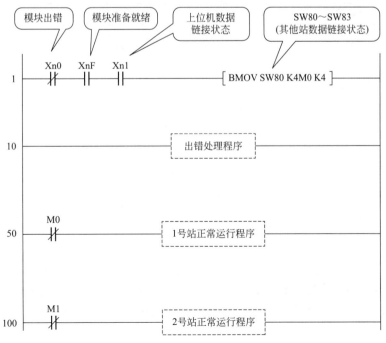

图 5-1　PLC 程序的样例结构

"SW80～SW83"中。（注意：虽然软元件地址号相同，但所属主体不同。刷新参数的设置只是为了方便编程使用。）

"BMOV SW80 K4M0 K4"指令是将"SW80～SW83"中各"位"的 ON/OFF 状态转至 M0～M63，这样经过"转化"之后，M0～M63 就表示了 1 号站～64 号站的链接状态，以 1 号站为例：

M0＝ON，表示数据链接故障。

M0＝OFF，表示数据链接正常。

② 第 10～49 步，为"故障（出错）处理程序"。以 1 号站为例：M0＝ON，表示数据链接故障。在"故障（出错）处理程序"中，可以点亮显示灯、驱动蜂鸣器报警、切断 1 号站及相关站的动作等。

③ 第 50 步开始为"正常运行程序"。以 1 号站为例：M0＝OFF，表示数据链接正常，这样就可以执行"1 号站正常运行程序"。

其他站同样处理。

5.3   编程可以使用的软元件

主站模块/局地站模块作为"智能模块"有属于其本身的"输入信号"和"输出信号"，"输入信号"表示主站模块/局地站模块的"工作状态"。"输出信号"为可以向主站模块/局地站模块发出的指令。

5.3.1   主站模块 I/O 信号一览表

本节说明主站模块/局地站模块 PLC CPU 的输入/输出信号。表 5-1 是主站模块的 I/O 信号一览表。

表 5-1   主站模块的 I/O 信号一览表

信号方向：主站模块/局地站模块→PLC CPU				信号方向：PLC CPU→主站模块/局地站模块		
输入地址	信号名称	可用性		输出地址	信号名称	可用性
		主站	局地站			
Xn0	模块故障	○	○	Yn0～YnF	禁止使用	
Xn1	上位机数据链接状态	○	○			
Xn2	禁止使用	—	—			
Xn3	其他站数据链接状态	○	○			—
Xn4～XnE	禁止使用	—	—			
XnF	模块准备好	○	○			
X(n+1)0～X(n+1)F	禁止使用	—	—	Y(n+1)0～Y(n+1)F		

注：○表示可用。

表中的"n"是指主站模块/局地站模块的第 1 个 I/O 地址，这是由主站模块/局地站模块的安装位置决定的。（与其他智能模块占用的 I/O 地址规则相同。）例如，如果主站模块安装在 PLC CPU 模块右侧第 4 个槽位，则主站模块的第 1 个 I/O 地址是"X30/Y30"：

$$Xn0～X(n+1)F→X30～X4F$$

$$Yn0～Y(n+1)F→Y30～Y4F$$

表 5-1 所示是指主站模块在 PLC CPU 系统中占有的 X 地址和 Y 地址。从表 5-1 可知，只使用了几个 X 信号表示了主站模块的工作状态和系统链接状态，这些信号传送到 PLC CPU 中。多数 X 信号和全部 Y 信号禁止使用。注意：这是主站模块不是从站模块，不要混淆了。

5.3.2　I/O 信号详述

以下说明表 5-1 中 I/O 信号的 ON/OFF 时序和条件。

（1）模块故障（出错）：Xn0

本信号表示主站模块状态是"正常"还是"异常"。如图 5-2 所示。

Xn0＝OFF：主站模块正常。

Xn0＝ON：主站模块出错。

图 5-2　模块出错时 Xn0 的时序

（2）上位机数据链接状态：Xn1

本信号说明上位机的链接状态（上位机如 PLC CPU）。

Xn1＝OFF：数据链接停止；

Xn1＝ON：数据链接正常。

（3）其他站数据链接状态：Xn3

本信号说明其他站（远程站、局地站、智能设备站和备用主站）的数据链接状态。SB0080 有相同的内容。

Xn3＝OFF：所有站正常；

Xn3＝ON：有异常站（异常站状态存储在 SW0080～SW0083）。

（4）模块准备好：XnF

本信号说明主站是否准备好运行。如图 5-3 所示。

① 主站模块进入"准备好"运行状态时，XnF＝ON。

② 发生下列情况之一，XnF＝OFF：

a. 检测到主站模块开关设置状态出错。

b. 模块故障信号 Xn0＝ON。

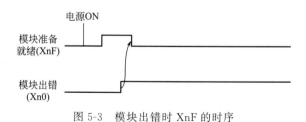

图 5-3　模块出错时 XnF 的时序

5.4　缓存器

本节中的缓存器是指主站模块中的缓存器。缓存器用于存放在主站模块和 PLC CPU 之间传送的数据。可以使用 GPPW 软件通过参数设置或专用指令执行数据的读写。

电源 OFF 或 PLC CPU 复位时缓存器的内容恢复到"缺省值"。

5.4.1 缓存器一览表

缓存器在表 5-2 中列出。

表 5-2 缓存器一览表

地址		项目	说明	读/写可能性	可用性	
16 进制	10 进制				主站	局地站
0H～DFH	0～223	禁止使用				
E0H～15FH	224～351	远程输入（RX）	主站:存储来自远程站、局地站、智能设备站、备用主站的输入状态	只读	○	○
			局地站:存储来自主站的输入状态			
160H～1DFH	352～479	远程输出（RY）	主站:存储要发到远程站、局地站、智能设备站、备用主站的输出状态局	只写	○	
			局地站:存储要发到主站的输出状态。同时存储收到的来自远程站、其他局地站、智能设备站、备用主站的数据	允许读/写		○
1E0H～2DFH	480～735	远程寄存器（RWw）	主站:存储发到远程设备站、所有局地站、智能设备站、备用主站的数据	只写	○	
			局地站:存储发到远程主站、其他局地站、智能设备站、备用主站的数据。同时存储来自远程设备站、其他局地站、智能设备站、备用主站的数据	允许读/写		○
2E0H～3DFH	736～991	远程寄存器（RWr）	主站:存储接收的来自远程设备站、局地站、智能设备站、备用主站的数据	只读	○	
			局地站:存储接收的来自主站的数据			○
3E0H～5DFH	992～1503	禁止使用		只写	○	
				允许读/写		○
5E0H～5FFH	1504～1535	特殊继电器（SB）	存储数据链接状态	允许读/写	○	
600H～7FFH	1536～2047	特殊寄存器（SW）	存储数据链接状态			○
800H～9FFH	2048～2559	禁止使用				
A00H～FFFH	2560～4095	随机访问缓冲区	瞬时传送时存储和使用指定的数据	允许读/写		
1000H～1FFFH	4096～8191	通信缓冲区	和局地站、备用主站和智能设备站进行瞬时传送时（用通信缓冲区通信）存储发送和接收的数据以及控制数据	允许读/写		
2000H～2FFFH	8192～12287	自动更新缓冲区		允许读/写		
3000H～4FFFH	12288～20479	禁止使用				

注：○表示可用。

5.4.2 缓存器详述

本节说明表 5-2"缓存器一览表"所示项目的详细功能。

5.4.2.1 远程输入（RX）和远程输出（RY）

如图 5-4 所示。

（1）主站←远程 I/O 站/远程设备站/局地站

① 主站中的"RX"（地址号为 224～351）存储来自远程 I/O 站、远程设备站（RX）和局地站（RY）的输入状态。每个站占用两个字。

② 局地站

a. 要送入主站模块的数据存储在和主站对应地址的远程输出（RY）中。

b. 存储来自远程 I/O 站、远程设备站（RX）和其他局地站的输入状态。每个站占用两个字。

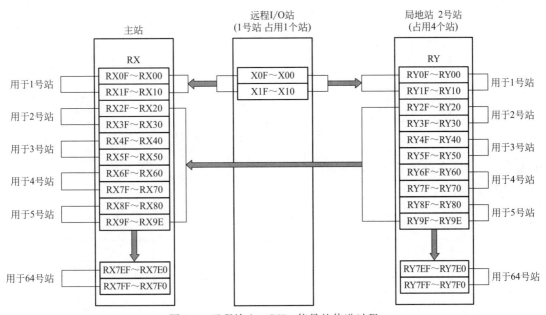

图 5-4　远程输入（RX）信号的传递过程

（2）主站站号和对应的缓存器地址

1 号站→E0H/E1H…　64 号站→15EH/15FH

（3）局地站站号和对应的缓存器地址

1 号站→160H/161H…　64 号站→15DEH/15DFH

5.4.2.2 主站→远程 I/O 站/远程设备站/局地站（RX）

如图 5-5 所示。

（1）主站

主站（RY）存储送到远程 I/O 站、远程设备站（RY）和所有局地站（RX）的输出状态。每个站使用两个字。

（2）局地站

局地站（RX）存储从远程 I/O 站、远程设备站（RY）和主站（RY）接收的数据。每个站使用两个字。

（3）主站站号和对应的缓存器地址

1 号站→160H/161H…　64 号站→15DEH/15DFH

（4）局地站站号和对应的缓存器地址

1 号站→E0H/E1H…　64 号站→15EH/15FH

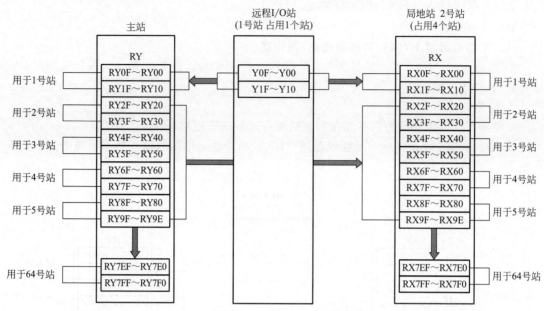

图 5-5　远程输出（RY）信号的传递过程

5.4.2.3　远程寄存器 RWw 和 RWr

如图 5-6 所示。

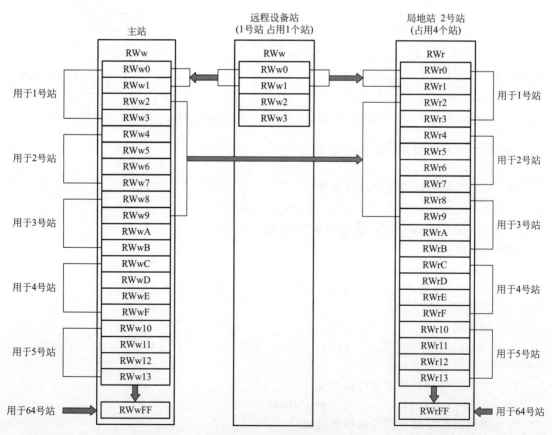

图 5-6　RWw 写数据的过程

（1）写数据

主站（RWw）→远程设备站（RWw）/局地站（RWr）

① 主站（RWw）存储要送到远程设备站的远程寄存器 RWw 和所有局地站的远程寄存器 RWr 的数据。每个站使用四个字。

② 局地站（RWr）也可接收送到远程设备站的远程寄存器 RWw 的数据。每个站使用四个字。

（2）读数据

主站（RWr）←远程设备站（RWr）/局地站（RWw）

如图 5-7 所示。

① 主站　存储从远程设备站的远程寄存器（RWr）和局地站的远程寄存器（RWw）送来的数据。每个站使用四个字。

② 局地站　把数据存储在与上位站号对应的地址中，就可以把它送到主站和其他局地站。也可以接收远程设备站的远程寄存器（RWr）中的数据。

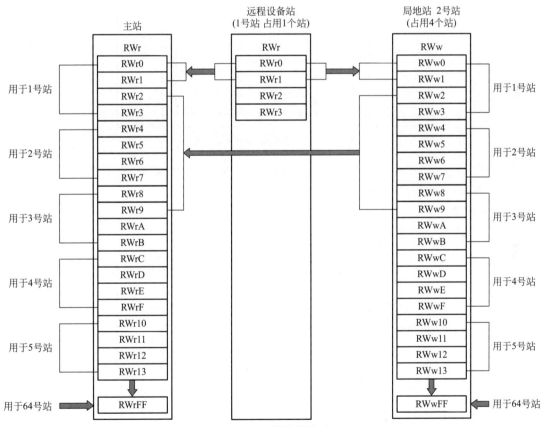

图 5-7　RWr 读数据的过程

5.4.2.4　特殊继电器（SB）

特殊寄存器用"位"的 ON/OFF 表示数据链接状态。缓存器地址 5E0H～5FFH 对应于链接特殊继电器 SB0000～SB01FF。

5.4.2.5　特殊寄存器（SW）

特殊寄存器用"字数据"存储数据链接状态。缓存器地址 600H～7FFH 对应于链接特殊寄存器 SW0000~SW01FF。

5.4.2.6 随机访问缓冲区

"随机访问缓冲区"存储要发送到其他站的数据。通过瞬时传送执行数据的读写。

5.4.2.7 通信缓冲区

在进行局地站、备用主站和智能设备站之间的瞬时传送时，通信缓冲区存储发送和接收的数据。局地站、备用主站和智能设备站的通信缓冲区容量用网络参数设置。

（1）使用通信缓冲区读取数据

读取数据如图 5-8 所示。

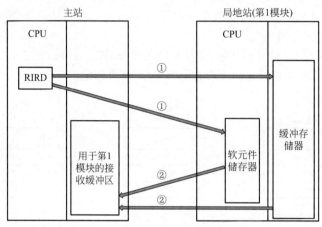

图 5-8　使用通信缓冲区读取数据

① 读取局地站的缓存器或 PLC CPU 的软元件存储器中的数据。

② 将控制指令指定的数据存入第①模块的接收缓冲区。

（2）写数据

写数据过程如图 5-9 所示。

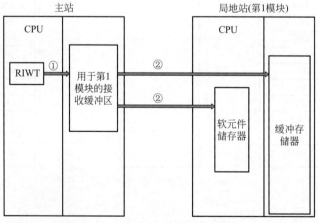

图 5-9　使用通信缓冲区写数据

① 将要写入局地站缓冲存储器或 PLC CPU 的软元件存储器的数据发送到主站的"接收缓冲区"。

② 将数据写入局地站缓冲存储器或 PLC CPU 的软元件存储器。

5.5　特殊继电器和特殊寄存器（SB/SW）

为了监视总线中各站的数据链接状态，在主站中使用"特殊继电器——SB（位数据）"和"特殊寄存器——SW（字数据）"进行检测。

SB 和 SW 表示了主站/局地站缓存器中的信息，通过自动刷新参数设置可以刷新到 PLC CPU 的软元件中，从而使用该数据。

- 特殊继电器（SB）：地址为 5E0H～5FFH 的缓存器。
- 特殊寄存器（SW）：地址为 600H～7FFH 的缓存器。

5.5.1　特殊继电器（SB）

特殊继电器 SB0000～SB003F 由 PLC 顺控程序控制 ON/OFF，SB0040～SB01FF 可自动 ON/OFF。表 5-3 是部分特殊继电器 SB 的常用功能。编号栏中括号内的数值指缓存器地址。

表 5-3　部分特殊继电器 SB 的常用功能

编号	名称	说明
SB0000(5E0H,b0)	数据链接重新启动	重新启动已由 SB0002 停止的数据链接。 OFF:不启动 ON:启动
SB0002(5E0H,b2)	数据链接停止	停止上位站数据链接。但是如果主站执行这个指令,整个系统都会停止。 OFF:不停止 ON:停止
SB0008(5E0H,b8)	线路测试请求	执行由 SW0008 指定的站点线路测试。 OFF:未请求 ON:请求
SB000D(5E0H,b13)	远程设备站初始化步骤注册指令	初始化步骤注册时用注册信息启动初始化处理
SB0020(5E2H,b0)	模块状态	表示模块运行状态。 OFF:正常(模块运行正常) ON:异常(模块出现故障)
SB006A(5E6H,b10)	开关设置状态	表示开关设置状态。 OFF:正常 ON:存在设置错误(出错代码存储在 SW006A)
SB006D(5E6H,b13)	参数设置状态	表示参数设置状态。 OFF:正常 ON:存在设置错误(出错代码存储在 SW0068)
SB0072(5E7H,b2)	扫描模式设置信息	表示扫描模式设置信息。 OFF:异步模式 ON:同步模式
SB0073(5E7H,b3)	CPU 处于宕机状态时的操作规定	表示 CPU 宕机时状态。 OFF:停止 ON:继续

编号	名称	说明
SB0077(5E7H,b7)	参数接收状态	表示来自主站的参数接收状态。 OFF:接收完成 ON:接收未完成
SB007B(5E7H,b11)	上位机主站/备用主站运行状态	表示上位站是作为主站还是备用主站运行。 OFF:作为主站运行(控制数据链接) ON:作为备用主站运行(备用)
SB0094(5E9H,b4)	瞬时传送状态	表示瞬时传送是否有出错。 OFF:无错误 ON:发生错误
SB0095(5E9H,b5)	主站瞬时传送状态	表示主站的瞬时传送状态。 OFF:正常 ON:不正常

5.5.2 特殊寄存器(SW)

为了发出相关指令,可编制 PLC 程序把数据存入特殊寄存器 SW000~SW003F。而且主站工作状态的(链接数据)可自动存入 SW0040~SW01FF。表 5-4 是部分特殊寄存器 SW 的常用功能。编号栏中为缓存器地址。

表 5-4　部分特殊寄存器 SW 的常用功能

编号	名称	说明
SW0008(608H)	线路测试站设置	设置要执行线路测试的站。 0:整个系统(所有站都执行) 1~64:仅指定的站执行 缺省值:0
SW0009(609H)	监视时间设置	设置使用专用指令时的监视时间。 缺省值:10(s) 设置范围:0~360(s)
SW0020(620H)	模块状态	表示模块状态: 0:正常 0 以外的其他值:存储故障代码
SW0041(641H)	数据链接重新启动结果	数据链接重新启动指令的执行结果: 0:正常 0 以外的其他值:存储故障代码
SW0045(645H)	数据链接停止结果	数据链接停止指令的执行结果: 0:正常 0 以外的其他值:存储故障代码
SW004D(64DH)	线路测试结果	表示线路测试的执行结果: 0:正常 0 以外的其他值:存储故障代码
SW004F(64FH)	参数设置测试结果	表示参数设置测试的执行结果: 0:正常 0 以外的其他值:存储故障代码

编号	名称	说明
SW0052(652H)	自动 CC-Link 启动执行结果	存储采用自动 CC-Link 启动将一个新站加入系统时的系统配置检查结果。 0:正常 0 以外的其他值:存储故障代码
SW060(660H)	模式设置状态	存储模式设置状态。 0:在线 2:离线 3:线路测试 1 4:线路测试 2 6:硬件测试
SW0061(661H)	上位站号	存储正在运行的上位站的站号。 0:主站 1～64:本地站
SW006A(66AH)	开关设置状态	存储开关设置状态。 0:正常 0 以外的其他值:存储故障代码
SW0070(670H)	总站数	存储参数设置的总站数。 1～64(站)
SW0072(672H)	连接模块数目	存储执行数据链接的模块数。 1～64(站)

第6章

主站和远程I/O站之间的通信

本章详述了仅由主站和远程 I/O 站构成的 CC-Link 现场总线网，从模块设置、参数设置、编程到最后运行检查的过程。

6.1 系统配置

以下总线系统中连接了三个远程 I/O 站，如图 6-1 所示，系统构成如下。

① PLC CPU 为三菱 Q 系列 PLC Q06HCPU。

② CC-Link 主站为 QJ61BT11。

③ QX41 为输入模块。

④ QY41P 为输出模块。

⑤ CC-Link 的从站有 3 个：

a. 输入模块 AJ65BTB1-16D；

b. 输出模块 AJ65BTB1-16T；

c. I/O 模块 AJ65BTB1-16DT。

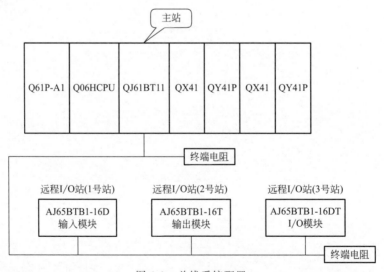

图 6-1　总线系统配置

6.2 硬件开关设置

(1) 设置主站开关

主站开关设置如图 6-2 所示。

① 站号设置　主站站号必须设置为 00。

② 传送速率设置　旋钮位置与传送速率的关系参看第 4.2 节表 4-1。主站各部分的名称和功能如表 4-1 所示。

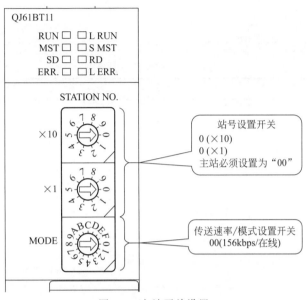

图 6-2　主站开关设置

（2）设置远程 I/O 站开关

远程 I/O 站开关设置如图 6-3 所示。

① 站号设置　一般地，站号按连接顺序设置（也可以不按连接顺序设置，但站号不可"重合"）。本例中，三个站站号依次设置为"1""2""3"。

② 传送速率设置　旋钮位置与传送速率的关系如表 4-1 所示。

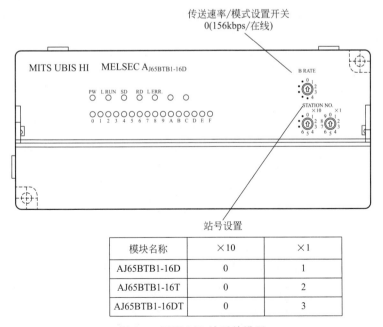

模块名称	×10	×1
AJ65BTB1-16D	0	1
AJ65BTB1-16T	0	2
AJ65BTB1-16DT	0	3

图 6-3　远程 I/O 站开关设置

6.3 参数设置

本节说明如何设置主站的网络参数和自动刷新参数。

（1）设置主站的网络参数

① 设置网络参数 详细内容如表 6-1 所示。

表 6-1 网络参数设置用表

项目	设置范围	设置值
起始 I/O 号	0000～0FE0	0000
动作设置	输入数据保持/清除 缺省:清除	清除
类型	主站 主站（双工功能） 局地站 备用主站 缺省:主站	主站
模式设置	在线（远程网络模式） 在线（远程 I/O 网络模式） 离线 缺省:在线（远程网络模式）	在线（远程 I/O 网络模式）
总连接个数	1～64 缺省:64	3
远程输入（RX）刷新软元件	软元件：从 X,M,L,B,D,W,R 或 ZR 中选择	
远程输出（RY）刷新软元件	软元件：从 Y,M,L,B,T,C,ST,D,W,R 或 ZR 中选择	
远程寄存器（RWr）刷新软元件	软元件：从 M,L,B,D,W,R 或 ZR 中选择	
远程寄存器（RWw）刷新软元件	软元件：从 M,L,B,T,C,ST,D,W,R 或 ZR 中选择	
特殊继电器（SB）刷新软元件	软元件：从 M,L,B,D,W,R,SB 或 ZR 中选择	
特殊寄存器（SW）刷新软元件	软元件：从 M,L,B,D,W,R,SW 或 ZR 中选择	
重试次数	1～7 缺省:3	远程 I/O 网络不设置
自动恢复个数	1～10 缺省:1	远程 I/O 网络不设置
待机主站号	空白或 1～64（空白:未指定备用主站） 缺省:空白	远程 I/O 网络不设置
CPU 宕机指定	停止/继续 缺省:停止	停止
扫描模式指定	异步/同步 缺省:异步	远程 I/O 网络不设置

② 网络参数设置样例　参见第 3.3 节。

（2）设置主站的自动刷新参数

① 设置自动刷新参数　按以下步骤设置自动刷新参数。

- 将远程输入（RX）刷新软元件设置为 X1000。
- 将远程输出（RY）刷新软元件设置为 Y1000。
- 将远程寄存器（RWr）刷新软元件设置为 D1000。
- 将远程寄存器（RWw）刷新软元件设置为 D2000。
- 将特殊继电器（SB）刷新软元件设置为 SB0。
- 将特殊寄存器（SW）刷新软元件设置为 SW0。

② 设置实例　参见图 6-4 和第 3.3 节。

图 6-4　设置自动刷新参数

6.4　编制 PLC 程序

本节说明用于控制远程 I/O 站的 PLC 程序。

（1）编程使用的 I/O 信号

图 6-5 表示了 PLC CPU 的软元件和远程 I/O 站的输入/输出之间的关系。阴影部分表

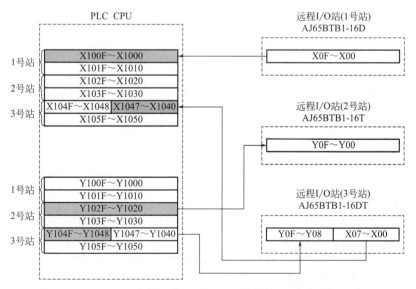

图 6-5　PLC CPU 的软元件和远程 I/O 站的输入/输出之间的关系

示实际应用的软元件。

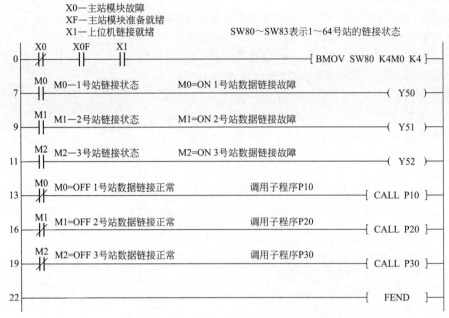

图 6-6 PLC 程序（1）

P10、P20、P30—子程序号

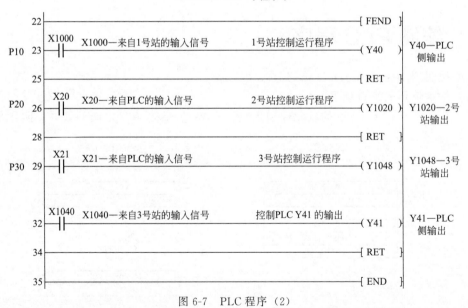

图 6-7 PLC 程序（2）

（2）对 PLC 程序的解释

① 图 6-6 中 X0、X1、XF 是表示主站工作状态的信号。主站自动检测并发出工作状态信号，梯形图中第 0～6 步表示如果主站工作状态正常，就将 1～64 号站的数据链接状态赋给 M0～M63［经过预先设定的刷新参数，GPPW 将主站的"特殊继电器（SB）刷新软元件"设置为"SB0"并将"特殊寄存器（SW）刷新软元件"设置为"SW0"。这样主站内部的特殊寄存器"SW80～SW83"存放的 1～64 号站的链接状态就刷新到 PLC CPU 的

"SW80～SW83"中]。

"BMOV SW80 K4M0 K4"指令是将"SW80～SW83"中各"位"的 ON/OFF 状态转至 M0～M63，这样经过"转化"之后，M0～M63 就表示了 1～64 号站的链接状态，"SW80～SW83"与 1～64 号站的数据链接状态的关系如表 6-2 所示。

表 6-2　1～64 号站的数据链接状态

位	b15	b14	b13	b12	⋯	b3	b2	b1	b0
SW80	16	15	14	13	⋯	4	3	2	1
SW81	32	31	30	29	⋯	20	19	18	17
SW82	48	47	46	45	⋯	36	35	34	33
SW83	64	63	62	61	⋯	52	51	50	49

注：1. SW80～SW83 的各"位"储存了 1～64 号站的链接状态。
2. "位"状态为 0 数据连接正常。"位"状态为 1 数据链接故障。

② M0～M63＝ON 表示数据链接故障。

M0～M63＝OFF 表示数据链接正常。

梯形图中第 7～12 步，如果 M0＝ON，表示 1 号站数据链接故障，同时驱动 Y50＝ON。Y50 可以是显示灯、报警器或某个驱动程序。2 号站、3 号站处理方式相同。

③ 梯形图中第 13～21 步，如果 M0＝OFF，表示 1 号站数据连接正常。同时调用子程序 P10。2 号站、3 号站处理方式相同。

以上是对主站工作状态和各从站链接状态的检测以及相应的处理程序。

④ 梯形图中第 23～25 步（图 6-7）是 P10 子程序。P10 子程序即 1 号站控制运行程序。X1000 对应来自 1 号站的输入信号。Y40 是 PLC 侧的输出。Y40 对应某种处理内容。

梯形图中第 26～28 步是 P20 子程序。P20 子程序即 2 号站控制运行程序。X20 是来自 PLC 侧的输入信号。Y1020 是 2 号站的输出。Y1020 对应某种处理内容。

梯形图中第 29～34 步是 P30 子程序。P30 子程序即 3 号站控制运行程序。X21 是来自 PLC 侧的输入信号。Y1048 是 3 号站的输出。Y1048 对应某种处理内容。

X1040 对应来自 3 号站的输入信号。Y41 是 PLC 侧的输出。Y41 对应某种处理内容。

6.5　执行数据链接

首先接通远程 I/O 站的电源，然后接通主站的电源，启动数据链接。

（1）用 LED 显示器确认运行

图 6-8、图 6-9 说明当正常执行数据链接时，主站和远程 I/O 站的 LED 显示状态。

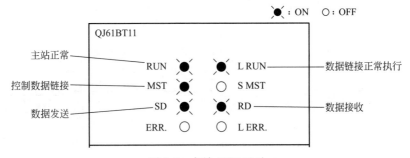

图 6-8　主站 LED 显示

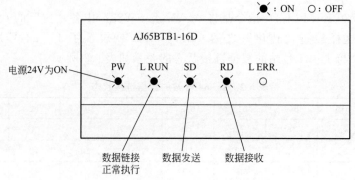

图 6-9　远程 I/O 站的 LED 显示

① 主站的 LED 显示　确认 LED 显示呈以下的状态（图 6-8）：

• RUN 为 ON（亮）表示主站正常运行。

• MST 为 ON（亮）表示控制数据链接正常。

• SD 为 ON（亮）表示数据发送正常。

• L RUN 为 ON（亮）表示数据链接正常执行。

• RD 为 ON（亮）表示数据接收正常。

② 远程 I/O 站的 LED 显示（图 6-9）

• PW 为 ON（亮）表示电源 ON。

• L RUN 为 ON（亮）表示数据链接正常执行。

• SD 为 ON（亮）表示数据发送正常。

• RD 为 ON（亮）表示数据接收正常。

（2）用顺控程序确认运行

使用顺控程序，确认数据链接正在正常运行，如图 6-10 所示。

① 当远程 I/O 站 AJ65BTB1-16D（1 号站）的 X00＝ON 时，PLC CPU（QY41P）的 Y40＝ON。

② 当 PLC CPU（QX41）的 X21＝ON 时，远程 I/O 站 AJ65BTB1-16DT（3 号站）的 Y08＝ON。

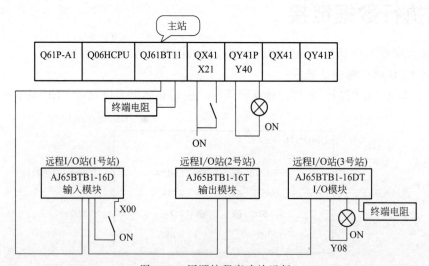

图 6-10　用顺控程序确认运行

第7章

主站和远程设备站之间的通信

对于主站和远程设备站之间的通信，本章详细介绍了模块设置、参数设置、编程和最后操作检查的过程。

7.1 系统配置

图 7-1 是主站和远程设备站构成的 CC-Link 现场总线系统的一个实例。在这个系统中，连接了 1 个远程设备站。系统硬件构成如下：

① PLC CPU 为三菱 Q 系列 PLC Q06HCPU。

② CC-Link 主站为 QJ61BT11。

③ QX41 为输入模块。

④ QY41P 为输出模块。

⑤ AJ65BT-64AD 为 CC-Link 的 1 个远程设备站。

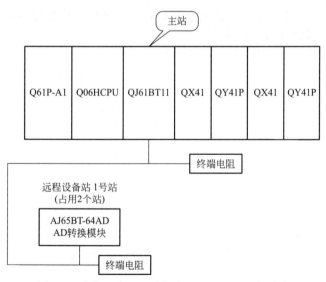

图 7-1 连接 1 个远程设备站的 CC-Link 现场总线

7.2 硬件开关设置

（1）设置主站开关

主站开关设置如图 7-2 所示。

① 站号设置。主站站号必须设置为 00。

② 传送速率设置。旋钮位置与传送速率的关系参见第 4.2 节表 4-1 所示。

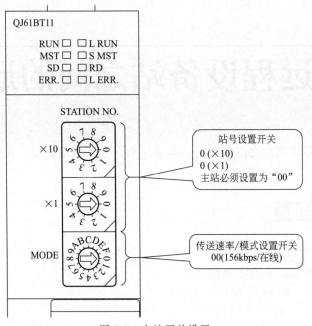

图 7-2　主站开关设置

（2）设置远程设备站开关

远程设备站开关的设置如图 7-3 所示。

① 站号设置　一般地，站号按连接顺序设置（也可以不按连接顺序设置，但站号不可"重合"）。本例中，站号设置为"1"。

② 传送速率设置　旋钮位置与传送速率的关系如表 4-1 所示。

模块名称	×10	×1
AJ65BT-64AD	0	1

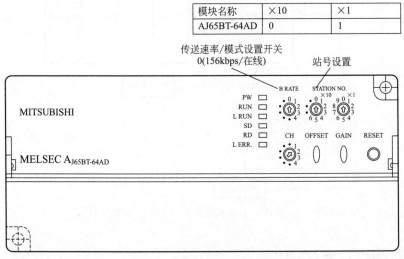

图 7-3　设置远程设备站开关

7.3　参数设置

本节说明如何设置主站的网络参数和自动刷新参数。

（1）设置主站的网络参数

① 设置网络参数　详细内容如表 7-1 所示。

表 7-1　网络参数设置表

项目	设置范围	设置值
起始 I/O 号	0000～0FE0	0000
动作设置	输入数据保持/清除 缺省:清除	清除
类型	主站 主站(双工功能) 局地站 备用主站 缺省:主站	主站
模式设置	在线(远程网络模式) 在线(远程 I/O 网络模式) 离线 缺省:在线(远程网络模式)	在线(远程网络模式)
总连接个数	1～64 缺省:64	1
远程输入(RX)刷新软元件	软元件:从 X,M,L,B,D,W,R 或 ZR 中选择	
远程输出(RY)刷新软元件	软元件:从 Y,M,L,B,T,C,ST,D,W,R 或 ZR 中选择	
远程寄存器(RWr)刷新软元件	软元件:从 M,L,B,D,W,R 或 ZR 中选择	
远程寄存器(RWw)刷新软元件	软元件:从 M,L,B,T,C,ST,D,W,R 或 ZR 中选择	
特殊继电器(SB)刷新软元件	软元件:从 M,L,B,D,W,R,SB 或 ZR 中选择	
特殊寄存器(SW)刷新软元件	软元件:从 M,L,B,D,W,R,SW 或 ZR 中选择	
重试次数	1～7 缺省:3	3
自动恢复个数	1～10 缺省:1	1
待机主站号	空白或 1～64(空白:未指定备用主站) 缺省:空白	
CPU 宕机指定	停止/继续 缺省:停止	停止
扫描模式指定	异步/同步 缺省:异步	异步
延迟时间设置	0～100(0:未指定) 缺省:0	

② 站信息设置　图 7-4 是站信息设置图。可按照图 7-4 设置站信息。步骤如下：

a. 点击"站信息"。

b. 弹出站信息设置界面。

c. 设置"站点类型"——设置为"远程设备站"。

d. 设置"占有站数"——设置占用 2 站。

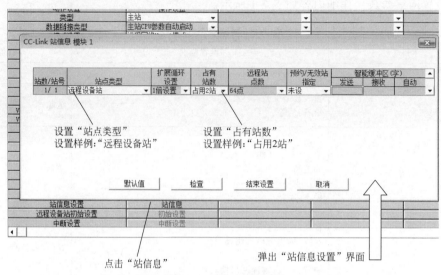

图 7-4 站信息设置图

③ 主站网络参数设置样例 网络参数设置参见第 3.3.1 节。

(2) 设置主站的自动刷新参数

① 设置自动刷新参数 步骤如下：

a. 将远程输入（RX）刷新软元件设置为 X1000。

b. 将远程输出（RY）刷新软元件设置为 Y1000。

c. 将远程寄存器（RWr）刷新软元件设置为 D1000。

d. 将远程寄存器（RWw）刷新软元件设置为 D2000。

e. 将特殊继电器（SB）刷新软元件设置为 SB0。

f. 将特殊寄存器（SW）刷新软元件设置为 SW0。

② 设置实例 自动刷新参数设置如图 7-5 所示。

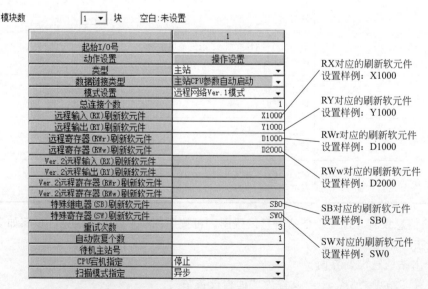

图 7-5 自动刷新参数设置样例

7.4　编制 PLC 程序

（1）编程使用的 I/O 信号

① 图 7-6 所示为 PLC CPU 软元件与远程设备站的远程输入/输出的关系。阴影部分表示实际使用的软元件。

a.远程输入（RX）：RX00～RX0F、RX10～RX1F，对应 PLC CPU 侧的 X1000～X101F。

b.远程输出（RY）：RY00～RY0F、RY10～RY1F，对应 PLC CPU 侧的 Y1000～Y101F。

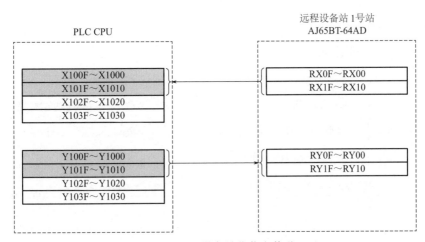

图 7-6　远程设备站位信息传递

② 图 7-7 所示为 PLC CPU 的字元件（D）与远程设备站的远程寄存器 RWw 的关系，表示了从 PLC CPU 向远程设备站的数据写入过程。

写数据寄存器：RWw0～RWw7，对应 PLC CPU 侧的 D2000～D2007。

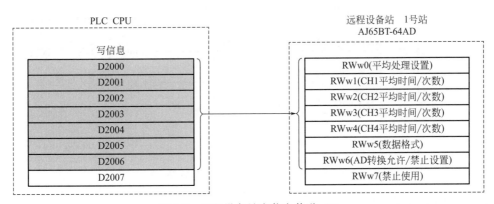

图 7-7　远程设备站字信息传递（1）

③ 图 7-8 所示为 PLC CPU 的字元件（D）与远程设备站的远程寄存器 RWr 的关系。表示了 PLC CPU 读取远程设备站数据的过程。

写数据寄存器：RWw0～RWw7，对应 PLC CPU 侧的 D2000～D2007。

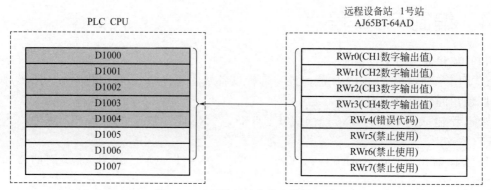

图7-8 远程设备站字信息传递（2）

（2）实际编制的 PLC 程序

实际编制的 PLC 程序如图 7-9、图 7-10 所示。

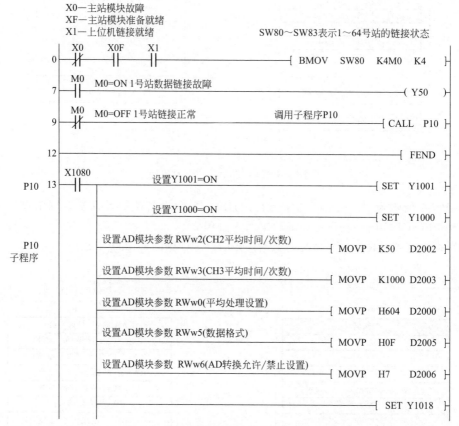

图 7-9 对应远程设备站的 PLC 程序（1）

（3）对 PLC 程序的解读

① 图 7-9 中 X0、X1、XF 是表示主站工作状态的信号。主站自动检测并发出工作状态信号，梯形图中第 0～6 步表示如果主站工作状态正常，就将 1～64 号站的数据链接状态赋给 M0～M63。这样就可以直接用 M0～M63 表示 1～64 号站的数据链接状态。

② M0～M63＝ON 表示数据链接故障。M0～M63＝OFF 表示数据链接正常。

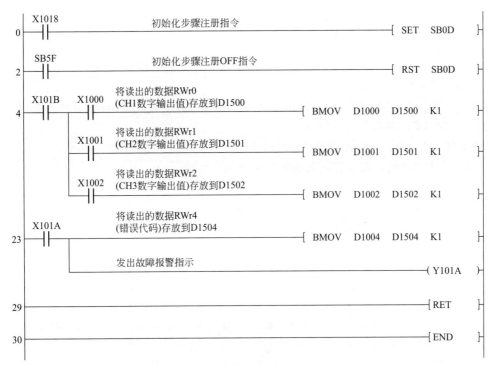

图 7-10　对应远程设备站的 PLC 程序（2）

梯形图中第 7～8 步，如果 M0＝ON，表示 1 号站数据链接故障，同时驱动 Y50＝ON。Y50 可以是显示灯、报警器或某个驱动程序。

③ 梯形图中第 9～11 步，如果 M0＝OFF，表示 1 号站数据链接正常，同时调用子程序 P10。

以上是对主站工作状态和各从站链接状态的检测以及相应的处理程序。

④ 梯形图中第 13 步以后为 P10 子程序。P10 子程序即 1 号站控制运行程序。X1080 对应来自 1 号站的输入信号。Y1000、Y1001 是 PLC 侧的输出，对应 1 号站的 Y0、Y1 输出。

⑤ D2000～D2007 对应 1 号站的 RWw0～RWw7，用于设置 AD 模块的参数，如各通道 CH1～3 平均处理时间或次数。这对于 AD 模块来说是必不可少的。所以程序里对 D2000～D2007 设置数据。

⑥ SB0D 特殊继电器功能是对"远程设备站初始化步骤注册"的指令。

SB5F 特殊继电器功能是"远程设备站初始化步骤注册"完成状态。

SB5F＝OFF——未完成；

SB5F＝ON——完成。

在程序第 0～3 步，先执行远程设备站初始化步骤注册。如果远程设备站初始化步骤注册完成，则使 SB0D＝OFF（解除执行"远程设备站初始化步骤注册"）。

⑦ 远程设备站 AD 模块读出的数据已经自动刷新到 D1000～D1007。所以在程序第 4～23 步，就是将读出的数据 D1000～D1002 再转送到 D1500～D1502，供编制其他程序时使用。

⑧ 程序第 24～28 步是将读出的"故障报警代码"存放到 D1504，并驱动 Y101A＝ON，即输出报警指示。

7.5 执行数据链接

首先接通远程设备站的电源，然后接通主站的电源，启动数据链接。

(1) 用 LED 显示器确认运行

图 7-11 说明了当正常执行数据链接时，主站和远程设备站的 LED 显示器状态。

① 主站的 LED 显示

- RUN＝ON（亮）表示主站正常运行。
- MST＝ON（亮）表示控制数据链接正常。
- SD＝ON（亮）表示数据发送正常。
- L RUN＝ON（亮）表示数据链接正常执行。
- RD＝ON（亮）表示数据接收正常。

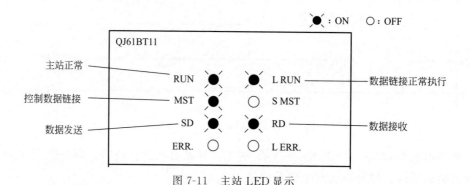

图 7-11　主站 LED 显示

② 远程 I/O 站的 LED 显示（图 7-12）。

- PW＝ON（亮）表示电源 ON。
- RUN＝ON（亮）表示工作正常。
- L RUN＝ON（亮）表示数据链接正常执行。
- SD＝ON（亮）表示数据发送正常。
- RD＝ON（亮）表示数据接收正常。

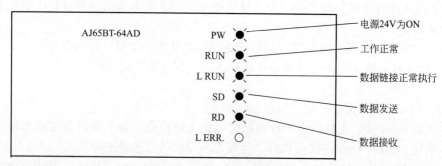

图 7-12　远程 I/O 站 LED 显示

(2) 用顺控程序确认运行

使用顺控程序，确认数据链接正在正常运行，如图 7-13 所示。

改变 AJ65BT-64AD 各通道的输入电压，并确认 AD 转换的数值是否发生变化。

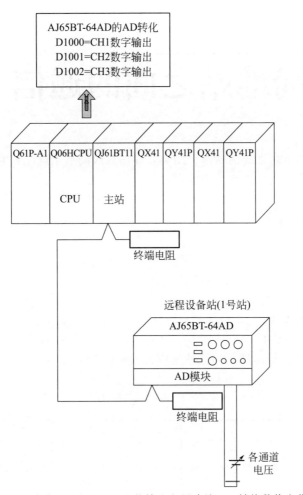

图 7-13　改变 AJ65BT-64AD 的输入电压确认 AD 转换数值变化

第8章
主站和局地站之间的通信

本章对主站和局地站之间的通信，用实际现场总线网络系统配置的实例，阐述了模块设置、参数设置、编程和最后操作检查的过程。

8.1 系统配置

图 8-1 是配置有局地站的现场总线网络系统。系统构成如下：

① PLC CPU 为三菱 Q 系列 PLC Q06HCPU。

② CC-Link 主站为 QJ61BT11。

③ QX41 为输入模块。

④ QY41P 为输出模块。

⑤ 1 个 CC-Link 的局地站，局地站模块为 QJ61BT11。

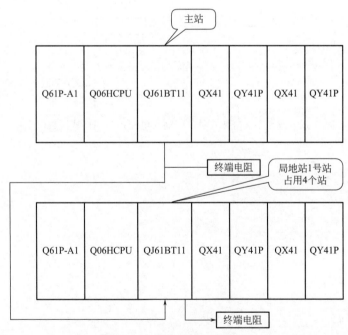

图 8-1　主站与局地站的连接

8.2 硬件开关设置

主站开关设置如图 8-2 所示。

① 站号设置。主站站号必须设置为"00"。

② 传送速率设置。旋钮位置与传送速率的关系如第 4.2 节表 4-1 所示。

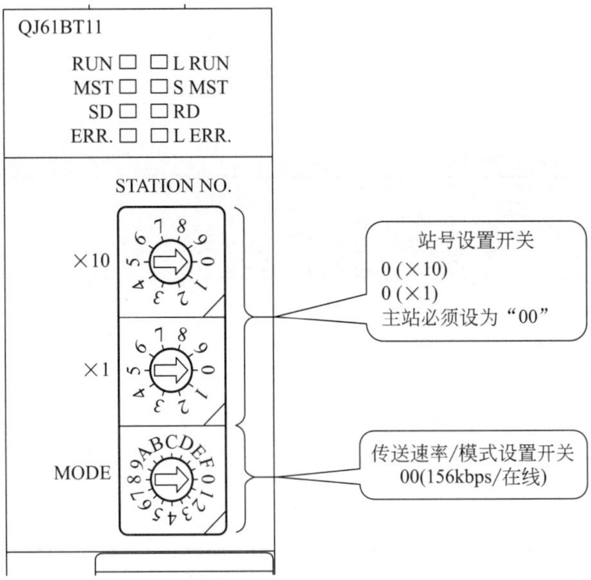

图 8-2　主站开关设置

8.3　主站参数设置

（1）设置主站的网络参数

① 设置网络参数　详细内容如表 8-1 所示。

表 8-1　网络参数设置表

项目	设置范围	设置值
起始 I/O 号	0000～0FE0	0000
动作设置	输入数据保持/清除 缺省:清除	清除
类型	主站 主站（双工功能） 局地站 备用主站 缺省:主站	主站
模式设置	在线（远程网络模式） 在线（远程 I/O 网络模式） 离线 缺省:在线（远程网络模式）	在线（远程网络模式）
总连接个数	1～64 缺省:64	1
远程输入（RX）刷新软元件	软元件:从 X,M,L,B,D,W,R 或 ZR 中选择	
远程输出（RY）刷新软元件	软元件:从 Y,M,L,B,T,C,ST,D,W,R 或 ZR 中选择	
远程寄存器（RWr）刷新软元件	软元件:从 M,L,B,D,W,R 或 ZR 中选择	
远程寄存器（RWw）刷新软元件	软元件:从 M,L,B,T,C,ST,D,W,R 或 ZR 中选择	

项目	设置范围	设置值
特殊继电器(SB)刷新软元件	软元件:从 M,L,B,D,W,R,SB 或 ZR 中选择	
特殊寄存器(SW)刷新软元件	软元件:从 M,L,B,D,W,R,SW 或 ZR 中选择	
重试次数	1~7 缺省:3	3
自动恢复个数	1~10 缺省:1	1
待机主站号	空白或 1~64(空白:未指定备用主站) 缺省:空白	
CPU 宕机指定	停止/继续 缺省:停止	停止
扫描模式指定	异步/同步 缺省:异步	异步
延迟时间设置	0~100(0:未指定) 缺省:0	0

② 设置局地站信息 图 8-3 是局地站信息设置图。可按照图 8-3 设置"局地站"信息。

a. 点击"站信息"。

b. 弹出站信息设置界面。

c. 设置"站点类型"——设置为"智能设备站"。

d. 设置"占有站数"——设置"占用 4 站"。

图 8-3　局地站信息设置图

③ 网络参数设置样例 主站网络参数设置样例如图 8-4 所示。

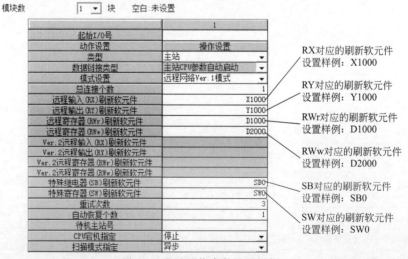

图 8-4　主站网络参数设置样例

（2）设置主站的自动刷新参数

按以下步骤设置自动刷新参数。

① 将远程输入（RX）刷新软元件设置为 X1000。

② 将远程输出（RY）刷新软元件设置为 Y1000。

③ 将远程寄存器（RWr）刷新软元件设置为 D1000。

④ 将远程寄存器（RWw）刷新软元件设置为 D2000。

⑤ 将特殊继电器（SB）刷新软元件设置为 SB0。

⑥ 将特殊寄存器（SW）刷新软元件设置为 SW0。

8.4　局地站参数设置

（1）设置局地站的网络参数

① 设置网络参数　详细内容如表 8-2 所示。

表 8-2　网络参数设置表

项目	设置范围	设置值
起始 I/O 号	0000～0FE0	0000
动作设置	输入数据保持/清除 缺省:清除	清除
类型	主站 主站(双工功能) 局地站 备用主站 缺省:主站	局地站
模式设置	在线(远程网络模式) 在线(远程 I/O 网络模式) 离线 缺省:在线(远程网络模式)	在线(远程网络模式)
总连接个数	1～64 缺省:64	1
远程输入(RX)刷新软元件	软元件:从 X,M,L,B,D,W,R 或 ZR 中选择	
远程输出(RY)刷新软元件	软元件:从 Y,M,L,B,T,C,ST,D,W,R 或 ZR 中选择	
远程寄存器(RWr)刷新软元件	软元件:从 M,L,B,D,W,R 或 ZR 中选择	
远程寄存器(RWw)刷新软元件	软元件:从 M,L,B,T,C,ST,D,W,R 或 ZR 中选择	
特殊继电器(SB)刷新软元件	软元件:从 M,L,B,D,W,R,SB 或 ZR 中选择	
特殊寄存器(SW)刷新软元件	软元件:从 M,L,B,D,W,R,SW 或 ZR 中选择	
重试次数	1～7 缺省:3	3
自动恢复个数	1～10 缺省:1	1
待机主站号	空白或 1～64(空白:未指定备用主站) 缺省:空白	空白
CPU 宕机指定	停止/继续 缺省:停止	停止

续表

项目	设置范围	设置值
扫描模式指定	异步/同步 缺省：异步	异步
延迟时间设置	0～100（0：未指定） 缺省：0	0

② 网络参数设置样例　图 8-5 所示是局地站网络参数设置的样例。

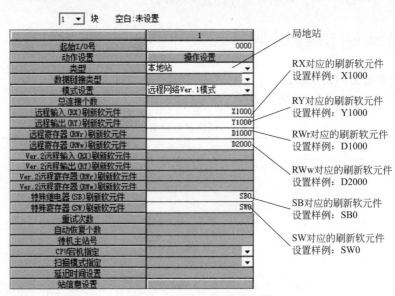

图 8-5　局地站网络参数设置

与主站参数设置相比较，不同之处只是将"类型"设置为"本地站"（局地站）。

（2）设置局地站的自动刷新参数

按以下步骤设置自动刷新参数。

① 将远程输入（RX）刷新软元件设置为 X1000。

② 将远程输出（RY）刷新软元件设置为 Y1000。

③ 将远程寄存器（RWr）刷新软元件设置为 D1000。

④ 将远程寄存器（RWw）刷新软元件设置为 D2000。

⑤ 将特殊继电器（SB）刷新软元件设置为 SB0。

⑥ 将特殊寄存器（SW）刷新软元件设置为 SW0。

与主站参数设置相比较，没有不同之处。

8.5　编制 PLC 程序

本节介绍如何编制主站和局地站之间通信的程序。

8.5.1　编程使用的软元件

（1）主站 PLC CPU 的 X 信号与局地站 Y 信号及其对应关系

图 8-6 显示了 PLC CPU 的软元件 X 和主站 RX、局地站 RY 以及局地站 PLC CPU 的软

元件 Y 之间的关系。注意软元件的编号、范围以及信号传递的方向。

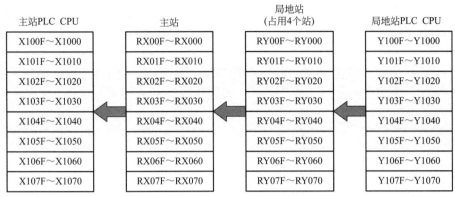

图 8-6　主站与局地站刷新软元件的通信（1）

① 主站侧

远程输入（RX）：RX000～RX07F，对应主站 PLC CPU 侧 X1000～X107F。

② 局地站侧

远程输出：RY000～RY07F，对应局地站 PLC CPU 侧 Y1000～Y107F。

（2）主站 PLC CPU 的 Y 信号与局地站 X 信号及其对应关系

图 8-7 显示了 PLC CPU 的软元件 Y 和主站 RY、局地站 RX 以及局地站 PLC CPU 的软元件 X 之间的关系。注意软元件的编号、范围以及信号传递的方向。

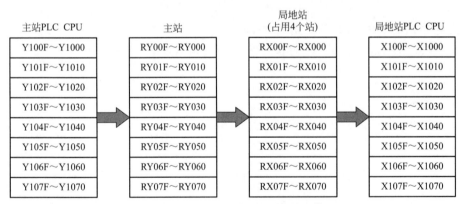

图 8-7　主站与局地站刷新软元件的通信（2）

① 主站侧

远程输出（RY）：RY000～RY07F，对应主站 PLC CPU 侧 Y1000～Y107F。

② 局地站侧

远程输出：RX000～RX07F，对应局地站 PLC CPU 侧 X1000～X107F。

（3）主站 PLC CPU 的 D 与主站的 RWr

图 8-8 显示了主站 PLC CPU 的软元件 D 和主站 RWr、局地站 RWw 以及局地站 PLC CPU 的软元件 D 之间的关系。注意软元件的编号、范围以及信号传递的方向。

① 主站侧

远程寄存器（读）RWr：RWr00～RWr0F，对应主站 PLC CPU 的 D 数据寄存器：D1000～D1015。

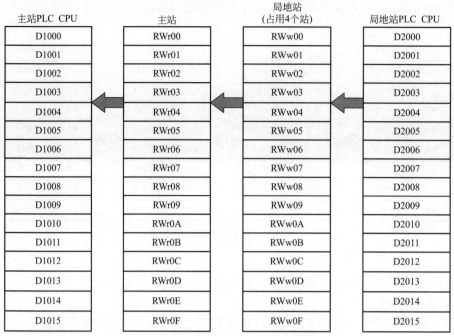

图 8-8　主站与局地站刷新软元件的通信（3）

② 局地站侧

远程寄存器 RWw：RWw00～RWw0F，局地站 PLC CPU 的 D 数据寄存器 D2000～D2015。

（4）主站 PLC CPU 的 D 与主站的 RWw

图 8-9 显示了主站 PLC CPU 的软元件 D 和主站 RWw、局地站 RWr 以及局地站 PLC

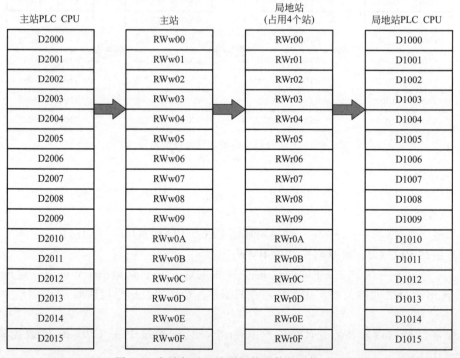

图 8-9　主站与局地站刷新软元件的通信（4）

CPU 的软元件 D 之间的关系。注意软元件的编号、范围以及信号传递的方向。

① 主站侧

远程寄存器（读）RWw：RWw00～RWw0F，对应主站 PLC CPU 的 D 数据寄存器：D2000～D2015。

② 局地站侧

远程寄存器 RWr：RWr00～RWr0F，对应局地站 PLC CPU 的 D 数据寄存器：D1000～D1015。

从纯地址编号看：主站和局地站使用的软元件号相同，但注意这是不同的模块。如果参数设置不同，软元件编号也不会相同。本样例是为设置方便而定的。

8.5.2　实际编制的 PLC 程序

（1）主站一侧的 PLC 程序

图 8-10 是主站一侧的 PLC 程序。

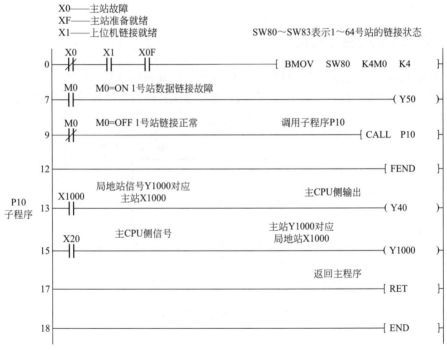

图 8-10　主站一侧 PLC 程序

（2）对主站 PLC 程序的解释

① 图 8-10 所示 X0、X1、XF 是表示主站工作状态的信号。主站自动检测并发出工作状态信号，梯形图中第 0～6 步表示如果主站工作状态正常，就将 1～64 号站的"数据链接状态"赋给 M0～M63（经过预先设定的刷新参数，主站 PLC CPU 内部的特殊寄存器"SW80～SW83"存放的是 1～64 号站的链接状态）。

"BM0V SW80 K4M0 K4"指令是将"SW80～SW83"中各"位"的 ON/OFF 状态转至 M0～M63，这样经过"转化"之后，M0～M63 就表示了 1～64 号站的链接状态。

② M0～M63＝ON 表示数据链接故障；

M0～M63＝OFF 表示数据链接正常。

梯形图中第 7～11 步,如果 M0＝ON,表示 1 号站数据链接故障,同时驱动 Y50＝ON。Y50 可以是显示灯、报警器或某个驱动程序。

③ 梯形图中第 13～21 步,如果 M0＝OFF,表示 1 号站数据链接正常,同时调用子程序 P10。

以上是对主站工作状态和局地站链接状态的检测以及相应的处理程序。

④ 子程序 P10 是主站和局地站之间的信号交换和处理程序。

a. 如果主站信号 X1000＝ON(局地站信号 Y1000 对应主站 X1000),则主站 Y40＝ON。即用局地站信号控制主站信号,参见图 8-10。

b. 如果主站信号 X20＝ON,则主站 Y1000＝ON(主站信号 Y1000 对应局地站 X1000)。即用主站信号控制局地站信号,参见图 8-10。

主站与局地站之间的互相控制都可以做类似处理。

(3) 局地站一侧的 PLC 程序

局地站一侧的 PLC 程序与主站一侧的 PLC 程序相同,只是注意要传入不同的 PLC CPU 当中。

8.6 执行数据链接

首先接通局地站的电源,然后接通主站的电源,启动数据链接。

用 LED 显示确认运行。图 8-11、图 8-12 表示当正常执行数据链接时,主站和局地站的 LED 显示状态。

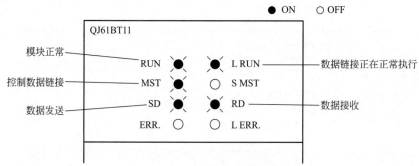

图 8-11 主站的 LED 显示

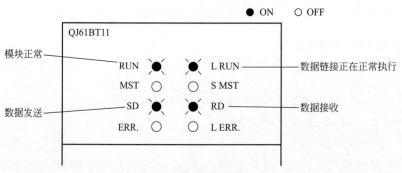

图 8-12 局地站的 LED 显示

① 主站的 LED 显示 图 8-11 表示当正常执行数据链接时,主站 LED 显示的状态。

- RUN＝ON（亮）表示主站正常运行。
- MST＝ON（亮）表示控制数据链接正常。
- SD＝ON（亮）表示数据发送正常。
- L RUN＝ON（亮）表示数据链接正常执行。
- RD＝ON（亮）表示数据接收正常。

② 局地站模块的 LED 显示　图 8-12 说明了当正常执行数据链接时，局地站 LED 显示的状态。

- RUN＝ON（亮）表示局地站正常运行。
- SD＝ON（亮）表示数据发送正常。
- L RUN＝ON（亮）表示数据链接正常执行。
- RD＝ON（亮）表示数据接收正常。

第2篇

机器人在现场总线中的应用

第**9**章
机器人CC-Link接口卡的应用技术

9.1 机器人在现场总线中的位置

机器人作为一个独立的"运动控制单元"，在配置了相关的 CC-Link 接口卡之后，可以作为 CC-Link 现场总线网络中的一个从站使用，接收来自主站和其他从站的控制信号。图 9-1 是机器人在 CC-Link 现场总线网络中的位置。

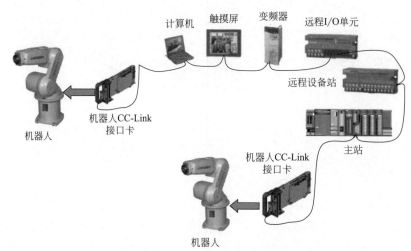

图 9-1　机器人在 CC-Link 现场总线网络中的位置

9.2 CC-Link 接口卡 TZ-576 一般技术规格

(1) 技术规格

三菱机器人使用的 CC-Link 接口卡型号为 TZ-576。CC-Link 接口卡 TZ-576 的技术规格如表 9-1 所示。

表 9-1　CC-Link 接口卡 TZ-576 的技术规格

项目	规格	备注
通信功能	可传送"位数据"和"字数据"	
CC-Link 接口卡型号	TZ-576	
可安装的数量	1 块	不能安装多块
CC-Link 对应版本	Ver. 2	可设置扩展
站类型	仅可作为"智能设备站"	不可作为"主站"

项目		规格	备注
传送速率		10Mbps/5Mbps/2.5Mbps/625kbps/156kbps	
站号		可设置范围:1～64	占用多个站时,为连续站号
占用站数		可设置为占用 1/2/3/4 站	进行扩展设置之后,每块卡可使用输入输出点数和寄存器点数可扩大
扩展设置		可设置为 1/2/4/8 倍	8 倍
输入输出点数	远程输入(RX)	最多 896 点	
	远程输出(RY)	最多 896 点	
	远程寄存器(RWr)	最多 128 个寄存器	1 个寄存器为 16bit(位)
	远程寄存器(RWw)	最多 128 个寄存器	
	瞬时传送	不支持	
机器人控制器的"输入输出起始编号"		从 6000 号顺序分配根据参数"CCFIX"的设置对应	
机器人使用的访问 I/O 指令		M_In/M_Inb/M_In8/M_Inw/M_In16 M_Out/M_Outb/M_Out8/M_Outw/ M_Out16	
机器人使用的访问寄存器指令		M_DIn M_DOut	

(2) 对主要技术规格的说明

① 对应于三菱机器人的 CC-Link 接口卡,型号为"TZ-576"。如果是其他品牌的机器人,有其他型号的 CC-Link 卡。

② 每台机器人仅可安装一块 CC-Link 卡。"TZ-576"仅可设置为"智能设备站",不可设置为主站。同时也不具备"瞬时传送"功能。也就是说不能使用专用指令进行"瞬时传送"。

③ 使用的 CC-Link 版本为 Ver.2,可对"TZ-576"卡进行扩展设置。"TZ-576"卡可设置为占用 1～4 站,使用"扩展设置"功能可以将"输入输出点"和"数据寄存器"扩展 1～8 倍。这样,即使是复杂的机器人控制系统需要大量输入输出点也不会增加硬件,所以有极好的经济性。

④ 在机器人的编程指令中,可以使用 M_In/M_Inb/M_In8/M_Inw/M_In16 和 M_Out/M_Outb/M_Out8/M_Outw/M_Out16 获取输入输出点的状态。

⑤ 在机器人的编程指令中,可以使用 M_DIn 和 M_DOut 获取数据寄存器内的数据。例如设置机器人定位的位置。

9.3　在 CC-Link 现场总线中机器人可使用的输入输出点数

(1) 可扩展的输入输出点数

TZ-576 CC-Link 卡是作为一个智能设备站的,其占用站数可以是 1～4 个站。即使只设置为占用 1 个站,也可以做"扩展循环设置",经过"扩展循环设置"后,输入输出点数和数据寄存器数可以扩展 8 倍。如表 9-2 所示。

表 9-2　可扩展的输入输出点数

占有站数	信号类型	扩展循环设置			
		1 倍设置	2 倍设置	4 倍设置	8 倍设置
占用 1 站	输入输出信号/点	各 32	各 64	各 96	各 128
	寄存器/个	各 4	各 8	各 16	各 32
占用 2 站	输入输出信号/点	各 64	各 96	各 192	各 384
	寄存器/个	各 8	各 16	各 32	各 64
占用 3 站	输入输出信号/点	各 96	各 160	各 320	各 640
	寄存器/个	各 12	各 24	各 48	各 96
占用 4 站	输入输出信号/点	各 128	各 224	各 448	各 896
	寄存器/个	各 16	各 32	各 64	各 128

（2）CC-Link 现场总线中各站输入输出信号的具体分配

将 CC-Link 版本类型设置为 CC-Link Ver.2。同时设置参数 CCFIX 为 0。这样各站输入输出信号地址段不受站号影响，从 6000 号顺序开始分配。注意是顺序分配。如表 9-3 所示。

表 9-3　顺序分配的各站输入输出地址

站号	占有站数	扩展循环设置	输入输出信号		数据寄存器	
			输入	输出	输入	输出
0						
1			6000～6031	6000～6031	6000～6003	6000～6003
2			6032～6063	6032～6063	6004～6007	6004～6007
3			6064～6095	6064～6095	6008～6011	6008～6011
4			6096～6127	6096～6127	6012～6015	6012～6015
5			6160～6191	6160～6191	6016～6019	6016～6019
6			6192～6223	6192～6223	6020～6023	6020～6023
7			6224～6255	6224～6255	6024～6027	6024～6027
8			6288～6319	6288～6319	6028～6031	6028～6031
9			6320～6351	6320～6351	6032～6035	6032～6035
10			6352～6383	6352～6383	6036～6039	6036～6039
11	1	1 倍设置	6384～6415	6384～6415	6040～6043	6040～6043
12			6416～6447	6416～6447	6044～6047	6044～6047
13			6448～6479	6448～6479	6048～6051	6048～6051
14			6480～6511	6480～6511	6052～6055	6052～6055
15			6512～6543	6512～6543	6056～6059	6056～6059
16			6544～6575	6544～6575	6060～6063	6060～6063
17			6576～6607	6576～6607	6064～6067	6064～6067
18			6608～6639	6608～6639	6068～6071	6068～6071
19			6640～6671	6640～6671	6072～6075	6072～6075
20			6672～6703	6672～6703	6076～6079	6076～6079
21			6704～6735	6704～6735	6080～6083	6080～6083
22			6736～6767	6736～6767	6084～6087	6084～6087

9.4　CC-Link 中使用的机器人参数

机器人在应用于 CC-Link 现场总线时，在机器人一侧要设置相关的参数。设置参数可以使用机器人编程软件"RT Tool Box2"。机器人编程软件"RT Tool Box2"是编制机器人运动程序的软件。可以在"三菱电机自动化官网"下载。

本节使用"RT Tool Box2"软件对 CC-Link 参数进行设置，同时对相关参数进行详细解释。

9.4.1　与 CC-Link 相关的机器人参数

使用 CC-Link 现场总线时必须设置的机器人参数见表 9-4。

表 9-4　使用 CC-Link 现场总线时必须设置的机器人参数一览表

序号	参数名称	功能及操作
1	STOP2	程序停止
2	DIODATA	用于设置数据寄存器编号。如果是输入型寄存器,可用于设置程序编号或速度倍率等。 如果是输出型寄存器,可用于存放输出程序编号、出错编号及行数等
3	CCERR	故障处理方式。 如果 CC-Link 网络连接出现暂时"故障"时,是暂时屏蔽这些"故障"继续联网运行,还是需要执行"RESET"(复位)之后再运行,由 CCERR 参数决定。 CCERR=0,屏蔽故障继续运行。 CCERR=1,执行"RESET"之后再运行
4	CCINFO	CC-Link 从站信息。 本参数用于设置 CC-Link 站号、占有站数、扩展循环设置
5	CCSPD	设置 CC-Link 的传送速率 (0:156kbps;1:625kbps;2:2.5Mbps;3:5Mbps;4:10Mbps)
6	CCCLR	设置在数据链接发生故障时,输入信号的状态。 1:保持 0:清除
7	CCFIX	设置机器人 CC-Link 从站的输入输出地址编号方式
8	CCFIL	设置故障检测的滤波器时间(单位:ms)
9	CCREFCYC	设置 CC-Link 信号刷新模式。 设置值:1(高速模式)/0(兼容模式)

9.4.2　参数详解

(1) STOP2

STOP2 参数的功能是"暂停"。设置 STOP2 参数实际上是设置某一个输入端子作为 STOP2 信号。

STOP2=ON，程序停止。重新发出"START2"信号，程序从断点启动。STOP2 的输入输出信号地址可以任意设置。图 9-2 是设置样例。设置输入端子为 6040，当输入端子

6040＝ON，程序停止。设置输出端子为6042，当处于"程序停止"状态，输出端子6042＝ON。

输入端子号6040

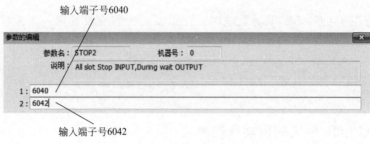

输入端子号6042

图 9-2　STOP2 参数设置示意图

(2) DIODATA

DIODATA 参数用于设置"输入寄存器编号"以及"输出寄存器编号"。例如机器人的"程序编号""速度倍率"需要预先存放到某一数据寄存器中；要读出"程序编号""程序行号"时，需要知道从哪些数据寄存器读出。

参数设置如图 9-3 所示，设置"6000"号数据寄存器作为"输入寄存器"，可以存放"程序编号""速度倍率"等数据。

设置"6002"号数据寄存器作为"输出寄存器"，则可以从"6002 输出寄存器"读出"程序行号"等数据。

输入寄存器编号6000

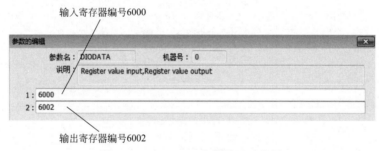

输出寄存器编号6002

图 9-3　DIODATA 参数设置示意图

(3) CCERR

如果 CC-Link 网络连接出现暂时"故障"时，是暂时屏蔽这些"故障"继续联网运行，还是需要执行"RESET"之后再运行，由 CCERR 参数决定。设置参数如图 9-4 所示。

CCERR＝0，屏蔽故障继续运行。

CCERR＝1，执行"RESET"之后再运行。

设置参数=0

图 9-4　CCERR 参数设置示意图

（4）CCINFO

CCINFO 参数用于设置各机器人从站的下列内容：

① 站号；

② 占有站数；

③ 扩展循环设置。

设置样例如图 9-5 所示。

站号＝16。占有站数＝1。扩展循环设置＝4。

图 9-5　CCINFO 参数设置示意图

（5）CCSPD

设置 CC-Link 的传送速率。

CCSPD＝0：156kbps；

CCSPD＝1：625kbps；

CCSPD＝2：2.5Mbps；

CCSPD＝3：5Mbps；

CCSPD＝4：10Mbps。

设置样例如图 9-6 所示。

图 9-6　CCSPD 参数设置示意图

（6）CCCLR

设置在 CC-Link 网络发生数据链接故障时，输入信号的状态。

CCCLR＝1：保持

CCCLR＝0：清除

参见图 9-7。

图 9-7　CCCLR 参数设置示意图

(7) CCFIX

设定 CC-Link 各机器人从站输入输出信号的编号方法如图 9-8 所示。

CCFIX=0：顺序指定各站输入输出信号的编号。

如设置为 1 号站时：

输入输出信号编号=6000～6031

寄存器编号=6000～6003

如设置为 2 号站时：

输入输出信号编号=6032～6063

寄存器编号=6004～6007

如设置为 3 号站时：

输入输出信号编号=6064～6095

寄存器编号=6008～6011

CCFIX=1：无论站号如何设置，均从 6000 号起。

如设置为 3 号站时：

输入输出信号编号=6000～

寄存器编号=6000～

图 9-8　CCFIX 参数设置示意图

(8) CCFIL

设置故障检测滤波器时间。

① 设置主站参数异常检测滤波器时间（单位：ms）。

② 设置数据链接异常检测滤波器时间（单位：ms）。

设置样例参见图 9-9。

第一栏中为从控制器电源为 ON 到发生主站参数异常故障的时间，设置为 1000(ms)。设置范围：1000～15000ms。

第二栏中为从电缆断线到发生数据链接异常故障的时间，设置为 200(ms)。设置范围：70～600ms。

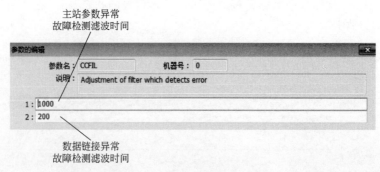

图 9-9　CCFIL 参数设置示意图

（9）CCREFCYC

CCREFCYC 参数用于设 CC-Link 信号的刷新模式。

CCREFCYC＝1：高速模式

CCREFCYC＝0：兼容模式

设置样例参见图 9-10。

CRnD-700 系列控制器中，从软件版本 P7 版开始对 CC-Link 的信号刷新周期进行了提速。对于 CC-Link 的输入输出信号，如需与 P7 版之前的软件系统兼容，则设置值 CCREF-CYC＝0（兼容模式）。

图 9-10　CCREFCYC 参数设置示意图

9.5　CC-Link 中使用的机器人程序指令

9.5.1　CC-Link 中使用的机器人程序指令一览

在机器人的编程指令中，有一批专门用于 CC-Link 现场总线的指令，如表 9-5 所示。

表 9-5　机器人专用指令一览表

序号	指令名称	功能
1	M_In	从指定的输入信号读取 1 位（bit）数据
2	M_Out	向指定的输出信号写入 1 位（bit）数据
3	M_Inb/M_In8	从指定的输入信号读取 8 位（bit）数据
4	M_Outb/M_Out8	向指定的输出信号写入 8 位（bit）数据
5	M_Inw/M_In16	从指定的输入信号读取 16 位（bit）数据
6	M_Outw/M_Out16	向指定的输出信号写入 16 位（bit）数据
7	M_Din	读取指定的数据寄存器的数据
8	M_DOut	向指定的数据寄存器写入数据

9.5.2　输入信号状态

M_In/M_Inb/M_In8/M_Inw/M_In16——输入信号状态。

（1）功能

M_In——读取"位信号"。

M_Inb/M_In8——读取以"字节"为单位的输入信号。

M_Inw/M_In16——读取以"字"为单位的输入信号。

（2）格式

<数值变量>＝M_In<数式>

<数值变量>＝M_Inb<数式> 或 M_In8<数式>

<数值变量>＝M_Inw<数式> 或 M_In16<数式>

（3）说明

<数式>——输入信号地址。输入信号地址的分配定义如下：

① 0～255：通用输入信号；

② 716～731：多抓手信号；

③ 900～907：抓手输入信号；

④ 2000～5071：Profibus 用；

⑤ 6000～8047：CC-Link 用。

（4）例句

M1% ＝M_In(6003)ʹM1＝输入信号 6003 的值(1 或 0)。

M2% ＝M_Inb(6010)ʹM2＝输入信号 6010～6017 的 8 位数值。

M3% ＝M_Inb(6000)And&H7ʹM3＝6000～6007 与 H7 的逻辑和运算值。

M4% ＝M_Inw(6020)ʹM4＝输入 6020～602F 构成的数据值(相当于一个 16 位的数据寄存器)

9.5.3 输出信号状态

M_Out/M_Outb/M_Out8/M_Outw/M_Out16——输出信号状态（指定输出或读取输出信号状态）。

（1）功能

M_Out——以"位"为单位的输出信号；

M_Outb/M_Out8——以"字节"（8 位）为单位的输出信号；

M_Outw/M_Out16——以"字"（16 位）为单位的输出信号。

这是最常用的变量之一。

（2）格式

M_Out(<数式 1>)＝<数值 2>

M_Outb(<数式 1>)或 M_Out8(<数式 1>)＝<数值 3>

M_Outw(<数式 1>)或 M_Out16(<数式 1>)＝<数值 4>

M_Out(<数式 1>)＝<数值 2>dly<时间>

<数值变量>＝M_Out(<数式 1>)

（3）说明

<数式 1>——用于指定输出信号的地址。输出信号的地址分配如下：

① 10000～18191：多 CPU 共用软元件；

② 0～255：外部 I/O 信号；

③ 716～723：多抓手信号；

④ 900～907：抓手信号；

⑤ 2000～5071：Profibus 用信号；

⑥ 6000～8047：CC-Link 用；

⑦ <数值 2>，<数值 3>，<数值 4>——输出信号输出值，可以是常数、变量、数值表达式；

⑧ ＜数值 2＞设置范围：0 或 1；

⑨ ＜数值 3＞设置范围：－128～127；

⑩ ＜数值 4＞设置范围：－32768～32767；

⑪ ＜时间＞：设置输出信号为 ON 的时间（单位：秒）。

（4）例句

M_Out(6001)＝1′──指令输出信号 6001＝ON。

M_Outb(6010)＝&HFF′──指令输出信号 6010～6017 的 8 位＝ON。

M_Outw(6020)＝&HFFFF′──指令输出信号 6020～602F 的 16 位＝ON。

M4＝M_Outb(6030)And &H0F′──M4＝输出信号 6030～6037 与 H0F 的逻辑和。

（5）说明

输出信号与其他状态变量不同。输出信号是可以进行"设置"的变量而不仅仅是"读取其状态"的变量。实际上，更多的是对输出信号进行设置，指令输出信号＝ON/OFF。

9.5.4　M_DIn/M_DOut──读取/写入 CC-Link 远程寄存器

（1）功能

M_DIn/M_DOut 用于 CC-Link 从站中的"远程数据寄存器"读取或写入数据。

（2）格式

<数值变量>＝M_DIn<数式 1>

<数值变量>＝M_DOut<数式 2>

（3）说明

＜数式 1＞──CC-Link 输入寄存器（6000～）；

＜数式 2＞──CC-Link 输入寄存器（6000～）。

（4）例句

M1＝M_DIn(6000)′──M1＝CC-Link 输入寄存器 6000 的数值。

M1＝M_DOut(6000)′──M1＝CC-Link 输出寄存器 6000 的数值。

M_DOut(6000)＝100′──设定 CC-Link 输出寄存器 6000＝100。

9.6　CC-Link 接口卡硬件

用于机器人从站的 CC-Link 接口卡 TZ576 如图 9-11 所示。其相关部件功能如下。

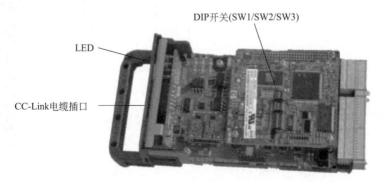

图 9-11　CC-Link 接口卡硬件图

（1）DIP 开关

CC-Link 接口卡（TZ576）上有 3 个 DIP 开关（SW1/SW2/SW3）。各 DIP 开关可设置的位置如图 9-12 所示。DIP 开关（SW1）设置项目如表 9-6 所示。

表 9-6　DIP 开关（SW1）设置项目一览

序号	OFF	ON	出厂设置	说明
1	固定为 ON		ON	
2	Ver. 1 模式	Ver. 2 模式	ON	设置 CC-Link 的版本。Ver. 2 模式时，可扩展设置
3	固定为 OFF		OFF	
4	固定为 OFF		OFF	

SW2 和 SW3 请保持初始值（全部为 OFF）状态。各开关的初始状态如图 9-13、图 9-14 所示。

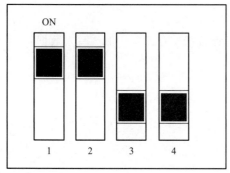

图 9-12　DIP 开关（SW1）设置

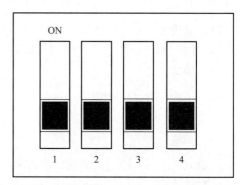

图 9-13　DIP 开关（SW2）的初始设置状态

（2）LED

CC-Link 接口卡（TZ576）上有 8 个 LED，如图 9-15 所示。可根据各 LED 的亮灯、闪烁、熄灯来确认接口卡的工作状态。各 LED 的亮灯、闪烁、熄灯表示接口卡的工作状态如表 9-7 所示。

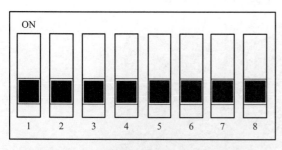

图 9-14　DIP 开关（SW3）的初始设置状态

图 9-15　LED 指示灯

表 9-7　LED 指示灯显示的状态

LED 名称		说明
L RUN	亮灯	表示数据链接中
RD	亮灯	表示数据接收中
L ERR.	亮灯	表示本站通信出错
	闪烁	表示在电源 ON 时拨动了 DIP 开关
RST	亮灯	表示接口卡在执行复位处理
RUN	亮灯	表示接口卡正常
	熄灯	表示看门狗定时器出错
SD	亮灯	表示数据发送中
ERR.	亮灯	表示所有站通信异常。 此外,发生以下出错时也会亮灯。 ① DIP 开关设置异常; ② 同一线路上主站重复; ③ 参数内容异常; ④ 数据链接监视定时器动作; ⑤ 电缆断线; ⑥ 传送线路受电磁干扰
	闪烁	表示有存在通信故障的从站
WDT	亮灯	表示看门狗定时器出错

在正常状态时，各 LED 灯的显示如图 9-16 所示。

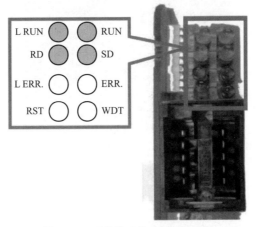

图 9-16　正常状态的 LED 指示灯

9.7　连接和配线

9.7.1　安装 CC-Link 接口卡到机器人控制器

机器人 CC-Link 接口卡 TZ576 必须安装在机器人控制器内。机器人控制器有多个安装各种插卡的插槽，CC-Link 接口卡 TZ576 可安装在其中的一个插槽中，如图 9-17 所示。注意：只可安装 1 个 CC-Link 接口卡到机器人控制器的插槽中。安装 2 个及以上时，会发生故障报警。

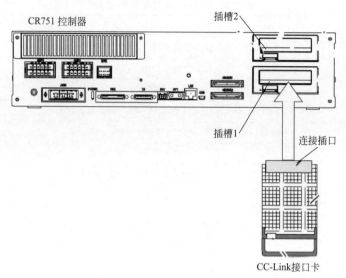

图 9-17　CC-Link 接口卡的连接

9.7.2　CC-Link 专用电缆与 CC-Link 主站间的连接

CC-Link 专用电缆与 CC-Link 主站间的连接按下列步骤进行。

① 对 CC-Link 专用电缆的一端压装连接端子，如图 9-18 所示。

图 9-18　对 CC-Link 专用电缆的一端压装连接端子

② 将屏蔽线连接到主站端子排上的 SLD 端子上。配线位置参照图 9-19、图 9-20 所示。

图 9-19　将屏蔽线连接到主站端子排上的 SLD 端子上

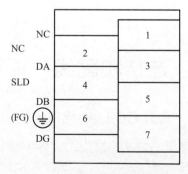

图 9-20　主站端子排示意图

③ 将电线连接到主站端子排上的 DA、DB、DG 端子上，如图 9-21 所示。

④ 根据需要连接终端电阻，如图 9-22 所示。

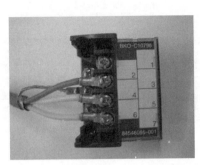

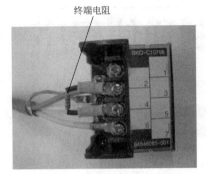

图 9-21　电线连接到 DA、DB、DG 端子上　　　图 9-22　终端电阻连接到 DA、DB 端子上

⑤ 将端子排连接到主站上，如图 9-23 所示。

图 9-23　端子排连接到主站

9.7.3　多台机器人 CC-Link 接口卡通信电缆配线

在一个多从站 CC-Link 网络中，如果有多台机器人 CC-Link 接口卡，其通信电缆配线如图 9-24 所示进行。

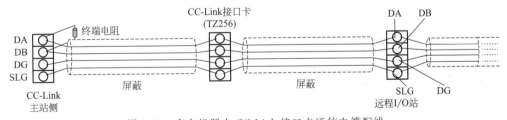

图 9-24　多台机器人 CC-Link 接口卡通信电缆配线

第10章
编制通信程序

本章介绍 1 对 1 连接的 CC-Link 接口卡和可编程控制器主站的配置，编制梯形图程序，进行通信。

10.1 系统配置

图 10-1 是配置有机器人的 CC-Link 现场总线网络系统。系统构成如下：
① PLC CPU 为三菱 Q 系列 PLC Q06HCPU。
② CC-Link 主站为 QJ61BT11。
③ QX41 为输入模块。
④ QY41P 为输出模块。
⑤ 机器人从站 1 个。CC-Link 接口卡模块型号为 2D-TZ576。

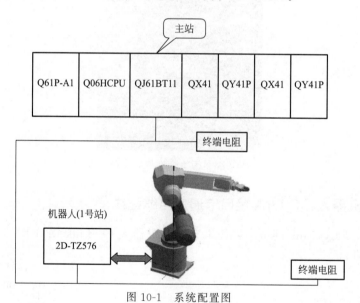

图 10-1　系统配置图

10.2 编程准备

10.2.1 机器人总的输入输出信号地址段的分配

以三菱机器人为例，在机器人总的输入输出信号地址段中，分配给 CC-Link 使用的地址段如下：

（1）输入信号地址的分配

① 0～255：分配给机器人输入输出模块使用。

② 716～731：分配给多重抓手使用。

③ 900～907：分配给通用抓手使用。

④ 2000～5071：分配给 Profibus 总线使用。

⑤ 6000～8047：分配给 CC-Link 现场总线使用（共计有 2048 点）。

（2）CC-Link 通信使用的数据寄存器号码

CC-Link 通信使用的数据寄存器号码为 6000～6254。参见表 10-1 所示。

表 10-1　机器人中供 CC-Link 使用的信号地址段

输入信号（开关量）	输出信号（开关量）	输入型寄存器	输出型寄存器
6000～8047	6000～8047	6000～6254	6000～6254

注意：虽然输入输出信号各自的"地址段"看似相同，但各自的定义不同，输入输出相当于不同的街区，虽然有相同的门牌号码，但不是同一间房屋。

在使用这些"地址"之前，需要对这些"地址"的功能进行定义。就像使用 PLC 之前，需要对 PLC 每一点 I/O 的功能进行定义。对机器人输入输出编号（地址）的功能进行定义需要通过参数进行设置。

10.2.2　控制信号的传递过程

（1）从主站向机器人发出指令（开关量信号）的过程

从主站向机器人发出指令（开关量信号）的过程如下，参见图 10-2。

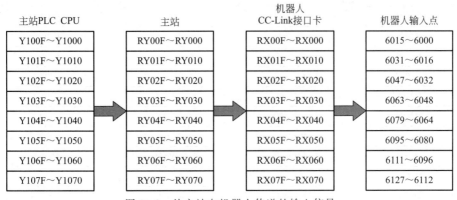

图 10-2　从主站向机器人传递的输入信号

① 主站 PLC CPU 用于 CC-Link 通信传送的 Y 信号是在"主站参数"中设置的。通过 PLC 程序驱动 Y 信号 ON/OFF。

② Y 信号的 ON/OFF 状态自动刷新到主站的 RY 部分。

③ 主站的 RY 部分通过 CC-Link 数据链接传递到机器人 CC-Link 接口卡的 RX 部分。

④ 机器人 CC-Link 接口卡的 RX 部分自动刷新到机器人本体的输入地址段"6000～8047"。

（2）机器人工作状态信号的传递过程

机器人的输出信号表示机器人的工作状态，其传递过程如图 10-3 所示。

① 机器人本体的输出信号自动刷新到机器人 CC-Link 接口卡的 RY 部分。

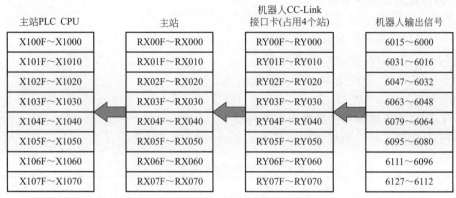

图 10-3　从机器人一侧向主站传递的输出（状态）信号

② 机器人 CC-Link 卡的 RY 信号通过 CC-Link 数据链接传递到主站的 RX 部分。

③ 主站的 RX 部分自动刷新到 PLC CPU 的 X 部分。X 信号由设置主站参数时确定。

（3）输入型数据的传递

从主站传递数据给机器人（向数据寄存器设置数据）的过程如图 10-4 所示。

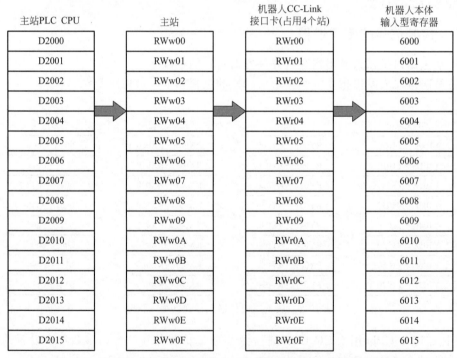

图 10-4　从主站传递数据给机器人（向数据寄存器设置数据）的过程

① 主站 PLC CPU 通过 CC-Link 网络传送的数据被预先设置于 D 部分，D 是在"主站参数"中设置的。通过 PLC 程序设置 D 中的数据。

② D 的数据自动刷新到主站的 RWw 部分。

③ 主站的 RWw 部分通过 CC-Link 数据链接传递到机器人 CC-Link 接口卡的 RWr 部分。

④ 机器人 CC-Link 接口卡的 RWr 部分自动刷新到机器人本体的输入型数据寄存器

（6000～）。

（4）输出型数据的传递

从机器人向主站传递数据（设置数据寄存器数据）的过程如图 10-5 所示。

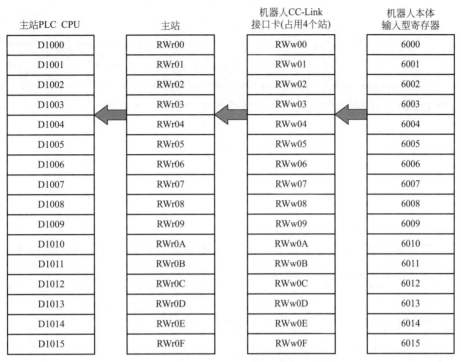

图 10-5　从机器人向主站传递数据的过程

① 机器人本体中表示状态的数据被存放在"6000～"部分，每站 4 个数据寄存器。
② 机器人本体中表示状态的数据被自动刷新到机器人 CC-Link 接口卡的 RWw 部分。
③ 机器人 CC-Link 接口卡的 RWw 部分通过 CC-Link 数据链接被传送到主站的 RWr 部分。
④ 主站的 RWr 部分被自动刷新到主站 PLC CPU 的 D 区域。D 是在"主站参数"中设置的。

10.2.3　主站和机器人的信号映射

各站机器人使用的输入输出信号编号（地址）随机器人从站的站号不同而不同，编号方法由参数"CCFIX"的设置而定。而在 PLC CPU 一侧，刷新软元件是由网络参数设置的。

（1）PLC CPU 的 Y 信号与机器人输入信号的对应关系

表 10-2 是 PLC CPU 刷新软元件 Y 信号与机器人输入信号的对应关系（1 号站）。在表 10-2 中，机器人从站为的 1 号站、占有站数＝1、扩展循环设置＝1。

表 10-2　PLC CPU 刷新软元件 Y 信号与机器人输入信号的对应关系（1 号站）

站号	主站		方向	机器人
	刷新软元件			输入
0				
1	Y1000～Y100F		→	6000～6015
	Y1010～Y101F		→	6016～6031

（2）机器人输出信号与 PLC CPU 的 X 信号的对应关系（表 10-3）

表 10-3　PLC CPU 刷新软元件 X 与机器人输出信号的对应关系

站号	机器人	方向	主站
	输出		刷新软元件
0			
1	6000～6015	→	X1000～X100F
	6016～6031	→	X1010～X101F

（3）PLC CPU 的数据寄存器与机器人远程寄存器 RW（输入型）的对应关系（表 10-4）

表 10-4　PLC CPU 刷新软元件与机器人远程寄存器 RW 的对应关系（1）

站号	机器人	方向	主站
	输出		刷新软元件
0			
1	W1000～W1003	→	6000～6003

（4）机器人寄存器（输出型）与 PLC CPU 的数据寄存器的对应关系（表 10-5）

表 10-5　PLC CPU 刷新软元件与机器人远程寄存器 RW 的对应关系（2）

站号	机器人	方向	主站
	输出		刷新软元件
0			
1	6000～6003	→	W0～W3

10.3　设置 CC-Link 主站的参数

（1）设置主站的网络参数

网络参数是根据主从站配置和编程需要确定的。表 10-6 是根据需要和第 10.1 节所示的配置制作的"参数设置检查单"。根据"参数设置检查单"设置主站网络参数。

表 10-6　参数设置检查单

项目	设置范围	设置值
起始 I/O 号	0000～0FE0	0000
动作设置	输入数据保持/清除	清除
类型	主站	主站
模式设置	远程网络 Ver. 1 远程网络 Ver. 2 远程网络模式 远程 I/O 网络模式	远程网络 Ver. 2
总连接个数	1～64	1
远程输入（RX）刷新软元件		X1000
远程输出（RY）刷新软元件		Y1000

续表

项目	设置范围	设置值
远程寄存器(RWr)刷新软元件		D1000
远程寄存器(RWw)刷新软元件		D2000
特殊继电器(SB)刷新软元件		SB0
特殊寄存器(SW)刷新软元件		SW0
重试次数	1～7	3
自动恢复个数	1～10	1
CPU 宕机指定	停止/继续	停止
扫描模式指定	异步/同步	异步

图 10-6 是从站信息设置图。可按照图 10-6 设置从站信息。

① 点击"站信息";

② 弹出站信息设置界面;

③ 设置"站点类型"为"智能设备站"。

④ 设置"占有站数"为"占用 4 站"。

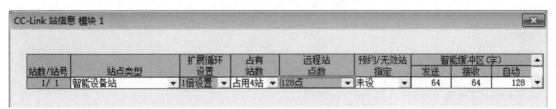

图 10-6　从站信息设置图

(2) 网络参数设置样例

网络参数设置样例如图 10-7 所示。

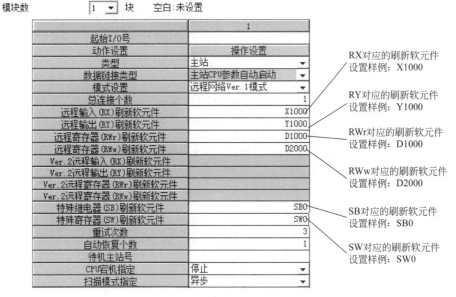

图 10-7　网络参数设置样例

10.4 设置机器人控制器一侧的参数

10.4.1 与 CC-Link 相关的机器人参数

为执行 CC-Link 通信，在机器人控制器一侧必须设置与 CC-Link 相关的参数。

(1) 机器人控制器一侧必须设置参数一览表

机器人控制器一侧必须设置与 CC-Link 相关的参数如表 10-7 所示。

表 10-7　机器人控制器一侧必须设置参数

参数名	功能和操作	设置值
CCINFO	设置 CC-Link 的站号、占有站数、扩展循环设置。 站号：1～64； 占有站数：占用 1～4 站； 扩展循环设置：1/2/4/8 倍设置	1,1,1 参见图 10-8
CCSPD	设置 CC-Link 的传送速率。 (0：156kps/1：625kps/2：2.5Mps/3：5Mps/4：10Mps)	4 参见图 10-9
CCFIX	指定 I/O 地址的编号方式。 0：按站号顺序分配 1：与站号无关，均使用从 6000 号起的地址编号	1 参见图 10-10

(2) CCINFO 参数的设置

CCINFO 参数的设置方法参见图 10-8。

① 新建工程（如新建工程为 4345）；

② 双击"参数一览"；

③ 弹出参数一览表；

④ 在"参数名"框内输入"CCINFO"；

⑤ 弹出 CCINFO 参数设置窗口。

⑥ 设置"站号"；

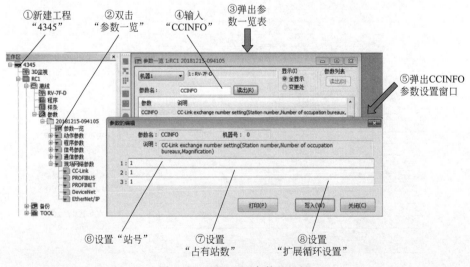

图 10-8　CCINFO 参数的设置

⑦ 设置"占有站数";

⑧ 设置"扩展循环设置"。

(3) CCSPD 参数的设置

CCSPD 参数的设置方法参见图 10-9。

① 新建工程 (如新建工程为 4345);

② 双击"参数一览";

③ 弹出"参数一览表";

④ 在"参数名"框内输入"CCSPD";

⑤ 弹出 CCSPD 参数设置窗口;

⑥ 设置"传送速率"。

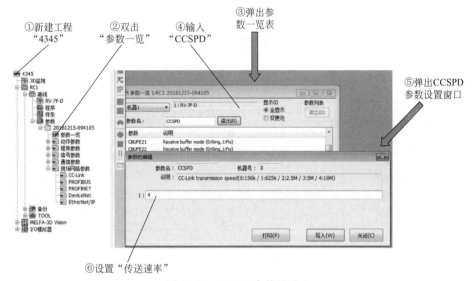

图 10-9　CCSPD 参数的设置

(4) CCFIX 参数的设置

CCFIX 参数的设置方法如下：参见图 10-10。

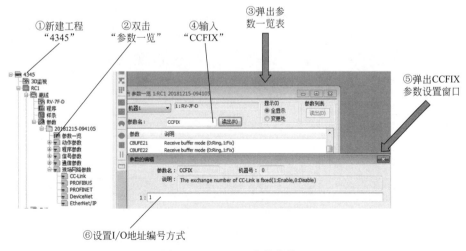

图 10-10　CCFIX 参数的设置

① 新建工程（如新建工程为 4345）；
② 双击"参数一览"；
③ 弹出参数一览表；
④ 在"参数名"框内输入"CCFIX"；
⑤ 弹出 CCFIX 参数设置窗口；
⑥ 设置 I/O 地址编号方式。

10.4.2 设置机器人输入输出参数

在对各站机器人的地址段进行设置后，还需要对这些输入输出端子的功能进行设置，这种设置必须在机器人一侧进行，如表 10-8 所示。设置这些参数后，必须执行机器人控制器的电源 OFF→ON 操作，使参数生效。

（1）对输入端子进行功能定义

如表 10-8 所示，通过参数设置，对输入端子进行功能定义。

表 10-8　输入信号分配

参数名	名称	内容	输入端子
IOENA	操作权输入	使外部信号控制的操作权有效/无效	6000
SRVON	伺服 ON	将机器人的伺服电源置为 ON	6002
SLOTINIT	程序复位	解除程序中断状态，返回到执行行起始处。可以选择程序	6003
PRGOUT	程序编号输出请求	将当前选择的程序编号输出	6004
PRGSEL	程序选择输入信号	将数值输入信号中的设置值作为程序编号	6005
START	启动输入	启动程序	6006
ERRRESET	故障复位	解除故障状态	6007
STOP2	停止输入	程序"暂停"	6008
SRVOFF	伺服 OFF	将机器人的伺服电源置为 OFF	6009
DIODATA	寄存器数值输入	从指定寄存器读取二进制值	6000

（2）对输出端子进行功能定义

如表 10-9 所示，通过参数设置，对输出端子进行功能定义。

表 10-9　输出信号分配

参数名	名称	内容	输出端子
IOENA	操作权输出	输出"外部信号控制的操作权"的有效/无效状态	6000
SRVON	伺服 ON	输出"机器人的伺服电源"的 ON/OFF 状态	6002
SLOTINIT			6003
PRGOUT	程序编号输出中	正在输出"程序编号"	6004
PRGSEL			6005
START	输出"运行状态"	输出程序是否处于启动的状态	6006
ERRRESET	故障发生中	输出处于"故障"状态	6007
STOP2	停止状态	输出程序是否处于"停止"状态	6008
SRVOFF	伺服 OFF 状态	输出机器人的伺服电源是否处于 OFF 状态	6009
DIODATA	寄存器数值输出	从指定寄存器输出二进制值	6000

10.5　编制 CC-Link 主站的梯形图程序

编制 PLC 程序的目的主要是使主站和从站的控制信号（输入信号）起作用，同时获得各站的工作状态。在 10.4 节中做了许多的设置，就是为了获得可以使用的输入信号和输出信号。

10.5.1　梯形图程序的流程图

在编制 PLC 程序之前，必须确定编制 PLC 程序的内容，根据这些内容确定编程的流程。图 10-11、图 10-12 是编制 PLC 程序的流程图。根据流程图编制的 PLC 程序见第 10.6 节。

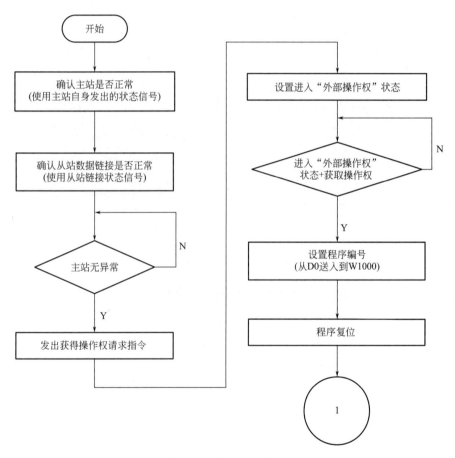

图 10-11　编程流程图（1）

10.5.2　使用的软元件

首先确定在主站侧使用的"输入信号"以及"输入信号的功能"。在主站 PLC CPU 侧是可以由编程者自己定义需要使用的输入信号地址的，但 PLC CPU 的"输入信号"如何与机器人一侧的"输入信号"对应，要参见 10.2.3 一节。为使用方便，编制表 10-10。

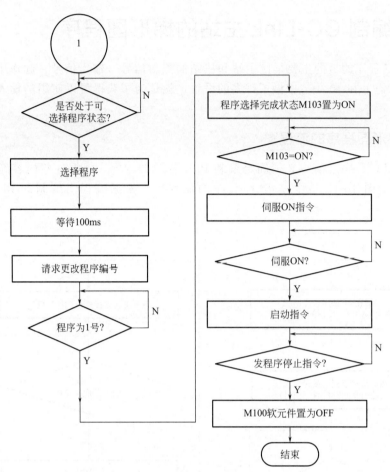

图 10-12　编程流程图（2）

表 10-10　PLC 信号/机器人地址及功能（输入）

序号	输入信号			
	PLC CPU	PLC 刷新软元件	机器人侧地址	功能
1	X10	Y1000	6000	获得操作权
2	X12	Y1002	6002	伺服 ON
3	X13	Y1003	6003	复位
4	X14	Y1004	6004	将当前选择的程序编号送到机器人数据寄存器
5	X15	Y1005	6005	将设置的"数据"确定为"程序号"
6	X16	Y1006	6006	启动
7	X17	Y1007	6007	故障复位 Reset
8	X18	Y1008	6008	停止
9	X19	Y1009	6009	伺服 OFF
输入型数据寄存器				
10	D1000		6000	存放数据的功能随参数定义不同可定义为程序号

机器人一侧的输出信号表示机器人的工作状态。机器人的输出信号经过 CC-Link 的数

据链接后，传递到 PLC CPU。在 PLC CPU 一侧，可以使用的信号如表 10-11 所示，虽然也是 X 信号，但注意这是表示机器人工作状态的信号，不是主动的操作信号。从机器人一侧来看，是"输出信号"。

表 10-11　PLC 信号/机器人地址及功能（输出）

序号	输出信号		
	PLC CPU 刷新软元件	机器人侧地址	功能
1	X1000	6000	"获得操作权"的状态
2	X1001	6001	操作面板选择开关"Automatic"的状态
3	X1002	6002	"伺服 ON"的状态
4	X1003	6003	"复位"的状态
5	X1004	6004	是否已经"选择程序号"状态
6	X1005	6005	将设置的"数据"作为"程序号"
7	X1006	6006	"程序运行中"状态
8	X1007	6007	处于"故障状态"
9	X1008	6008	处于"停止"状态
10	X1009	6009	处于"伺服 OFF"
输出型数据寄存器			
11		6000	功能随参数定义不同

10.6　编制 PLC 梯形图程序

（1）PLC 程序梯形图

根据编程流程图 10-11、图 10-12 和已经定义的主站 PLC CPU 信号和机器人从站信号，编制 PLC 程序（梯形图）如图 10-13，图 10-14 所示。

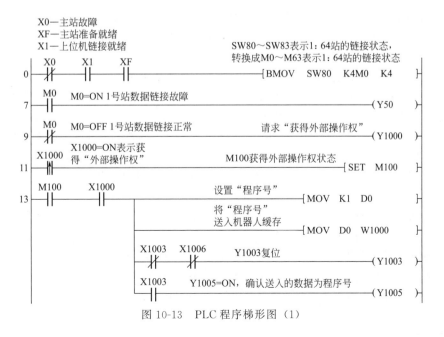

图 10-13　PLC 程序梯形图（1）

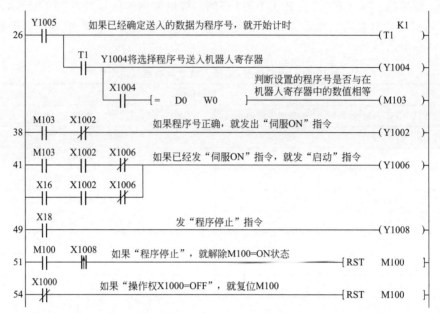

图 10-14　PLC 程序梯形图（2）

（2）对 PLC 程序的解读

① 图 10-13 中，X0、X1、XF 是表示主站工作状态的信号。主站自动检测并发出工作状态信号。梯形图中第 0～6 步表示如果主站工作状态正常，就将 1～64 号站的数据链接状态赋给 M0～M63，这样就可以直接用 M0～M63 表示 1～64 号站的数据链接状态，相当于检测了"主站的工作状态"。

② M0～M63＝ON——表示从站数据链接故障；

M0～M63＝OFF——表示从站数据链接正常。

梯形图中第 7、8 步，如果 M0＝ON，表示 1 号站数据链接故障。同时驱动 Y50＝ON。Y50 可以是显示灯、报警器或某个驱动程序。

③ 梯形图中第 9、10 步，如果 M0＝OFF，表示 1 号站数据链接正常。这时发出"获得外部操作权"请求指令，即请求可以使用 CC-Link 现场总线传输过来的指令驱动机器人动作。

以上是对主站工作状态和各从站链接状态的检测以及相应的处理程序。

④ 程序第 11、12 步，X1000＝ON，表示已经获得了对"机器人"的操作权。"SET M100"表示设置机器人进入"外部操作权"状态。

⑤ 程序第 13～25 步，设置"程序号"，即设置 D0＝1。随后将 D0 中的数据送入机器人的数据寄存器 W1000 中。

⑥ 程序第 11～25 步中，有对复位指令（RESET）的处理，Y1003＝RESET 指令。复位指令 Y1003 为常闭点，Y1003＝OFF，进入复位状态。

⑦ 送入机器人寄存器 W1000 中的数据可为各种用途。Y1005＝ON，则确认送入机器人寄存器 W1000 中的数据为"程序号"。

⑧ 程序第 26～37 步，Y1004＝ON，执行送入"程序号"。其中"＝D0 W0"指令表示如下含义：W0 表示已经存入"机器人寄存器 W1000"中的数据。如果设置的数据 D0 与已经送入的数据 W0 相等，表示送入的程序号正确，这样就可以执行送入"程序号"，Y1004＝ON。

⑨ 程序第 38～40 步，发出"伺服 ON"指令。Y1002＝ON。

⑩ 程序第 41～48 步，发出"启动 ON"指令。Y1006＝ON。

⑪ 程序第 49、50 步，Y1008 发出"停止"指令。

⑫ 程序第 51～54 步，如果处于"程序停止"状态，就解除（RESET）"外部操作权"状态。M100＝OFF。

10.7　编制机器人运动程序

一个简单的机器人运动程序如下。

程序号：1 号

1. Mov PHOME'——向"退避点"移动。

2. Dly 1'——暂停 1s。

3. Mov P1,-100'——移动到 P1 点上方 100mm。

M_Out(6016)＝1'——设置"输出点 6016＝ON"。

Cnt 1,0,0'——按连续轨迹运行。

Mov P1'——移动到"P1 点"。

M_Out(6017)＝1'——设置"输出点 6017＝ON"。

HClose 1'——夹持工件。

Dly 0.5'——暂停 0.5s。

M_Out(6018)＝1'——设置"输出点 6018＝ON"。

Cnt 1'——按连续轨迹运行。

Mov P1,-100'——移动到 P1 点上方 100mm。

M_Out(6019)＝1'——设置"输出点 6019＝ON"。用于确定移动位置。

Mov PHOME'——移动到"退避点"。

M_DOut(6000)＝123'——设置"输出数据寄存器 6000＝123"。

Hlt'——程序停止。

End'——程序的结束。

在机器人程序（1 号）中，每次的动作用输出信号 6016～6019 号进行确认，这些信号可以为主站 PLC CPU 使用。最后向输出寄存器 6000 中输出数据"123"。

10.8　通过主站启动机器人程序 1 号

通过主站启动机器人 1 号程序，步骤如下所示。

① 接通"可编程控制器"和"机器人控制器"的电源。

② 发出"伺服 ON"指令。

③ 发出"启动 ON"指令。

④ 如果机器人开始执行 1 号程序，注意观察各输出信号，保证安全执行。

第11章

故障报警及排除

11.1 可能发生故障

本节针对使用 CC-Link 现场总线的过程中可能发生的故障，列出了检查的项目和处理对策。如表 11-1 所示。

表 11-1 　故障的检查及对策

故障现象	检查内容	检查步骤
整个系统都不能进行数据链接	是否电缆断线	• 目视或用线路测试检查电缆的连接状况。 • 检查线路状态（SW0090）
	是否连接了终端电阻	CC-Link 现场总线两端的终端站必须连接终端电阻
	是否正确地选择及连接终端电阻	连接正确型号的终端电阻
	是否主站 PLC CPU 发生故障	检查 PLC CPU 的出错代码并排除故障
	主站 PLC CPU 是否设置了 CC-Link 参数	检查 PLC CPU 的参数设置内容
	使用同步模式时，顺序扫描时间是否超过传送速率的允许值？ 10Mbps：50ms 5Mbps：50ms 2.5Mbps：100ms 625kbps：400ms 156kbps：800ms	切换为异步模式，或降低传送速率
	是否主站发生故障	• 检查上位站参数状态（SW0068）。 • 检查开关设置状态（SW006A）。 • 检查安装状态（SW0069）。 • 检查主站的"ERR."LED 是否闪烁
不能接收来自远程 I/O 站的输入信号	对应的远程 I/O 站是否正在进行数据链接	• 检查对应远程 I/O 站的 LED 显示。 • 检查主站的其他站数据链接状态（SW0080～SW0083）
	数据是否从远程输入 RX 的正确地址读入	• 检查顺控程序。 • 检查自动刷新参数设置
	正在使用的主站 CPU 内置参数、缺省参数是否正确	检查参数信息（SW0067）
	是否由主站识别对应的远程 I/O 站号	• 检查参数。 • 检查总站数（SW0070）。 • 检查最大的通信站号（SW0071）。 • 检查连接的模块数（SW0072）

故障现象	检查内容	检查步骤
不能接收来自某一个远程 I/O 站的输入信号	是否将对应站设置为预留站	• 检查参数。 • 检查预留站设置状态。 • 检查（SW0074～SW0077）
	是否有重合的站号	• 检查站号设置。 • 检查装载状态（SW0069）。 • 检查站号重合状态（SW0098～SW009B）
	是否设置匹配	• 检查装载状态（SW0069）。 • 检查站号重合状态（SW0098～SW009B）。 • 检查装载/参数一致状态（SW009C～SW009F）
	自动刷新参数的刷新是否与 FROM/TO 指令的刷新同时进行	• 检查顺控程序。 • 检查自动刷新参数设置
远程 I/O 站不能输出数据	对应的远程 I/O 站是否正在进行数据链接	• 检查对应远程 I/O 站的 LED 显示器。 • 检查主站的其他站数据链接状态（SW0080～SW0083）
	写入远程输出 RY 的地址是否正确	• 检查顺控程序。 • 检查自动刷新参数设置
	正在使用的主站 CPU 内置参数、缺省参数是否正确	检查参数信息（SW0067）
	是否由主站识别对应远程 I/O 站号	• 检查参数。 • 检查总站数（SW0070）。 • 检查最大的通信站号（SW0071）。 • 检查连接的模块数（SW0072）
远程设备站的远程输入（RX）不能接收	远程设备站是否正在进行数据链接	• 检查远程设备站的 LED 显示器。 • 检查其他站数据链接状态（SW0080～SW0083）
	数据是否从远程输入 RX 的正确地址读入	• 检查顺控程序。 • 检查自动刷新参数设置
	正在使用的主站 CPU 内置参数、缺省参数是否正确	检查参数信息（SW0067）
	是否由主站识别对应远程设备站号	• 检查参数。 • 检查总站数（SW0070）。 • 检查最大的通信站号（SW0071）。 • 检查连接的模块数（SW0072）
	是否将对应站设置为预留站	• 检查参数。 • 检查预留站设置状态（SW0074～SW0077）
	是否有重合的站号	• 检查站号设置。 • 检查装载状态（SW0069）。 • 检查站号重合状态（SW0098～SW009B）
	设置是否匹配	• 检查装载状态（SW0069）。 • 检查站号重合状态（SW0098～SW009B）。 • 检查装载/参数一致状态（SW009C～SW009F）
	自动刷新参数的刷新与 FROM/TO 指令的刷新过程是否同时进行	• 检查顺控程序。 • 检查自动刷新参数设置

故障现象	检查内容	检查步骤
不能使远程设备站的远程输出（RY）ON/OFF	对应的站是否正在进行数据链接	• 检查对应站的 LED 显示器。 • 检查其他站数据链接状态（SW0080～SW0083）
	数据是否从远程输出 RY 的正确地址读入	• 检查顺控程序。 • 检查自动刷新参数设置
	正在使用的主站 CPU 内置参数、缺省参数是否正确设置	检查参数信息（SW0067）
	是否由主站识别对应远程设备站号	• 检查参数。 • 检查总站数（SW0070）。 • 检查最大的通信站号（SW0071）。 • 检查连接的模块数（SW0072）
	是否将对应站设置为预留站	• 检查参数。 • 检查预留站指定状态（SW0074～SW0077）
	是否有重合的站号	• 检查站号设置。 • 检查装载状态（SW0069）。 • 检查站号重合状态（SW0098～SW009B）
	是否设置匹配	• 检查装载状态（SW0069）。 • 检查站号重合状态（SW0098～SW009B）。 • 检查装载/参数一致状态（SW009C～SW009F）
不能从远程设备站的 RWr 读取数据	自动刷新参数的刷新与 FROM/TO 指令的刷新是否同时进行	• 检查顺控程序。 • 检查自动刷新参数设置
不能向远程设备站的 RWw 写入数据	对应的远程设备站是否正在进行数据链接	• 检查对应远程设备站上的 LED 显示器。 • 检查其他站数据链接状态（SW0080～SW0083）
	是否从 RWr 的正确地址读入的数据	• 检查顺控程序。 • 检查自动刷新参数设置
	正在使用的主站 CPU 内置参数、缺省参数是否正确	检查参数信息（SW0067）
	是否由主站识别对应远程设备站号	• 检查参数。 • 检查总站数（SW0070）。 • 检查最大的通信站号（SW0071）。 • 检查连接的模块数（SW0072）
	是否将对应站设置为预留站	• 检查参数。 • 检查预留站指定状态（SW0074～SW0077）
	是否有重合的站号	• 检查站号设置。 • 检查装载状态（SW0069）。 • 检查站号重合状态（SW0098～SW009B）
	是否设置匹配	• 检查装载状态（SW0069）。 • 检查站号重合状态（SW0098～SW009B）。 • 检查装载/参数一致状态（SW009C～SW009F）
	自动刷新参数的刷新和 FROM/TO 指令的刷新是否同时进行	• 检查顺控程序。 • 检查自动刷新参数设置

11.2　机器人 CC-Link 卡故障报警一览

　　本节叙述有关机器人 CC-Link 卡可能出现的故障。机器人 CC-Link 卡故障报警一览表如表 11-2 所示。

表 11-2　机器人 CC-Link 卡故障报警一览表

故障编号		故障原因及对策	
高 4 位	低 5 位		
H. 7700	00000	故障信息	CC-Link 卡异常
		原因	无法与 CC-Link 卡进行通信
		对策	更换 CC-Link 卡
H. 7710	00000	故障信息	禁止设置 CC-Link 主站
		原因	(1)参数"CCINFO"站号设置为"0"。 (2)TZ576 卡上的 DIP 开关 SW1 的第 1 个开关为 OFF,SW3 的所有开关均为 OFF
		对策	(1)将参数"CCINFO"的第 1 要素设为"0"以外的值。 (2)将 TZ576 卡上的 DIP 开关 SW1 的第 1 个开关设为 ON
H. 7720	00000	故障信息	安装了多个 CC-Link 卡
		原因	
		对策	只能安装 1 个 CC-Link 卡
L. 7730	00000	故障信息	CC-Link 本站数据链接异常
		原因	线路异常或主站参数不正确。 (1)CC-Link 通信电缆断线。 (2)CC-Link 通信电缆被拔出。 (3)主站的参数被更改。参数"CCINFO"与主站不一致
		对策	(1)检查 CC-link 通信电缆。 (2)检查是否连接了 CC-Link 通信电缆。 (3)更改参数"CCINFO",使其与主站设置保持一致
L. 7750	00000	故障信息	CC-Link 主站参数异常
		原因	(1)接通机器人控制器的电源时,CC-Link 通信电缆未连接或断线。 (2)主站的参数设置与参数"CCINFO"不一致。 (3)主站的旋转开关"MODE"的设置与参数"CCSPD"的设置不一致
		对策	(1)检查 CC-Link 通信电缆的导通及连接状态。 (2)确认主站的参数设置与参数"CCINFO"是否一致。 (3)确认主站的旋转开关"MODE"的设置与参数"CCSPD"的设置是否一致
L. 7760	00000	故障信息	CC-Link 初始化异常
		原因	通过 GX Developer 确认 CC-Link 出错代码。 (1)参数"CCINFO"设置超范围。 (2)TZ576 卡的初始化超时。 (3)在 TZ576 卡的和校验中检测到异常
		对策	(1)更换 TZ576 卡。 (2)检查参数"CCINFO"的设置

续表

故障编号		故障原因及对策	
高4位	低5位		
L.7780	00000	故障信息	CC-Link 寄存器编号超出范围
		原因	输入的寄存器编号超出范围。 设置的寄存器输入编号超出 6000～6255 的范围
		对策	设置寄存器编号在 6000～6255 号之间
L.7781	00000	故障信息	设置了 CC-Link 用的信号编号
		原因	在 CC-Link 卡未连接的状态下,设置了 CC-Link 用的输入输出信号编号。 执行 M_In 或 M_Out 指令时:超出 6000～8047 范围。 执行 M_Din 或 M_Dout 时:超出 6000～6255 范围
		对策	安装 CC-Link 卡,或更改设置的信号编号

11.3　发生 7730/7750 故障(数据链接异常)时的处理方法

如果发生 7730 故障或电源 ON 时发生 7750 故障,先按照表 11-2 的对策采取相应措施。如果还是无法解决,检查以下项目:

① CC-Link 主站的旋转开关(MODE)的设置与参数"CCSPD"的设置是否一致。请确认第 4.2 节表 4-1 的示意图中所示的"MODE"的设置与参数"CCSPD"的设置是否一致。

② 检查是否已经连接终端电阻。

③ 在电磁干扰严重的场所,检查是否已经安装铁氧体磁芯到 CC-Link 通信电缆上。

④ 通过 LED 确认状态或通过测试仪检查 CC-Link 模块的短路等情况。

11.4　CC-Link 初始化异常的处理方法

出现 7760 故障(CC-Link 初始化异常)时,先根据第 11.2 节检查发生 7760 故障的原因并采取相应措施。如果还是无法解决问题,请检查表 11-3 所示的项目。

表 11-3　故障检查项目

出错代码	故障内容	原因和措施
D010	初始信号超时	本故障为机器人控制器与 CC-Link 接口卡通信时出现故障。 可能是 CC-Link 接口卡上的线路或控制器插槽的连接器部分存在损伤、短路等故障
D020	TZ576 卡的和校验异常	
D030	系统设置的和校验异常	
D040	系统设置的取反和校验异常	
D050	超时	
B9FF	与 TZ576 卡通信异常	

第12章
CC-Link现场总线联网控制的多台机器人在装配生产线上的应用

12.1 项目及客户要求

  某汽车零部件生产线全长 100m，配置 8 台机器人用于零件装配。8 台机器人分两侧布置，如图 12-1 所示。客户要求既能够在中控室对各机器人做集中控制，也能够在各工作台执行每台机器人独立操作。

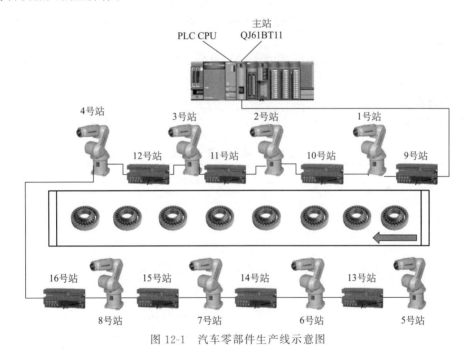

图 12-1 汽车零部件生产线示意图

12.2 解决方案

（1）方案 1

  各站机器人独立运行，在各机器人操作站配置一独立的 PLC 控制机器人的运行。机器人配置输入输出卡，接受来自 PLC 的信号。在总控室配置一中型 PLC 和触摸屏与各操作站 PLC 相连。

  本方案的优点是各操作站独立控制运行，即使有某一站出现故障，也不影响其他站的运行。缺点是各站配置 PLC 成本高，布线困难，差错率高，调试困难。

（2）方案 2

采用 CC-Link 现场总线，将全部机器人作为 CC-Link 现场总线中的一个从站，在每一个工作台配置一台机器人，同时为了便于在各工作台一侧对机器人进行控制，再于每个操作工作台配置一台"远程 I/O 站"，"远程 I/O 站"的信号与"主站"可以交流控制信号。

这个方案的优点是便于集中控制和生产信息采集，采用总线方式可以大大减少配线的成本，减少布线的工作量，减少配线误差，提高调试效率。CC-Link 现场总线可以配置 64 个从站，其技术规格可以满足本项目的要求。

（3）实际方案

经过技术经济分析和全面考虑，决定采用 CC-Link 现场总线方案。

① 配置 8 台机器人作为工作中心，负责工件装配搬运。选取三菱 RV-2F 机器人，该机器人最大搬运重量为 2kg，最大动作半径 504mm，可以满足工作要求。

② 示教单元：R33TB（必须选配，用于示教位置点）。

③ 机器人 CC-Link 卡：2D-TZ576。

④ 选用三菱 PLC Q06HCPU 作主控系统，用于控制机器人的动作并处理各外部信号。

⑤ 配置 CC-Link 主站 QJ61BT11，用于 CC-Link 现场总线控制。

⑥ 在各操作站配置 CC-Link 远程 I/O 站 AJ65SBTB1-16D，用于 CC-Link 现场总线控制。

⑦ 触摸屏选用 GS2110。触摸屏可以直接与主站 CPU 相连接，直接设置和修改各工艺参数，发出操作信号。

（4）硬件配置

硬件配置如表 12-1。

表 12-1　硬件配置一览表

序号	名称	型号	数量	备注
1	机器人	RV-2F	8 台	三菱
2	简易示教单元	R33TB	1	三菱
3	CC-Link 卡	2D-TZ576	8 块	三菱
4	远程 I/O 站	AJ65SBTB1-16D	8	三菱
5	PLC CPU	Q06HCPU	1 套	三菱
6	CC-Link 主站	QJ61BT11	1	三菱
7	GOT	GS2110-WTBD	1	三菱
8	CC-Link 电缆		1 套	

12.3　主站参数设置

（1）设置主站的网络参数

表 12-2 是"参数设置表"。根据"参数设置表"设置主站网络参数。

表 12-2　参数设置表

项目	设置范围	设置值
起始 I/O 号	0000～0FE0	0000

续表

项目	设置范围	设置值
动作设置	输入数据保持/清除	清除
类型	主站 主站（双工功能） 局地站 备用主站	主站
模式设置	在线（远程网络模式） 在线（远程 I/O 网络模式） 离线	在线（远程网络模式）
总连接个数	1～64	16
远程输入（RX）刷新软元件	软元件：从 X、M、L、B、D、W、R 或 ZR 中选择	
远程输出（RY）刷新软元件	软元件：从 Y、M、L、B、T、C、ST、D、W、R 或 ZR 中选择	
远程寄存器（RWr）刷新软元件	软元件：从 M、L、B、D、W、R 或 ZR 中选择	
远程寄存器（RWw）刷新软元件	软元件：从 M、L、B、T、C、ST、D、W、R 或 ZR 中选择	
特殊继电器（SB）刷新软元件	软元件：从 M、L、B、D、W、R、SB 或 ZR 中选择	
特殊寄存器（SW）刷新软元件	软元件：从 M、L、B、D、W、R、SW 或 ZR 中选择	
重试次数	1～7	3
CPU 宕机指定	停止/继续	停止
扫描模式指定	异步/同步	异步
延迟时间设置	0～100（0：未指定）	

（2）设置主站的自动刷新参数

按以下步骤设置自动刷新参数。

① 将远程输入（RX）的刷新软元件设置为 X1000。

② 将远程输出（RY）的刷新软元件设置为 Y1000。

③ 将远程寄存器（RWr）的刷新软元件设置为 D1000。

④ 将远程寄存器（RWw）的刷新软元件设置为 D2000。

⑤ 将特殊继电器（SB）的刷新软元件设置为 SB0。

⑥ 将特殊寄存器（SW）的刷新软元件设置为 SW0。

（3）设置实例

自动刷新参数设置如图 12-2 所示。

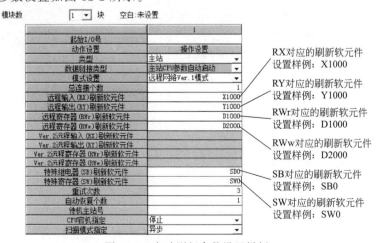

图 12-2　自动刷新参数设置样例

12.4 各从站参数设置

本网络系统中，共有 16 个从站，1～8 号站为机器人从站，9～16 号站为"远程 I/O 站"。1～8 号站机器人从站可按照图 12-3 设置"智能设备站"信息。

① 点击"站信息"。

② 弹出站信息设置界面。

③ 设置"站点类型"为"Ver.2 智能设备站"。

④ 设置"占有站数"为"占用 1 站"。

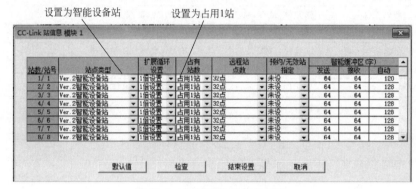

图 12-3　机器人从站信息设置

9～16 号站为远程 I/O 站，可按照图 12-4 设置"远程 I/O 站"信息。

① 点击"站信息"。

② 弹出站信息设置界面。

③ 设置"站点类型"为"Ver.1 远程 I/O 站"。

④ 设置"占有站数"为"占用 1 站"。

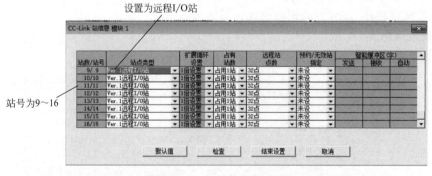

图 12-4　从站信息设置

12.5 编制 PLC 程序

12.5.1 机器人从站使用的输入输出信号

机器人从站使用的输入输出信号地址段有两种分配方式，取决于参数 CCFIX 的设置。如果设置参数 CCFIX 为 0，如图 12-5，则各站使用的地址段按顺序排列。如表 12-3 所示。

图 12-5　设置参数 CCFIX

表 12-3　机器人从站使用的输入输出信号地址

站号	占有站数	扩展循环设置	远程信号		远程寄存器	
			输入	输出	输入	输出
0						
1			6000～6031	6000～6031	6000～6003	6000～6003
2			6032～6063	6032～6063	6004～6007	6004～6007
3			6064～6095	6064～6095	6008～6011	6008～6011
4			6096～6127	6096～6127	6012～6015	6012～6015
5			6160～6191	6160～6191	6016～6019	6016～6019
6			6192～6223	6192～6223	6020～6023	6020～6023
7			6224～6255	6224～6255	6024～6027	6024～6027
8			6288～6319	6288～6319	6028～6031	6028～6031
9			6320～6351	6320～6351	6032～6035	6032～6035
10			6352～6383	6352～6383	6036～6039	6036～6039
11	1	1倍设置	6384～6415	6384～6415	6040～6043	6040～6043
12			6416～6447	6416～6447	6044～6047	6044～6047
13			6448～6479	6448～6479	6048～6051	6048～6051
14			6480～6511	6480～6511	6052～6055	6052～6055
15			6512～6543	6512～6543	6056～6059	6056～6059
16			6544～6575	6544～6575	6060～6063	6060～6063
17			6576～6607	6576～6607	6064～6067	6064～6067
18			6608～6639	6608～6639	6068～6071	6068～6071
19			6640～6671	6640～6671	6072～6075	6072～6075
20			6672～6703	6672～6703	6076～6079	6076～6079
21			6704～6735	6704～6735	6080～6083	6080～6083
22			6736～6767	6736～6767	6084～6087	6084～6087

12.5.2　各站信号传递过程

（1）主站输出 Y 信号到各机器人从站的传递

① 主站输出 Y 信号到 1 号站机器人的传递过程如图 12-6、图 12-7 所示。

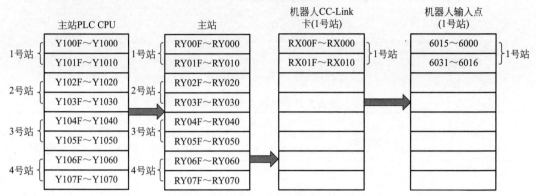

图 12-6　主站输出 Y 信号到 1 号站机器人的传递过程（1）

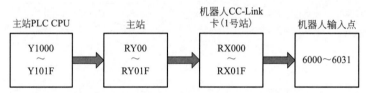

图 12-7　主站输出 Y 信号到 1 号站机器人的传递过程（2）

传递过程：主站 PLC CPU Y1000～Y101F→主站 RY00～RY01F→1 号站机器人 CC-Link 卡 RX000～RX01F→机器人输入点 6000～6031。

② 主站输出 Y 信号到 3 号站机器人的传递过程如图 12-8、图 12-9 所示。

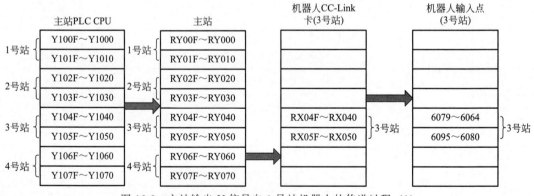

图 12-8　主站输出 Y 信号向 3 号站机器人的传递过程（1）

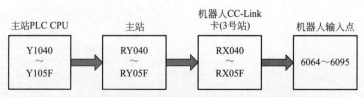

图 12-9　主站输出 Y 信号到 3 号站机器人的传递过程（2）

传递过程：主站 PLC CPU Y1040～Y105F→主站 RY040～RY05F→3 号站机器人 CC-Link 卡 RX040～RX05F→机器人输入点 6064～6095。

（2）机器人从站的输出信号向主站输入 X 信号的传递

1 号站机器人的输出信号向主站输入 X 信号的传递过程如图 12-10、图 12-11 所示。

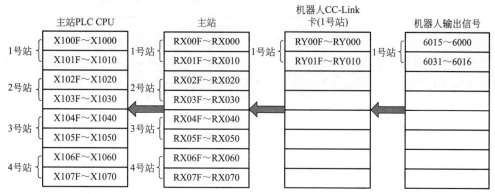

图 12-10　1 号站机器人的输出信号向主站输入 X 信号的传递（1）

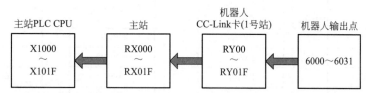

图 12-11　1 号站机器人的输出信号向主站输入 X 信号的传递（2）

传递过程：1 号站机器人输出点 6000～6031→1 号站机器人 CC-Link 卡 RY000～RY01F→主站 RX00～RX01F→主站 PLC CPU X1000～YX01F。

（3）机器人从站的"输出型数据寄存器数据"向"主站数据寄存器"的传递

① 1 号站机器人"输出型数据寄存器数据"向"主站数据寄存器"的传递过程如图 12-12、图 12-13 所示。

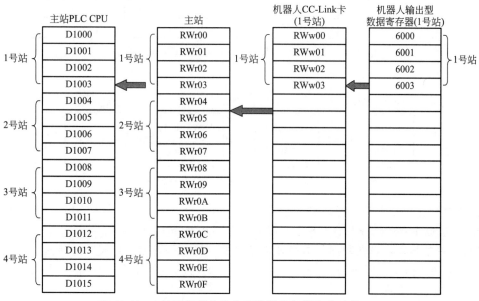

图 12-12　1 号站机器人输出型数据寄存器传递过程（1）

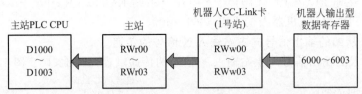

图 12-13　1 号站机器人输出型数据寄存器传递过程（2）

传递过程：机器人输出型数据寄存器 6000～6003→1 号站机器人 CC-Link 卡 RWw00～RWw03→主站 RWr00～RWr03→主站 PLC CPU D1000～D1003。

② 2 号站机器人的"输出型数据寄存器数据"向"主站数据寄存器"的传递过程如图 12-14、图 12-15 所示。

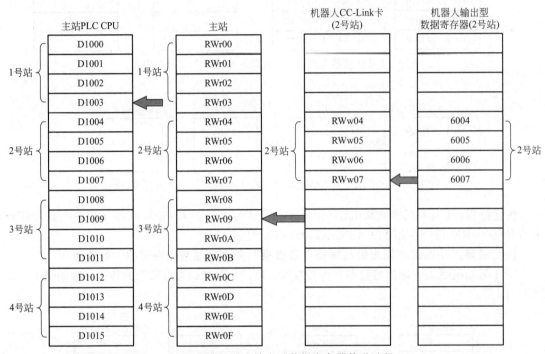

图 12-14　2 号站机器人输出型数据寄存器传递过程（1）

图 12-15　2 号站机器人输出型数据寄存器传递过程（2）

传递过程：机器人输出型数据寄存器 6004～6007→2 号站机器人 CC-Link 卡 RWw04～RWw07→主站 RWr04～RWr07→主站 PLC CPU D1004～D1007。

（4）"主站数据寄存器数据"向机器人从站的"输入型数据寄存器"的传递

①"主站数据寄存器数据"向 3 号站机器人的"输入型数据寄存器"的传递过程如图 12-16、图 12-17 所示。

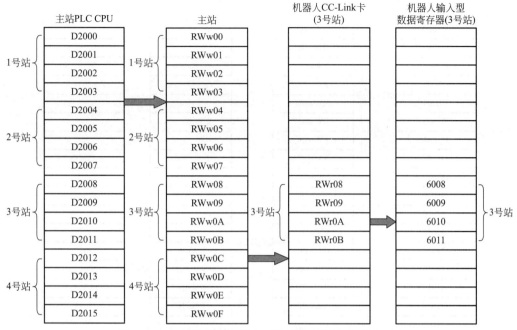

图 12-16　3 号站机器人输入型数据寄存器传递过程（1）

图 12-17　3 号站机器人输入型数据寄存器传递过程（2）

　　传递过程：主站 PLC CPU D2008～D2011→主站 RWw08～RWw0B→3 号站机器人 CC-Link 卡 RWr08～RWr0B→机器人输入型数据寄存器 6008～6011。

　　②"主站数据寄存器数据"向 4 号站机器人的"输入型数据寄存器"的传递过程如图 12-18、图 12-19 所示。

　　传递过程：主站 PLC CPU D2012～D2015→主站 RWw0C～RWw0F→3 号站机器人 CC-Link 卡 RWr0C～RWr0F→机器人输入型数据寄存器 6012～6015。

12.5.3　各站机器人参数设置

　　本节说明机器人本身的"输入输出地址编号"是怎样被定义各种功能的。

　　在未进行参数设置以前，机器人本身的"输入输出地址编号（相当于输入输出端子）"是没有定义功能的，就像一台空白的 PLC 一样，在机器人 CC-Link 卡上没有实际的"输入输出端子"，只有内部"软元件地址"。为叙述和理解方便，以下仍称为"输入输出端子"。只有经过参数设置以后，"输入输出端子"才具有功能。

　　根据 12.5.1 和 12.5.2 节的说明，各从站的输入输出地址已经被分配，各输入输出端子的功能的设置如表 12-4 所示。

　　表 12-4 是 1～8 号站机器人"输入端子"对应的功能。设置的目的是为了将其与主站的 Y 信号对应起来，以便于编制 PLC 程序。

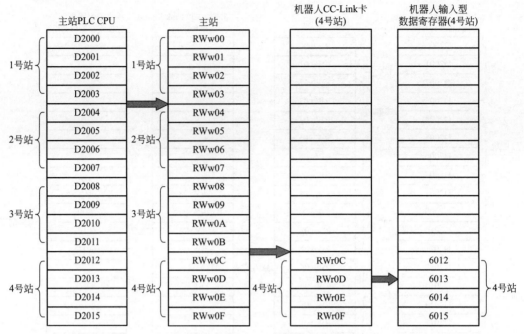

图 12-18　4 号站机器人输入型数据寄存器传递过程（1）

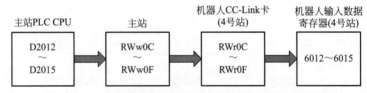

图 12-19　4 号站机器人输入型数据寄存器传递过程（2）

表 12-4　1～8 站机器人"输入端子"对应的功能

参数名	名称	设置值							
		1 号站	2 号站	3 号站	4 号站	5 号站	6 号站	7 号站	8 号站
IOENA	操作权输入	6000	6032	6064	6096	6128	6160	6192	6224
SRVON	伺服 ON	6002	6034	6066	6098	6130	6162	6194	6226
SLOTINIT	程序复位	6003	6035	6067	6099	6131	6163	6195	6227
PRGOUT	输出程序编号	6004	6036	6068	6100	6132	6164	6196	6228
PRGSEL	选定程序号生效	6005	6037	6069	6101	6133	6165	6197	6229
START	启动	6006	6038	6070	6102	6134	6166	6198	6230
ERRRESET	故障复位	6007	6039	6071	6103	6135	6167	6199	6231
STOP2	停止	6008	6040	6072	6104	6136	6168	6200	6232
SRVOFF	伺服 OFF	6009	6041	6073	6105	6137	6169	6201	6233
DIODATA	寄存器数值输入	6000	6004	6008	6012	6016	6020	6024	6028

　　表 12-5 是 1～8 号站机器人"输出端子"对应的功能。设置的目的是为了将其与主站的 X 信号对应起来，表示机器人的工作状态，以便于编制 PLC 程序。

表 12-5　各站输出端子参数设置

参数名	名称	设置值							
		1 号站	2 号站	3 号站	4 号站	5 号站	6 号站	7 号站	8 号站
IOENA	操作权状态输出	6000	6032	6064	6096	6128	6160	6192	6224
SRVON	伺服 ON 状态	6002	6034	6066	6098	6130	6162	6194	6226
SLOTINIT	可选择程序状态	6003	6035	6067	6099	6131	6163	6195	6227
PRGOUT	程序编号输出中	6004	6036	6068	6100	6132	6164	6196	6228
START	输出"运行状态"	6006	6038	6070	6102	6134	6166	6198	6230
ERRRESET	故障发生中	6007	6039	6071	6103	6135	6167	6199	6231
STOP2	停止状态	6008	6040	6072	6104	6136	6168	6200	6232
SRVOFF	伺服 OFF 状态	6009	6041	6073	6105	6137	6169	6201	6233
DIODATA	寄存器数值输出	6000	6004	6008	6012	6016	6020	6024	6028

12.5.4　主 PLC CPU 中的 Y 信号与机器人操作信号的关系

在编制 PLC 程序时，必须驱动与机器人的输入输出端子对应的 Y 信号，才能达到相应的功能。所以必须建立"主 PLC CPU 中的 Y 信号与机器人操作信号的关系"。表 12-6 是 1～8 号站的对应。

表 12-6　主 PLC CPU 中的 Y 信号与机器人操作信号的关系

参数名	名称	设置值							
		1 号站	2 号站	3 号站	4 号站	5 号站	6 号站	7 号站	8 号站
IOENA	操作权输出	Y1000 /6000	Y1020 /6032	Y1040 /6064	Y1060 /6096	Y1080 /6128	Y1100 /6160	Y1120 /6192	Y1140 /6224
SRVON	伺服 ON	Y1002 /6002	Y1022 /6034	Y1042 /6066	Y1062 /6098	Y1082 /6130	Y1102 /6162	Y1122 /6194	Y1142 /6226
SLOTINIT	程序复位	Y1003 /6003	Y1023 /6035	Y1043 /6067	Y1063 /6099	Y1083 /6131	Y1103 /6163	Y1123 /6195	Y1143 /6227
PRGOUT	程序编号输出中	Y1004 /6004	Y1024 /6036	Y1044 /6068	Y1064 /6100	Y1084 /6132	Y1104 /6164	Y1124 /6196	Y1144 /6228
START	输出"运行状态"	Y1006 /6006	Y1026 /6038	Y1046 /6070	Y1066 /6102	Y1086 /6134	Y1106 /6166	Y1126 /6198	Y1146 /6230
ERRRESET	出错发生中	Y1007 /6007	Y1027 /6039	Y1047 /6071	Y1067 /6103	Y1087 /6135	Y1107 /6167	Y1127 /6199	Y1147 /6231
STOP2	停止状态	Y1008 /6008	Y1028 /6040	Y1048 /6072	Y1068 /6104	Y1088 /6136	Y1108 /6168	Y1128 /6200	Y1148 /6232
SRVOFF	伺服 OFF 状态	Y1009 /6009	Y1029 /6041	Y1049 /6073	Y1069 /6105	Y1089 /6137	Y1109 /6169	Y1129 /6201	Y1149 /6233
DIODATA	输入型数据寄存器	D1000 /6000	D1004 /6004	D1008 /6008	D1012 /6012	D1016 /6016	D1020 /6020	D1024 /6024	D1028 /6028

在表 12-6 中，斜杠前的数字为主 PLC CPU 的输出 Y 信号。斜杠后的数字为机器人的输入端子号。这样对照起来便于编制 PLC 程序使用。

12.5.5　各远程 I/O 站的输入输出信号

在实际生产线配置中，出于方便单独操作的需要，在每一台机器人处配置一操作台。操作台的输入输出控制信号即由"远程 I/O 站"承担。"远程 I/O 站"即作为 CC-Link 现场总线网络中的一个从站。本项目案例中选用"远程 I/O 站 AJ65SBTB1-16D"。AJ65SBTB1-16D 具有 16 个输入点，可以满足单个操作台对机器人的控制要求。为编程方便，将 1～8 号站机器人的控制台设置为 9～16 号站。

图 12-20 是"远程 I/O 站 AJ65SBTB1-16D"的外观图，在该站上分布有 X0～XF 16 个输入端，但每个站的 X0～XF 输入端在 CC-Link 总线内实际对应主站 CPU 的信号需要根据站号和主站设置的刷新软元件确定。表 12-7 是主站 CPU 的信号与 9～16 号站 X0～XF 输入端子的对应关系。

远程I/O站AJ65SBTB1-16D　　　　　　　　　　　　　　　　输入信号端子X0～XF

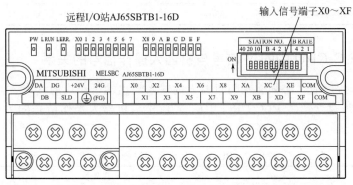

图 12-20　"远程 I/O 站 AJ65SBTB1-16D"外观图

表 12-7　主站 CPU 的信号与 9～16 号站 X0～XF 输入端子的对应关系

功能	设置值							
	9 号站	10 号站	11 号站	12 号站	13 号站	14 号站	15 号站	16 号站
IOENA 操作权	X1100 (X0)	X1120 (X0)	X1140 (X0)	X1160 (X0)	X1180 (X0)	X1200 (X0)	X1220 (X0)	X1240 (X0)
SRVON 伺服 ON	X1102 (X2)	X1122 (X2)	X1142 (X2)	X1162 (X2)	X1182 (X2)	X1202 (X2)	X1222 (X2)	X1242 (X2)
SLOTINIT 程序复位	X1103 (X3)	X1123 (X3)	X1143 (X3)	X1163 (X3)	X1183 (X3)	X1203 (X3)	X1223 (X3)	X1243 (X3)
PRGOUT 程序编号输出	X1104 (X4)	X1124 (X4)	X1144 (X4)	X1164 (X4)	X1184 (X4)	X1204 (X4)	X1224 (X4)	X1244 (X4)
PRGSEL	X1105 (X5)	X1125 (X5)	X1145 (X5)	X1165 (X5)	X1185 (X5)	X1205 (X5)	X1225 (X5)	X1245 (X5)
START 启动	X1106 (X6)	X1126 (X6)	X1146 (X6)	X1166 (X6)	X1186 (X6)	X1206 (X6)	X1226 (X6)	X1246 (X6)
ERRRESET 复位	X1107 (X7)	X1127 (X7)	X1147 (X7)	X1167 (X7)	X1187 (X7)	X1207 (X7)	X1227 (X7)	X1247 (X7)
STOP2 停止	X1108 (X8)	X1128 (X8)	X1148 (X8)	X1168 (X8)	X1188 (X8)	X1208 (X8)	X1228 (X8)	X1248 (X8)
SRVOFF 伺服 OFF	X1109 (X9)	X1129 (X9)	X1149 (X9)	X1169 (X9)	X1189 (X9)	X1209 (X9)	X1229 (X9)	X1249 (X9)

表 12-7 所示是 9～16 号从站的输入信号（各站的 X0～XF）与主站 PLC CPU 的 X 信号的对应关系。括号内的是各站的输入信号地址。

12.5.6　主站控制信号

在主站控制柜配置一触摸屏，这样，对于各站机器人的全部控制信号可以在触摸屏上形成，可以节省输入模块的数量。触摸屏对应使用的辅助继电器 M 如表 12-8 所示，是分配给各站的控制信号。

表 12-8　主站使用的对各机器人站的控制信号

功能	设置值							
	1 号站	2 号站	3 号站	4 号站	5 号站	6 号站	7 号站	8 号站
IOENA 操作权	M510	M520	M530	M540	M550	M560	M570	M580
SRVON 伺服 ON	M512	M522	M532	M542	M552	M562	M572	M582
SLOTINIT 程序复位	M513	M523	M533	M543	M553	M563	M573	M583
PRGOUT 程序编号输出	M514	M524	M534	M544	M554	M564	M574	M584
PRGSEL	M515	M525	M535	M545	M555	M565	M575	M585
START 启动	M516	M526	M536	M546	M556	M566	M576	M586
ERRRESET 复位	M517	M527	M537	M547	M557	M567	M577	M587
STOP2 停止	M518	M528	M538	M548	M558	M568	M578	M588
SRVOFF 伺服 OFF	M519	M509	M539	M549	M559	M569	M579	M589

① 设置参数使机器人从站输入输出地址排序方式得以确定，对 1～8 号站机器人参数的设置，获得了各站机器人一侧控制信号的地址编号。

② 获得了各站机器人地址编号与主站侧"输出信号"的对应关系。如表 12-6 所示。

③ 获得了各站机器人工作状态信号地址与主站侧"输入信号"的对应关系。如表 12-5 所示。

④ 获得了 9～16 各操作站输入信号地址与主站侧"输入信号"的对应关系。如表 12-7 所示。

⑤ 定义了主站侧"触摸屏"使用的对各站的控制信号，如表 12-8 所示。

在完成了上述的准备工作以后，才可以进入编制 PLC 程序的工作。以对 2 号站的控制为例，编制 PLC 程序。表 12-9 是 2 号站使用的控制信号。

表 12-9　2 号站使用的控制信号

功能	设置值		
	主站侧触摸屏信号	主站侧的输出信号	2 号操作台输入信号
IOENA 操作权	M520	Y1020	X1120 (X0)

功能	设置值		
	主站侧触摸屏信号	主站侧的输出信号	2号操作台输入信号
SRVON 伺服 ON	M522	Y1022	X1122 （X2）
SLOTINIT 程序复位	M523	Y1023	X1123 （X3）
PRGOUT 程序编号输出	M524	Y1024	X1124 （X4）
PRGSEL	M525	Y1025	X1125 （X5）
START 启动	M526	Y1026	X1126 （X6）
ERRRESET 复位	M527	Y1027	X1127 （X7）
STOP2 停止	M528	Y1028	X1128 （X8）
SRVOFF 伺服 OFF	M509	Y1029	X1129 （X9）

12.6 编制 PLC 程序

（1）编程流程图

在经过前期准备以后，获得了编制 PLC 程序所需要的各输入输出信号地址。根据编程流程图 12-21、图 12-22 编制 PLC 程序。

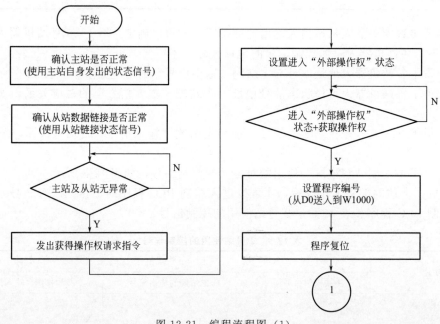

图 12-21　编程流程图（1）

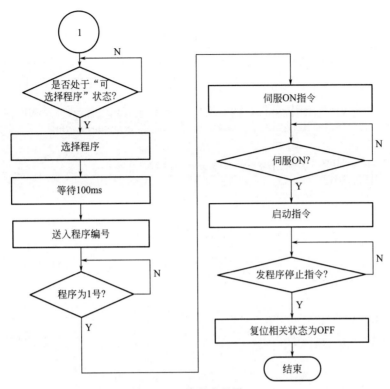

图 12-22　编程流程图（2）

（2）2 号站机器人 PLC 程序

2 号站机器人的 PLC 程序如图 12-23、图 12-24 所示。

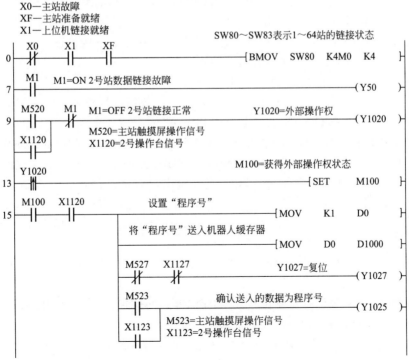

图 12-23　对应 2 号站动作的 PLC 程序（1）

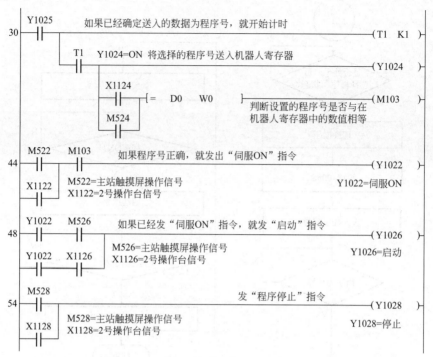

图 12-24　对应 2 号站动作的 PLC 程序（2）

（3）对 PLC 程序的解读

① 图 12-23 中，程序第 0～6 步，X0、X1、XF 是表示主站工作状态的信号。在本案例项目中，主站安装在 PLC CPU 右侧第一个位置，主站被分配的地址号为 0～1F，主站模块自动检测并发出其"工作状态信号"。梯形图中第 0～6 步表示如果主站工作状态正常，就将 1～64 站的"数据链接状态"赋给 M0～M63，这样就可以直接用 M0～M63 表示 1～64 站的数据链接状态，相当于检测了"主站的工作状态"和"从站的链接状态"。

② M0～M63＝ON 表示"从站数据链接故障"；

M0～M63＝OFF 表示"从站数据链接正常"。

梯形图中第 7、8 步，如果 M1＝ON，表示 2 号站数据链接故障。同时驱动 Y50＝ON。Y50 可以是"显示灯""报警器"或"某个驱动程序"。

以上是对"主站工作状态"和"各从站链接状态"的检测以及相应的处理程序。

③ 梯形图中第 9～12 步，如果 M1＝OFF，表示 2 号站数据链接正常。这时可以通过主站触摸屏信号 M520 和 2 号操作台 X1120 信号发出"获得外部操作权"请求指令，驱动 Y1020＝ON，即请求可以使用来自"CC-Link 现场总线传输过来的指令"驱动机器人动作。

④ 程序第 13、14 步，Y1020＝ON，表示已经获得了对机器人的操作权。"SET M100"表示设置机器人进入"外部操作权"状态。

⑤ 程序第 15～29 步，设置"程序号"。即设置 D0＝1。随后将 D0 中的数据送入机器人的数据寄存器 6000 中。

⑥ 程序第 15～29 步，有对复位指令（RESET）的处理。Y1027＝RESET 指令。复位指令 Y1027 为常闭点，Y1027＝OFF，进入复位状态。

⑦ 注意：送入机器人寄存器 D1000 中的数据可以为各种用途。Y1025＝ON，则设定送入机器人寄存器 D1000 中的数据为"程序号"。

⑧ 程序第 30～43 步，Y1024＝ON，执行送入"程序号"。其中"＝D0 W0"语句表示如下含义：D0 表示已经存入机器人寄存器 D1000 中的数据，如果设置的数据 D0 与已经送入的数据 D1000 相等，表示送入的程序号正确，驱动 Y1024＝ON，执行送入"程序号"。

⑨ 程序第 44～47 步，由主站触摸屏信号 M522 或 2 号操作台 X1122 信号发出"伺服ON"指令，Y1022＝ON。

⑩ 程序第 48～53 步，由主站触摸屏信号 M526 或 2 号操作台 X1128 信号发出"启动ON"指令，Y1026＝ON。

⑪ 程序第 54～57 步，由主站触摸屏信号 M528 或 2 号操作台 X1128 信号发出"停止"指令。

以上是对"2 号操作台"编制的 PLC 程序，对 1～8 号站机器人可以编制相同的程序，只是要注意各站的控制信号地址不同。在对于多个从站的情况下，必须做大量的前期工作，分配各站的信号。这些信号与主站刷新软元件的设置相关。

第3篇

工业机器人与触摸屏的连接

第13章
工业机器人与触摸屏的直连应用

13.1 概说

触摸屏（以下简称 GOT）可以与机器人通过以太网直接相连。通过 GOT 可以直接控制机器人的启动、停止、选择程序号、设置速度倍率，监视机器人的工作状态、执行 JOG 操作等。

本章以三菱 GOT 与机器人的连接为例，介绍 GOT 画面的制作过程以及与之相应的机器人一侧的参数设置。在 GOT 画面制作中使用"MELSOFT GT DESIGN 3"软件（简称 GT3）。在机器人一侧使用"RT Tool Box2"软件（简称 RT），这些软件在三菱官网上都可下载。

13.2 GOT 与机器人控制器的连接及通信参数设置

13.2.1 GOT 与机器人控制器的连接

如图 13-1 所示，GOT 与机器人控制器可以通过以太网直接连接。

13.2.2 GOT 机种选择

使用"GT3"软件，在图 13-2 中，选择 GS 系列 GOT。GS 系列 GOT 是最经济的 GOT。

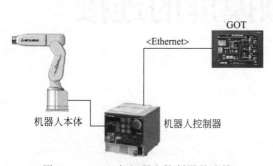

图 13-1 GOT 与机器人控制器的连接

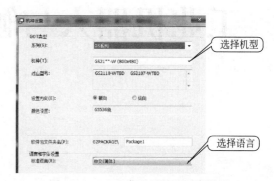

图 13-2 GOT 类型型号及语言设置

13.2.3 GOT 一侧通信参数设置

图 13-3 是 GOT 自动默认的"以太网"通信参数。

在图 13-4 下方，是对 GOT 所连接对象（机器人）一侧通信参数的设置。请按照图 13-4

图 13-3　GOT 自动默认的"以太网"通信参数

进行设置（注意这是在 GOT 软件上的设置），方法如下：

① IP 地址必须与 GOT 在同一网段，但是第 4 位数字必须不同。

② 必须设置站号为 2。

③ 设置端口号为 5001。在选择 GOT 所连接的机器类型后，"端口号"自动改变。

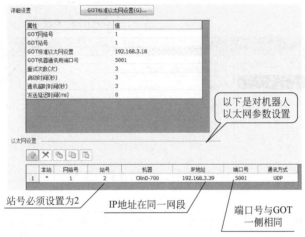

图 13-4　从 GOT 软件对机器人一侧通信参数的设置

13.2.4　机器人一侧通信参数的设置

打开机器人软件"RT Tool Box2"，设置"Ethernet"通信参数。

（1）Ethernet 设置

单击"任务区"→"参数"→"通信参数"→"Ethernet 设置"，如图 13-5 所示。

（2）IP 地址设置

在弹出的窗口画面上，进行 IP 地址设置，本 IP 地址是机器人一侧的 IP。本设置必须与图 13-6 相同。设置原则也是"IP 地址必须与 GOT 在同一网段，但是第 4 位数字必须不同"。

（3）设备端口设置

单击"设备端口"，弹出如图 13-7 窗口。设备是指与机器人连接的"设备"，即 GOT。其设置就是对 GOT 通信参数设置，应该按 GOT 一侧的标准参数设置。如图 13-7 所示。

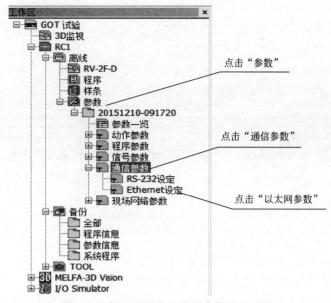

图 13-5　打开机器人以太网参数设置画面

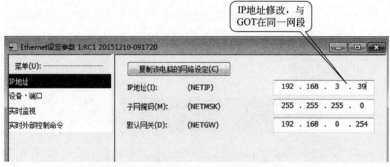

图 13-6　机器人以太网参数设置画面

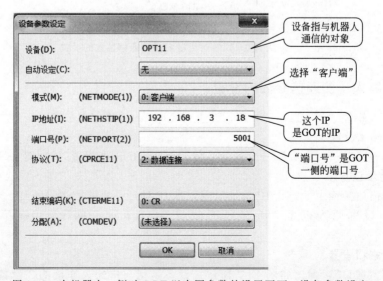

图 13-7　在机器人一侧对 GOT 以太网参数的设置画面（设备参数设定）

设置方法：

① 设备名称：OPT11。

② 模式［NETMODE (1)］：选择"客户端"。

③ IP 地址：为 GOT 一侧 IP。

④ 端口号：GOT 一侧使用的端口。

经过在 GOT 一侧及机器人一侧做通信参数的设置，连上以太网线后，就可以进行通信了。

13.3　工业触摸屏操作画面的制作

图 13-8 是在 GOT 上制作的"操作屏"画面，该画面上的各按键都是"开关型"按键，对应机器人内部的"输入输出信号"。

13.3.1　GOT 器件与机器人 I/O 地址的对应关系

在机器人一侧，专门定义输入信号 10000～18191、输出信号 10000～18191 用于与 GOT 通信使用。（注意输入输出信号的地址段编号相同，但各自性质不同，就像 2 条街道有同样的同牌号）。

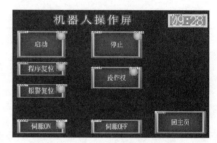

图 13-8　"操作屏"画面

在 GOT 一侧，器件 U3E0-10000～10511 用作输入器件，器件 U3E1-10000～10511 用作输出器件。其对应关系如表 13-1 所示。

在表 13-1、表 13-2 中，机器人输入输出信号对应的功能是推荐使用（用户可自行设置），这些功能还需要在机器人一侧通过参数进行设置，即必须通过参数设置机器人输入输出端子的功能。

表 13-1　输入信号对应表

序号	GOT U3E0-10000～ U3E0-10511	机器人（in） 10000～18191	推荐对应的功能信号	
			功能	参数名称
1	U3E0-10000.b0	10000		
2	U3E0-10000.b1	10001		
3	U3E0-10000.b2	10002		
4	U3E0-10000.b5	10005	操作权	IOENA
5	U3E0-10000.b6	10006	启动	START
6	U3E0-10000.b8	10008	程序复位	SLOTINIT
7	U3E0-10000.b9	10009	报警复位	ERRRESET
8	U3E0-10000.b10	10010	程序循环结束	CYCLE
9	U3E0-10000.b11	10011	伺服 OFF	SRVOFF
10	U3E0-10000.b12	10012	伺服 ON	SRVON
11	U3E0-10000.b13	10013	回退避点	SAFEPOS
12	U3E0-10000.b15	10015	全部输出信号复位	OUTRESET

序号	GOT	机器人(in)	推荐对应的功能信号	
	U3E0-10000～ U3E0-10511	10000～18191	功能	参数名称
13	U3E0-10001. b4	10020	选定程序号确认	PRGSEL
14	U3E0-10001. b5	10021	选定速度倍率确认	OVRDSEL
15	U3E0-10001. b6	10022	指令输出"程序号"	PRGOUT
16	U3E0-10001. b7	10023	指令输出"程序行号"	LINEOUT
17	U3E0-10001. b8	10024	指令输出"速度倍率"	OVRDOUT
18	U3E0-10001. b9	10025	指令输出"报警号"	ERROUT
19	U3E0-10002	10032～10047	数据输入区	IODATA

表 13-2 输出信号对应表

序号	GOT	机器人(out)	推荐对应的功能信号	
	U3E0-10000～ U3E1-10511	10000～18191	功能	参数名称
1	U3E1-10000. b0	10000	暂停状态	STOP2
2	U3E1-10000. b1	10001	控制器上电 ON	RCREADY
3	U3E1-10000. b2	10002	远程模式状态	ATEXTMD
4	U3E1-10000. b3	10003	示教模式状态	TEACHMD
5	U3E1-10000. b4	10004	示教模式状态	ATTOPMD
6	U3E1-10000. b5	10005	操作权=ON	IOENA
7	U3E1-10000. b6	10006	自动启动=ON	START
8	U3E1-10000. b7	10007	STOP=ON	STOPSTS
9	U3E1-10000. b8	10008	可重新选择程序	SLOTINIT
10	U3E1-10000. b9	10009	发生报警	Error occurring output
11	U3E1-10000. b10	10010	循环停止状态	CYCLE
12	U3E1-10000. b11	10011	伺服 OFF 状态	SRVOFF
13	U3E1-10000. b12	10012	伺服 ON 状态	SRVON
14	U3E1-10000. b13	10013	退避点返回状态	SAFEPOS
15	U3E1-10000. b14	10014	电池电压过低状态	BATERR
16	U3E1-10001. b1	10016	H 级报警状态	HLVLERR
17	U3E1-10001. b2	10017	L 级报警状态	LLVLERR
18	U3E1-10001. b6	10021	程序号输出状态	PRGOUT
19	U3E1-10001. b7	10022	程序行号输出状态	LINEOUT
20	U3E1-10001. b8	10023	倍率输出状态	OVRDOUT
21	U3E1-10001. b9	10024	报警号输出状态	ERROUT
22	U3E1-10002	10032～10047	数据输出地址	

13.3.2 "输入输出点"器件制作方法

以"自动启动"按键为例,说明"输入输出点"制作方法。

① 在 GOT 画面上制作按键,如图 13-9 所示。

② 设置"启动"按键的器件号为"U3E0-10000.b6"。
该按键如图 13-10 所示,对应到机器人中的输入信号地址为
"10006",见表 13-1。

③ 在机器人软件"RT Tool Box2"中设置"启动"功
能对应的输入地址号为"10006",如图 13-11 所示。

图 13-9 GOT 画面制作

经过以上设置,触摸屏上的"启动"按键就对应了机器
人的"启动"功能。

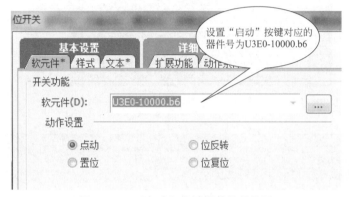

图 13-10 "启动"按键器件号的设置

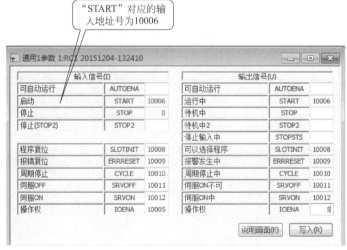

图 13-11 "启动"功能对应的输入地址号为"10006"

13.4 程序号的设置与显示

程序号的设置与显示是客户最基本的要求之一。其制作方法如下,参见图 13-12。

13.4.1　程序号的选择设置

① 在 GOT 上制作一 "数据输入" 器件，该器件用于输入数据。器件的地址号根据表 13-1 设置为 "U3E0-10002"。如图 13-13 所示。

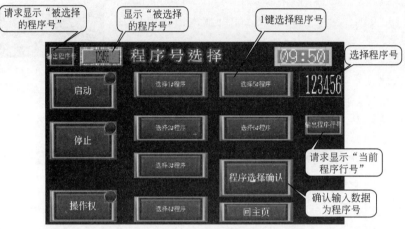

图 13-12　程序号选择屏的制作与设置

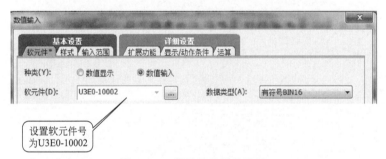

图 13-13　器件地址号的设置

② 在机器人参数中，"IODATA" 参数用于设置 "数据输入" 的 1 组输入信号的起始地址。将与 GOT 器件 "U3E0-10002" 对应的输入地址 "10032～10047" 设置到参数 "IODATA" 中，如图 13-14 所示。

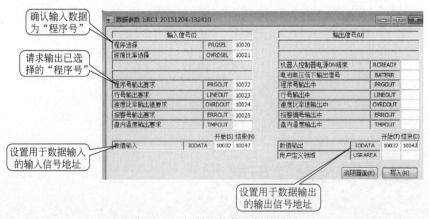

图 13-14　机器人软件一侧的设置

③ 在机器人一侧，还必须定义"输入数据的用途"，输入的数据是作为"程序号"还是"速度倍率"，因此还有一个数据用途的"确认键"，如图 13-14 所示，参数"PRGSEL（程序选择）"就是将输入的数据确认为"程序号"。

13.4.2　程序号输出

当选择程序号完成后，必须在 GOT 上进行显示，以确保所选择程序号的正确性。制作方法如下，参见图 13-12 及图 13-15。

① 在 GOT 上制作一"数据输出"器件，该器件用于显示输出数据。器件的地址号根据表 13-2 设置为"U3E1-10002"。

图 13-15　输出器件号的设置

② 在机器人参数中，"IODATA"参数用于设置"数据输出"的 1 组输出信号的起始地址。将与 GOT 器件"U3E2-10002"对应的输入地址"10032～10047"设置到参数"IODATA"中，参见图 13-14。

对机器人一侧，还必须定义"输出数据的用途"，输出数据是作为"程序号"还是"速度倍率"，因此还有请求输出数据的"确认键"，如图 13-12 所示，参数"PRGOUT（请求输出程序号）"就是将输出数据确认为"程序号"，参见图 13-14。

13.5　速度倍率的设置和显示

在 GOT 上设置和修改"速度倍率"也是客户最基本的要求。在 GOT 上设置和修改"速度倍率"的方法如下，图 13-16 是在 GOT 上制作的"速度倍率"设置画面。

13.5.1　速度倍率的设置

① 在 GOT 上制作一"数据输入"器件，该器件用于输入"速度倍率"。器件的地址号根据表 13-1 设置为"U3E0-10002"。

为使用方便，使用"一键输入方法"，即在 GOT 上制作 10 个按键。每个按键用于输入不同的速度倍率值。图 13-17 是"速度倍率 60%"按键的制作。

② 在机器人参数中，"IODATA"参数是用于设置"数据输入"的 1 组输入信号的起始地址。将与 GOT 器件"U3E0-10002"对应的输入地址"10032～10047"设置到参数"IODATA"中，如图 13-18。这种设置方法可以设置任意的"速度倍率"。

③ 在机器人一侧，还必须定义"输入数据的用途"，输入的数据是作为"程序号"还是"速度倍率"，因此还有一个数据用途的"确认键"，如图 13-16 所示。参数"OVRDSEL（速度倍率选择）"就是将输入的数据确认为"速度倍率"。

图 13-16　GOT 上制作的"速度倍率"设置画面

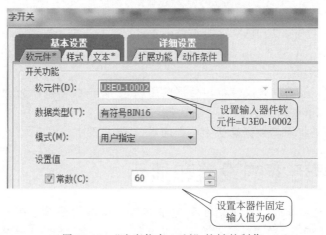

图 13-17　"速度倍率 60％"按键的制作

13.5.2　速度倍率输出

当选择"速度倍率"完成后，必须在 GOT 上进行显示，以确保所选择"速度倍率"的正确性。制作方法如下，参见图 13-16。

① 在 GOT 上制作一"数据输出"器件，该器件用于显示输出数据，器件的地址号根据表 13-2 设置为"U3E1-10002"，如图 13-19 所示。

② 在机器人参数中，"IODATA"用于设置"数据输出"的 1 组输出信号的起始地址。将与 GOT 器件"U3E2-10002"对应的输入地址"10032～10047"设置到参数"IODATA"中。参见图 13-18。

③ 对机器人一侧，还必须定义"输出数据的用途"，输出数据是作为"程序号"还是"速度倍率"，因此还有请求输出数据的"确认键"，如图 13-16 所示。参数"OVRDOUT（请求输出速度倍率）"就是将输出数据确认为"速度倍率"。参见图 13-18。

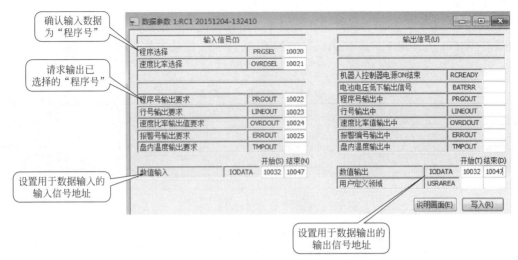

图 13-18 在机器人软件一侧的设置

图 13-19 "数据输出"器件的设置

13.6 机器人工作状态的读出及监视

如本书第 21 章所示，有大量表示机器人工作状态的"变量"。这些"数字型变量"也可以经过处理后在 GOT 上显示，图 13-20 就是各轴"工作负载率（工作电流）"的显示。

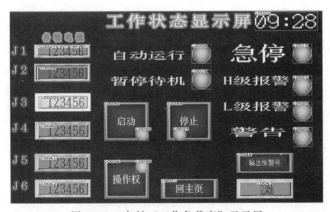

图 13-20 各轴"工作负载率"显示屏

从表 13-2 可知：可以使用的输出信号范围为 10000～18191，这些输出信号对应在 GOT 上为"字器件 U3E1-10000～10511"，即有 512 个"字器件"可供使用。

只要在机器人程序中编制某一"状态变量"与"输出信号"的关系，就可以将"状态变量"显示在 GOT 上。显示各轴"工作负载率（工作电流）"的制作方法如下。

① 在 GOT 上使用 U3E1-10016～10021 作为 J1～J6 轴的工作电流显示部件。如表 13-3 所示。

表 13-3　输出信号对应表

序号	GOT	机器人（out）	功能
1	U3E1-10016	10256-10271	J1 轴工作电流
2	U3E1-10017	10272-10287	J2 轴工作电流
3	U3E1-10018	10288-10303	J3 轴工作电流
4	U3E1-10019	10304～10319	J4 轴工作电流
5	U3E1-10020	10320～10335	J5 轴工作电流
6	U3E1-10021	10336～10351	J6 轴工作电流

② 在机器人程序中编制一"子程序"，专门用于显示"工作电流"，在需要时调用该程序。

```
程序号 60
M_Outw(10256)＝M_LdFact(1)'──第 1 轴工作电流。
M_Outw(10272)＝M_LdFact(2)'──第 2 轴工作电流。
M_Outw(10288)＝M_LdFact(3)'──第 3 轴工作电流。
M_Outw(10304)＝M_LdFact(4)'──第 4 轴工作电流。
M_Outw(10320)＝M_LdFact(5)'──第 5 轴工作电流。
M_Outw(10336)＝M_LdFact(6)'──第 6 轴工作电流。
```

运行该程序后就在 GOT 上显示了各轴的工作电流。

13.7　点动操作 JOG 画面制作

JOG 是机器人的一种工作模式。在没有示教单元的场合，可以使用 GOT 进行"JOG"操作。

制作 JOG 画面，关键在于机器人一侧的参数设置。有关"JOG"操作的输入信号地址是固定的，不可随意设置，如果随意设置，机器人系统会报警。必须按表 13-4 和图 13-21 设置分配给 JOG 的输入输出信号。

图 13-21　分配给 JOG 的输入输出信号

由于在机器人一侧已经规定了"输入输出信号"地址，所以在 GOT 一侧的器件号也就被规定了。

表 13-4　输入信号对应表

序号	GOT	机器人（被固定分配）	规定对应的功能信号	
			功能	参数名称
1	U3E0-10005.b12	10092	JOG 有效	JOGENA
2	U3E0-10006.b0	10096	J1＋	
3	U3E0-10006.b1	10097	J2＋	
4	U3E0-10006.b2	10098	J3＋	
5	U3E0-10006.b3	10099	J4＋	
6	U3E0-10006.b4	10100	J5＋	
7	U3E0-10006.b5	10101	J6＋	
8	U3E0-10006.b6	10102	J7＋	
9	U3E0-10006.b7	10103	J8＋	
10	U3E0-10007.b0	10112	J1－	
11	U3E0-10007.b1	10113	J2－	
12	U3E0-10007.b2	10114	J3－	
13	U3E0-10007.b3	10115	J4－	
14	U3E0-10007.b4	10116	J5－	
15	U3E0-10007.b5	10117	J6－	
16	U3E0-10007.b6	10118	J7－	
17	U3E0-10007.b7	10119	J8－	
18	U3E0-10005.b13	10093	JOG 直交模式	
19	U3E0-10005.b14	10094	JOG 关节模式	
20	U3E0-10005.b15	10095	JOG TOOL 模式	

根据上表制定 GOT 画面中的各按键即可，如图 13-22 所示。

图 13-22　JOG 操作屏的制作与设置

第4篇

工业机器人在以太网联网
控制中的应用

第14章

以太网联网应用的基础知识

在学习机器人在工业以太网中的应用之前，先学习一些工业以太网的基础知识，以方便后续章节的学习

14.1 基本准备知识

14.1.1 部分网络常用术语

网络常用术语如表14-1所示。

表14-1 网络常用术语一览表

序号	术语名称	序号	术语名称
1	局域网		TCP/IP
2	无线局域网	10	TCP/IP 通信协议的安装
3	以太网		TCP/IP 通信协议的设置
4	以太网拓扑结构	11	UDP
5	以太网帧格式	12	端口
6	基带	13	字节（Byte）
7	宽带	14	报文（message）
8	交叉网线和直连网线	15	集线器
9	广播/广播域	16	路由器

（1）局域网（Local Area Network，LAN）

局域网是指在某一区域内由多台计算机连成的计算机网络，一般是方圆几千米以内。局域网可以实现文件管理、应用软件共享、打印机共享、工作组内的日程安排、电子邮件和传真通信服务等功能。局域网是封闭型的，可以由两台计算机组成，也可以由上千台计算机组成。

（2）无线局域网（Wireless Local Area Network，WLAN）

WLAN利用电磁波发送和接收数据，无需线缆。WLAN的数据传输速率现在已经能够达到450Mbps，传输距离可远至20km以上。无线联网方式是对有线联网方式的一种补充和扩展，使网上的计算机具有可移动性，能快速、方便地解决有线方式不易实现的网络联通问题。

14.1.2 以太网常用术语

以太网（Ethernet）是目前局域网采用的最通用的通信协议标准。以太网不是一种具体的网络，是一种技术规范。

（1）以太网工作原理和主要技术

① CSMA/CD（载波监听多路访问及冲突检测） 以太网采用具有冲突检测的载波侦听多路访问（Carrier Sense Multiple Access/Collision Detection，CSMA/CD）技术。

CSMA/CD 工作过程如下：

以太网中的一台主机传输数据时，按下列步骤进行：

a. 监听信道上是否有信号传输。如果有信号传输，表明信道处于"忙状态"，继续监听，直到信道空出为止。

b. 若未监听到任何信号，就传输数据。

c. 传输的时候继续监听，如发现冲突则执行"退避算法"，随机等待一段时间后，重新执行步骤①（当发生冲突时，发生冲突的计算机返回到监听信道状态）。

d. 若未发现冲突则发送成功，所有计算机在下一次发送数据前，必须等待 $9.6\mu s$。

② 线路访问控制（Media Access Control，MAC） 在 ISO 的 OSI 参考模型中，数据链路层的功能相对简单，只负责将数据从一个节点可靠地传输到相邻节点。但在局域网中，多个节点共享传输线路，必须有某种机制来决定下一个时刻，哪个软元件占用传输线路传送数据。因此，局域网的数据链路层要有线路访问控制的功能。为此，一般将数据链路层又划分成两个子层：

a. 逻辑链路控制（Logic Line Control，LLC）子层；

b. 线路访问控制子层。

LLC 子层负责向其上层提供服务。MAC 子层的主要功能包括数据帧的封装/卸装、帧的寻址和识别、帧的接收与发送、链路的管理、帧的差错控制等。MAC 子层的功能屏蔽了不同物理链路种类的差异性。

在 MAC 子层的诸多功能中，一项重要的功能是"仲裁线路的使用权"，即规定各站点何时可以使用通信线路。

（2）Ethernet 地址

为了标识以太网上的每台主机，需要给每台主机上的网卡分配唯一的通信地址，即 Ethernet 地址或称为网卡的物理地址、MAC 地址。

IEEE 为网卡制造商分配 Ethernet 地址块，各厂商为自己生产的每块网卡分配唯一的 Ethernet 地址。每块网卡出厂时，其 Ethernet 地址就已被烧录到网卡中，所以这个地址也称为"烧录地址（Burned-In-Address，BIA）"。

MAC 地址通常表示为 12 个 16 进制数，每 2 个数之间用冒号隔开，如 08：00：20：0A：8C：6D 就是一个 MAC 地址。其中前 6 位数 08：00：20 代表网卡制造商的编号；由 IEEE 分配；后 6 位数 0A：8C：6D 表示网卡的系列号。每个网卡制造商必须确保所制造的每个以太网设备都具有相同的前三字节以及不同的后三个字节。这样就可保证世界上每个以太网设备都具有唯一的 MAC 地址。

（3）以太网拓扑结构

① 总线型拓扑结构 总线型拓扑结构是采用单一传输线作为共用的传输介质，将网络中所有的计算机通过相应的硬件接口和电缆直接连接到这一共享的线缆上。总线型拓扑结构如图 14-1 所示。

早期以太网多使用总线型的拓扑结构，采用同轴电缆，连接简单，通常在小规模的网络中不需要专用的网络软元件。特点是所需电缆较少，价格便宜，管理成本高，不易隔离故障点，采用共享的访问机制易造成网络拥塞。

② 星型拓扑结构 星型拓扑结构是用一个节点作为中心节点，其他节点直接与中心节

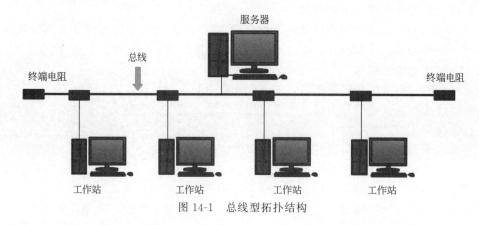
图 14-1 总线型拓扑结构

点相连构成的网络。中心节点可以是文件服务器，也可以是连接设备。常见的中心节点为集线器。星型拓扑结构如图 14-2 所示。

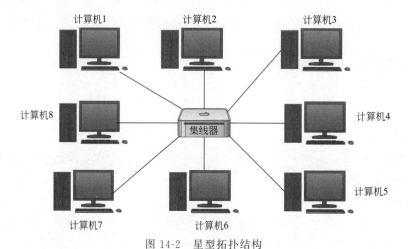
图 14-2 星型拓扑结构

（4）以太网帧格式

以太网帧格式多达 5 种，目前的大多数 TCP/IP 应用都是 Ethernet V2 帧格式。

如图 14-3 及表 14-2 所示，"以太网帧"的开始处有 64 位（8 字节）的前导字符，其中，前 7 个字节称为"前同步码（Preamble）"，内容是 16 进制数 0xAA，最后 1 字节为"帧起始标志符 0xAB"，"帧起始标志符 0xAB"标识以太网帧的开始。前导字符的作用是使接收节点同步并做好接收数据帧的准备。

6字节	6字节	2字节	2字节	44~1498字节	4字节
目标MAC地址	源MAC地址	总长度	0XFFFF	数据	FCS

图 14-3 以太网帧格式

表 14-2 以太网帧格式

字段	字段长度	功能
前导码（Preamble）	7	同步

字段	字段长度	功能
帧起始符（SFD）	1	标明下一个字节为目的 MAC 地址
目标 MAC 地址	6	接收数据帧的目标节点 MAC 地址
源 MAC 地址	6	发送数据帧的源节点 MAC 地址
总长度（Length）	2	帧的数据段长度（长度或类型）
类型（Type）	2	数据的协议类型（长度或类型）
数据	45～1500	数据字段
帧校验序列（FCS）	4	数据校验

前导符之后，以太网帧的最小长度为 64 字节（6＋6＋2＋46＋4），最大长度为 1518 字节（6＋6＋2＋1500＋4）。如图 14-3，其中前 12 字节分别标识出发送数据帧的源 MAC 地址和接收数据帧的目标 MAC 地址。之后 2 个字节标识帧的数据段长度随后 2 个字节标识出以太网帧所携带的上层数据类型，如 0x0800 代表 IP 协议数据，0x809B 代表 AppleTalk 协议数据，0x8138 代表 Novell 类型协议数据等。

在不定长的数据字段后是 4 个字节的帧校验序列（Frame Check Sequence，FCS），采用 32 位 CRC 循环冗余校验对从"目标 MAC 地址"字段到"数据"字段的数据进行校验。

同一网段上的所有节点必须使用相同的帧格式才能相互通信。

（5）基带

基带传输是一种不搬移基带信号频谱的传输方式。未对载波调制的待传信号称为基带信号，它所占的频带称为基带，基带的高限频率与低限频率之比通常远大于 1。

计算机输出的数字脉冲信号是基带信号，可以利用电缆做基带传输，不必对载波进行调制和解调。基带传输的优点是设备较简单；线路衰减小，有利于增加传输距离。

基带传输广泛用于音频电缆和同轴电缆等传送数字信号，同时，在数据传输方面的应用也日益扩大。由于在近距离范围内基带信号的衰减不大，从而信号内容不会发生变化。因此在传输距离较近时，计算机网络都采用基带传输方式。如从计算机到监视器、打印机等外设的信号就是基带传输的。大多数的局域网使用基带传输，如以太网、令牌环网。常见的网络设计标准 10Base-T 使用的就是基带信号。

（6）宽带

宽带（Broadband）即传送信息的频率范围，频率的范围愈大，即带宽愈大时，能够发送的数据也相对增加。

（7）交叉网线和直连网线

交叉网线和直连网线两种连线方法和应用范围：

下列范围使用直连网线：

① 交换机到路由器；

② 计算机到交换机；

③ 计算机到集线器。

下列范围使用交叉网线：

① 交换机到交换机；

② 交换机到集线器；

③ 集线器到集线器；

④ 路由器到路由器；

⑤ 计算机到计算机；

⑥ 计算机到路由器。

交叉网线的接法如图 14-4 所示。

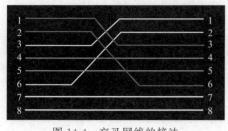

图 14-4　交叉网线的接法

（8）以太网卡工作模式

以太网卡可以工作在两种模式下：半双工和全双工。

① 半双工　半双工传输模式实现以太网载波监听多路访问冲突检测。传统的共享 LAN 是在半双工下工作的，在同一时间只能传输单一方向的数据。当两个方向的数据同时传输时，就会产生冲突，这降低了以太网的效率。

② 全双工　全双工传输是采用点对点连接。全双工使用双绞线中两条独立的线路，这等于没有安装新的网线就提高了带宽，相当于同时可有两列火车双向通行。在全双工模式下，冲突检测电路不可用，因此每个全双工连接只用一个端口，用于点对点连接。标准以太网的传输效率可达到 50%～60% 的带宽，全双工在两个方向上都提供 100% 的效率。

（9）广播/广播域

广播：在网络传输中，向所有连通的节点发送消息称为广播。

广播域：网络中能接收任何一软元件发出的广播帧的所有软元件的集合。

广播网络中所有的节点都可以收到传输的数据帧，不管该帧是否是发给这些节点。非目的节点的主机虽然收到该数据帧但不做处理。

（10）集线器

集线器（HUB）是指将多条以太网双绞线或光纤集合连接在同一段物理介质下的网络器件。集线器工作在 OSI 模型中的物理层。它可以视作多端口中继器。

集线器的工作特点：集线器一般使用外接电源，对接收的信号进行放大处理。

集线器的英文为"HUB"，"HUB"是"中心"的意思，集线器的主要功能是对接收到的信号进行再生整形放大，以扩大传输距离，同时把所有节点集中在以集线器为中心的节点上。集线器与网卡、网线等传输介质一样，属于局域网中的基础软元件，采用 CS-MA/CD 控制机制。集线器每个接口简单地收发"bit"，收到 1 就转发 1，收到 0 就转发 0，不进行碰撞检测。

集线器发送数据时都是没有针对性的，而是采用广播方式发送。当集线器要向某节点发送数据时，不是直接把数据发送到"目的节点"，而是把数据包发送到与集线器相连的所有节点。

HUB 在局域网中得到了广泛的应用。集线器用在星型与树型网络拓扑结构中，以 RJ-45 接口与各主机相连。如图 14-5。

（11）路由器

路由器（Router）又称网关软元件（Gateway），用于连接多个逻辑上分开的网络，所谓逻辑网络即一个单独的网络或者一个子网。当数据从一个子网传输到另一个子网时，可通过路由器来完成。因此，路由器具有判断网络地址和选择 IP 路径的功能，它能在多网络互联环境中建立灵活的连接，可用完全不同的数据分组和介质访问方法连接各种子网，路由器只接受源站或其他路由器的信息，属网络层的一种互联软元件。

路由器的一个作用是连通不同的网络，另一个作用是选择信息传送的线路。选择通畅快

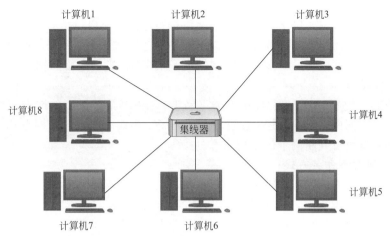

计算机1　　　　　　计算机2　　　　　　计算机3

计算机8　　　集线器　　　计算机4

计算机7　　　　　　计算机6　　　　　　计算机5

图 14-5　集线器在星型拓扑网络结构中

捷的近路，能大大提高通信速度。

路由器使用专门的软件协议从逻辑上对整个网络进行划分。例如，一台支持 IP 协议的路由器可以把网络划分成多个子网段，只有指向特殊 IP 地址的网络流量才可以通过路由器。对于每一个接收到的数据包，路由器都会重新计算其校验值，并写入新的物理地址。因此，使用路由器转发和过滤数据的速度往往要比只查看数据包物理地址的交换机慢。但是，对于那些结构复杂的网络，使用路由器可以提高网络的整体效率。

一般说来，异种网络互联与多个子网互联都应采用路由器来完成。

路由器的主要工作就是为经过路由器的每个数据帧寻找一条最佳传输路径，并将该数据有效地传送到目的站点。由此可见，选择最佳路径的策略即路由算法是路由器的关键所在。为了完成这项工作，在路由器中保存着各种传输路径的相关数据——路径表（Routing Table），供路由选择时使用。路径表中保存着子网的标志信息、网上路由器的个数和下一个路由器的名字等内容。路径表可以是由系统管理员固定设置好的，也可以由系统动态修改，可以由路由器自动调整，也可以由主机控制。

（12）网卡

网卡（network adapter），又称网络适配器或网络接口控制器（Network Interface Card，NIC）是用于通信的计算机硬件，由处理器、存储器等部件组成。计算机与外部局域网的连接是通过主机箱内插入的网卡（或在笔记本电脑中插入一块 PCMCIA 卡）。安装网卡需要有网卡驱动。网卡也可以独立安装在主机的 PCI 插槽里面。网卡外观如图 14-6 所示。

网卡装有处理器和存储器（包括 RAM 和 ROM）。网卡和局域网之间的通信是通过电缆或双绞线以串行传输方式进行的。而网卡和计算机之间的通信则是通过计算机主板上的 I/O 总线以并行传输方式进行。因此，网卡的一个重要功能就是要进行串行/并行转换。由于网络上的数据率和计算机总线上的数据率并不相同，因此在网卡中必须装有对数据进行缓存的存储芯片。

在安装网卡时必须将管理网卡的软元件驱动程序安装在计算机的操作系统中。这个驱动程序管理网卡从存储器的什么位置将局域网传送过来的数据块存储下来。

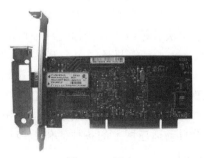

图 14-6　网卡

网卡还要能实现以太网协议。

网卡支持的电缆接口：网卡最终是要与网络进行连接，所以也就必须有一个接口使网线通过它与其他计算机网络软元件连接起来。不同的网络接口适用于不同的网络类型，目前常见的接口主要有以太网的 RJ-45 接口、细同轴电缆的 BNC 接口和粗同轴电 AUI 接口、FD-DI 接口、ATM 接口等。

RJ-45 接口：是应用最广的一种接口类型网卡。RJ-45 接口类型的网卡应用于以双绞线为传输介质的以太网中，RJ-45 是 8 芯线，通常只接 2 芯线。网卡自带两个状态指示灯，通过这两个指示灯颜色可判断网卡的工作状态。

（13）以太网类型命名方式

以太网标准中前面的数字表示传输速度，单位是"Mbps"，最后的一个数字表示单段网线长度（基准单位是 100m），Base 表示"基带"，Broad 代表"宽带"。

10Base-5 使用直径为 0.4in（1in＝2.54cm）、阻抗为 50Ω 的粗同轴电缆，也称粗缆以太网，最大网段长度为 500m，基带传输方法，拓扑结构为总线型。10Base-5 组网主要硬件有粗同轴电缆、带有 AUI 插口的以太网卡、中继器、收发器、收发器电缆、终结器等。

10Base-2 使用直径为 0.2in、阻抗为 50Ω 的细同轴电缆，也称细缆以太网，最大网段长度为 185m，基带传输，拓扑结构为总线型。10Base-2 组网主要硬件有：细同轴电缆、带 BNC 插口的以太网卡、中继器、T 形连接器、终结器等。

10Base-T 使用双绞线电缆，最大网段长度为 100m，拓扑结构为星型。10Base-T 组网主要硬件有 3 类或 5 类非屏蔽双绞线、带有 RJ-45 插口的以太网卡、集线器、交换机、RJ-45 插头等。

14.1.3 传输协议

（1）TCP/IP

就像人类的语言一样，要使计算机连成的网络能够互通信息，需要一组共同遵守的通信标准，这就是网络协议，不同的计算机之间必须使用相同的通信协议才能进行通信。在 Internet 中，TCP/IP 是使用最为广泛的通信协议。TCP/IP 是英文 Transmission Control Protocol/Internet Protocol 的缩写，即"传输控制协议/网际协议"。

在 Internet 上，传输控制协议和网际协议是配合进行工作的。网际协议（IP）负责将信息从一个主机传送到另一个主机。

为了安全，信息在传送的过程中被分割成一个个的小包。传输控制协议（TCP）负责收集这些信息包，并将其按适当的次序放好传送，在接收端收到后再将其正确地还原。传输协议保证了数据包在传送中准确无误。

尽管计算机通过安装 IP 软件，从而保证了计算机之间可以发送和接收数据，但 IP 还不能解决数据分组在传输过程中可能出现的问题。因此，若要解决可能出现的问题，连上 Internet 的计算机还需要安装 TCP 来提供可靠的并且无差错的通信服务。

TCP 被称作是一种端口对端口的协议。当一台计算机需要与另一台远程计算机连接时，TCP 会让计算机之间建立连接、发送和接收数据以及终止连接。

传输控制协议利用重发技术和拥堵控制机制，向应用程序提供可靠的通信连接，使它能够自动适应网上的各种变化。即使在 Internet 暂时出现拥堵的情况下，TCP 也能够保证通信的可靠。

Internet 是一个庞大的国际性网络，网络上的拥堵和空闲时间总是交替不定的，加上传送的距离也远近不同，所以传输数据所用时间也会变化不定。TCP 具有自动调整"超时值"

的功能，能很好地适应 Internet 上各种变化，确保传输数值的正确。

IP 只保证计算机能发送和接收分组数据，而 TCP 则提供一个可流控的、全双工的信息流传输服务。

虽然 IP 和 TCP 这两个协议的功能不尽相同，也可以分开单独使用，但它们是在同一时期作为一个协议来设计的，并且在功能上也是互补的。只有两者的结合，才能保证 Internet 在复杂的环境下正常运行。凡是要连接到 Internet 的计算机，都必须同时安装和使用这两个协议，因此在实际中常把这两个协议统称作 TCP/IP 协议。

（2）TCP/IP 通信协议的安装

在 Windows 中，如果未安装有 TCP/IP 通信协议，可选择"开始"→"设置"→"控制面板"→"网络和拨号连接"，右键单击"本地连接"选择"属性"将出现"本地连接属性"对话框，单击对话框中的"安装"按钮，选取其中的"TCP/IP 协议"，然后单击"添加"按钮，系统会询问是否要进行"DHCP 服务器"的设置，如果计算机在局域网内的 IP 地址是固定的（一般如此），可选择"否"。随后，系统开始从安装盘中复制所需的文件。

（3）TCP/IP 通信协议的设置

在"网络"对话框中选择已安装的 TCP/IP 协议，打开其"属性"，将出现"Internet 协议（TCP/IP）属性"的对话框。在指定的位置输入已分配好的"IP 地址"和"子网掩码"，在"默认网关"处输入网关的地址。

（4）UDP

UDP 全称是"用户数据报协议"，在网络中它与 TCP 一样用于处理数据包。UDP 不提供数据包分组、组装，不能对数据包进行排序，即当报文发送之后，无法得知报文是否安全完整到达的。UDP 的主要作用是将网络数据流量压缩成数据包的形式。一个典型的数据包就是一个二进制数据的传输单位。每一个数据包的前 8 个字节用做报头信息，其余字节则用做具体的传输数据。

（5）端口

TCP/IP 协议中的端口是逻辑意义上的端口。如果把 IP 地址比作一间房子，端口就是这间房子的门。一个 IP 地址的端口有 65536 个。端口是通过端口号来标记的，端口号只有整数，范围是从 0～65535。

一台拥有 IP 地址的主机可以提供许多服务，比如 Web 服务、FTP 服务、SMTP 服务等，这些服务是通过 1 个 IP 地址来实现。主机是通过"IP 地址＋端口号"来区分不同的服务的。

端口并不是一一对应的。某电脑作为客户机访问一台 WWW 服务器时，WWW 服务器使用"80"端口与电脑通信，但电脑则可能使用"3457"这样的端口。

按对应的协议类型，端口有两种：TCP 端口和 UDP 端口。由于 TCP 和 UDP 两个协议是独立的，因此各自的端口号也相互独立，比如 TCP 有 235 端口，UDP 也可以有 235 端口，两者并不冲突。

（6）报文（message）

报文是网络中交换与传输的数据单元，即站点一次性要发送的数据块。报文包含了将要发送的完整的数据信息，其长短很不一致，长度不限且可变。

报文也是网络传输的单位，传输过程中会不断地封装成分组、包、帧来传输，封装的方式就是添加一些信息段，是报文头以一定格式组织起来的数据。如里面有报文类型、报文版本、报文长度、报文实体等信息。

（7）字节（Byte）

字节是计算机信息技术用于计量存储容量的单位。1 字节等于 8 位（bit），1 Byte＝8bit。

14.2　机器人相关技术术语

（1）机器人控制器中使用的以太网标准

① 机器人控制器 CR750/CR751 使用以太网 100Base-TX。机器人控制器 CR800 使用以太网 1000Base-T。

② 可使用 TCP/IP 协议与以太网上的计算机进行通信。

（2）机器人连接以太网后的 3 个常用功能

机器人与上位机通过以太网连接后，在实际应用中，有三部分用途，如图 14-7 和表 14-3 所示。

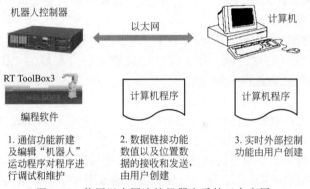

图 14-7　使用以太网连接机器人后的三大应用

表 14-3　机器人在以太网中的应用

序号	功能	备注
1	计算机与机器人控制器的通信功能。 计算机与机器人控制器进行通信，执行程序、编制/下载程序、监视工作状态等	最多可与 16 台机器人进行通信
2	数据链接功能。 使用 MELFA-BASIC Ⅴ/Ⅵ 语言（OPEN/PRINT/INPUT 指令），通过机器人程序与计算机进行数值/位置数据的数据读写	最多可与 8 台机器人的应用程序进行通信
3	实时外部控制功能。 可实时读取机器人位置指令数据并指令机器人动作。可在位置数据中指定关节/直交/电机脉冲。此外，也可同时进行输入输出信号的监视及信号输出。 通过 MXT 指令（MELFA-BASIC Ⅵ 语言）开始控制	• 为了控制机器人，需要由用户编写计算机侧的应用程序。 • 1 对 1 通信

第15章
以太网的连接和参数设置

15.1 以太网电缆的连接

如图 15-1 所示，将以太网电缆一端连接至机器人控制器 LAN 插口，一端连接至计算机的网卡接口。以太网电缆应使用交叉网线。

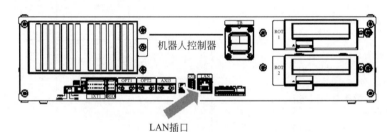

LAN插口

图 15-1 以太网电缆连接至机器人控制器

15.2 参数的设定

15.2.1 以太网参数一览表

机器人与以太网连接完成后，必须对参数进行设置。所需设置的参数如表 15-1 所示。设置参数后，将控制器的电源由 OFF→ON，参数生效。

表 15-1 以太网参数一览表

参数名称	内容	要素数	初始值	控制器通信功能	数据链接功能	实时控制功能
NETIP	机器人控制器的 IP 地址	字符串 1	192.168.0.20	Y	Y	Y
NETMSK	子网掩码	字符串 1	255.255.255.0	Y	Y	Y
NETPORT	端口编号范围 0～32767 实时控制用对应 COMDEV 的 OPT11～OPT19 （OPT11） （OPT12） （OPT13） （OPT14） （OPT15）	数值 10	10000 10001 10002 10003 10004 10005	Y	Y	Y

参数名称	内容	要素数	初始值	控制器通信功能	数据链接功能	实时控制功能
NETPORT	（OPT16） （OPT17） （OPT18） （OPT19）		10006 10007 10008 10009			
CPRCE11 CPRCE12 CPRCE13 CPRCE14 CPRCE15 CPRCE16 CPRCE17 CPRCE18 CPRCE19	协议 （OPT11） （OPT12） （OPT13） （OPT14） （OPT15） （OPT16） （OPT17） （OPT18） （OPT19）	数值9	0 0 0 0 0 0 0 0 0	N	Y	N
COMDEV	设置对应COM1～COM8的设备。 进行数据链接时需要设定	字符串8		N	Y	N
NETMODE	服务器设置 （OPT11） （OPT12） （OPT13） （OPT14） （OPT15） （OPT16） （OPT17） （OPT18） （OPT19）	数值9	1 1 1 1 1 1 1 1 1	N	Y	N
NETHSTIP	数据通信目标的服务器IP地址 （OPT11） （OPT12） （OPT13） （OPT14） （OPT15） （OPT16） （OPT17） （OPT18） （OPT19）	字符串9	 192.168.0.2 192.168.0.3 192.168.0.4 192.168.0.5 192.168.0.6 192.168.0.7 192.168.0.8 192.168.0.9 192.168.0.10	N	Y	N
MXTTOUT	实时外部控制指令超时时间	数值1 0～32767	−1	N	N	Y
NETGW	网关地址	字符串1	192.168.0.254	Y	Y	Y

注：Y—表示可应用；
　　N—表示不可应用。

15.2.2　各参数的详细解说

(1) NETIP (机器人控制器的 IP 地址)

设定机器人控制器的 IP 地址，IP 地址即网址，如图 15-2 所示。

图 15-2　设置 IP 地址

IP 地址以 0～255 之间的 4 个数字与其间的点（.）表示。例如，按照 192.168.0.1 或 10.97.11.31 的格式进行设定。将控制器与计算机以 1 对 1 进行直接连接时，IP 地址可以为初始值（任意值），但连接本地局域网络（LAN）时，应根据管理员设定 IP 地址进行设置。IP 地址重复时，不能正确动作，因此在设定时，应注意避免与其他 IP 地址重复。

设置原则是各通信设备的 IP 地址在同一网段内，即前 3 个数字相同，第 4 个数字不同。

(2) NETMSK (子网掩码)

设定机器人控制器的子网掩码。子网掩码是指 IP 地址中，用于定义子网的一组数字。子网掩码的格式以 0～255 之间的 4 个数字与其间的点（.）表示。例如，按照 255.255.255.0 或 255.255.0.0 的格式进行设定。通常，保持初始值不变即可。连接本地区域网络（LAN）时，应使用管理员设定的子网掩码。

子网掩码是用来判断任意两台计算机的 IP 地址是否属于同一子网络的依据。最为简单的理解就是两台计算机各自的 IP 地址与子网掩码进行 AND 运算后，如果得出的结果是相同的，则说明这两台计算机是处于同一个子网络上的，可以进行直接的通信。经过子网掩码运算后，可以判断两台设备是否在同一"网段"。

(3) NETPORT (端口编号)

设置机器人控制器的端口。机器人控制器的端口是指 TCP/IP 协议中逻辑意义上的端口。设置本参数时，有 9 个要素，第 1 个（要素编号 1）为"实时控制用"（图 15-3 对应为 10000）、第 2～第 10 个（要素编号 2～10）为传送机器人程序或数据链接用。分别以数值表现端口编号。通常保持初始值不变，无需进行更改。此外，应避免端口编号重复。第 2～第 10 个要素对应"通信对象设备 OPT11～OPT19"（图中 10001～10009 对应"通信对象设备 OPT11～OPT19"）。

图 15-3　设置 NETPORT（端口编号）

(4) CPRCE11～CPRCE19 (协议)

使用数据链接功能时，需要设定通信时的协议。

协议有：无步骤、有步骤、数据链接的 3 种类型。设定值为 0～2。

0：无步骤——使用计算机编程软件（RT ToolBox）时的协议。

1：有步骤——备用（由于不存在功能，因此请勿错误设定）。

2：数据链接——使用机器人程序的 OPEN/INPUT/PRINT 指令进行通信时的协议。

CPRCE11～CPRCE19 参数设置如图 15-4 所示。

图 15-4　设置 CPRCE11～CPRCE19（协议）参数

（5）COMDEV 对应 COM1～COM8 的通信设备

使用机器人执行数据链接时（如执行 OPEN 指令）需要指定通信口 COM1～COM8。使用数据链接功能时，COMDEV 参数用于设定与通信口 COM1～COM8 进行通信的"通信对象设备"。"通信对象设备"为 OPT11～OPT19。如图 15-5 所示。而设备 OPT11～OPT19 本身的"以太网参数"还必须用一组参数进行设置。如图 15-6、图 15-7 所示。

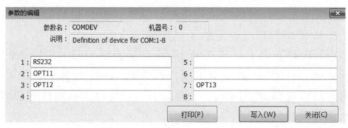

图 15-5　设置 COMDEV 参数

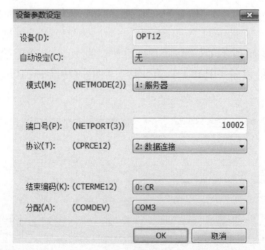

图 15-6　对 OPT11～OPT19 设备的具体通信参数的设置

（6）对"通信对象设备"进行的参数设置

如图 15-8 所示，对"通信对象设备"的详细参数设置如下。

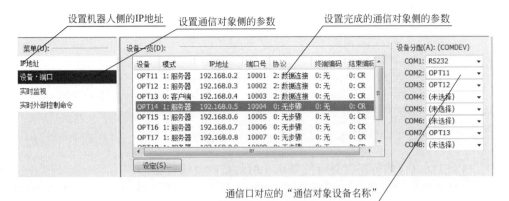

图 15-7 通信设备参数设置后的结果

图 15-8 对"通信对象设备"的详细参数设置

① 设备：OPT11。

② 模式（NETMODE）：以太网服务器模式。

图 15-9 NETMODE 参数设置图示

NETMODE 参数用于将"通信对象设备"定义为"服务器"还是"客户端"。如图 15-9 所示，NETMODE＝1 为服务器；NETMODE＝0 为客户端。

如果设置为"客户端"，就需要为通信对象 OPT11～OPT 19 设置 IP 地址。

③ IP 地址（NETHSTIP）："客户端" IP 地址。在设置 NETMODE 为"客户端"后，就弹出 IP 地址（NETHSTIP）设置框，设置以太网主机 Ethermet Host 的 IP 地址。如图 15-10 所示。

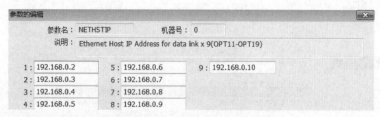

图 15-10　NETHSTIP 参数设置图

（7）MXTTOUT（执行实时外部控制指令时的超时时间设定）

执行实时外部控制指令时，需要设置通信时间限制，如果超时就报警。通信时间设置为 1 个控制周期（约 7.11ms）的倍数。如图 15-11 所示。

执行实时外部控制指令后，机器人控制器对未收到来自计算机的通信数据的时间进行计时，当时间达到 MXTTOUT 的设定值时，即报警（H7820）停止。例如，设置 MXT-TOUT＝1000，如果在约 7s 内没有收到通信数据即报警时。工厂出厂值设置为"无超时时间（－1）"，即不对 MXTTOUT 时间计时。

图 15-11　MXTTOUT 参数设置图示

（8）NETGW（网关地址）

与其他网段上的计算机通信时设定网关地址。如图 15-12 所示。

图 15-12　NETGW 参数设置图示

15.2.3　参数设置样例

（1）机器人 IP 地址设置

如图 15-13 所示。

① 在 RT ToolBox2 建立新工作区。

② 通信设定选择"TCP/IP"。

③ 点击"详细设定"设置 IP 地址为"192.168.0.20"。

④ 使用端口为 10001。

⑤ 点击"OK"，设置完成。

（2）电脑 IP 地址设置

如图 15-14 所示。

① 点击电脑"控制面板"。

② 点击"网络和 Interner 协议"。

图 15-13　设置 IP 地址

③ 点击"网络连接"。

④ 点击"更改适配器设置"。

⑤ 点击"本地连接"。

⑥ 点击"属性"。

⑦ 选择"TCP/IPv4"。

⑧ 设置"IP 地址"为"192.168.0.10"。子网掩码设置为 255.255.255.0。

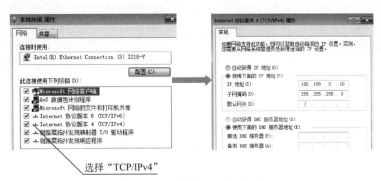

选择"TCP/IPv4"

图 15-14　电脑 IP 地址设置

⑨ 点击"确定",完成设置。

(3) 参数设定样例 1——常规通信

使用以太网传送工作程序以及调试程序时,设定示例如表 15-2。

表 15-2　常规通信 IP 地址设置

机器人 IP 地址	192.168.0.20
计算机 IP 地址	192.168.0.10
机器人端口编号	10001

(4) 参数设定示例 2-1——数据链接

使用数据链接功能,通信对象设备为 OPT13。"通信对象设备"为服务器时,设定示例如表 15-3、表 15-4 所示。

表 15-3　数据链接 IP 地址设置

机器人 IP 地址	192.168.0.20
计算机 IP 地址	192.168.0.10
机器人端口编号	10003
通信线路编号 使用 OPEN 指令的 COM 编号	COM3

表 15-4　参数的设置及更改

参数名称	更改前后	参数值
NETIP	前	192.168.0.20
	后	192.168.0.20(保持初始状态)
NETPORT	前	10000,10001～10009
	后	10000,10001～10009(保持初始状态)

参数名称	更改前后	参数值
CPRCE13	前	0
	后	2（数据链接）
COMDEV	前	……
	后	OPT13

将计算机的 IP 地址设定为 192.168.0.10。

（5）参数设定示例 2-2

使用数据链接功能，通信对象设备为 OPT13。"通信对象设备"为客户端时，设定示例如表 15-5、表 15-6 所示。

表 15-5 "通信对象设备"为客户端时的设定示例

机器人 IP 地址	192.168.0.20
计算机 IP 地址	192.168.0.10
机器人端口编号	10003
通信线路编号 使用 OPEN 指令的 COM 编号	COM3

表 15-6 参数的设置及更改

参数名称	更改前后	参数值
NETIP	前	192.168.0.20
	后	192.168.0.20（保持初始状态）
NETPORT	前	10000,10001～10009
	后	10000,10001～10009（保持初始状态）
CPRCE13	前	0
	后	2（数据链接）
COMDEV	前	……
	后	OPT13
NETMODE	前	1,1,1,1,1,1,1,1,1
	后	1,1,0,1,1,1,1,1,1
NETHSTIP	前	192.168.0.2,192.168.0.3,192.168.0.4,192.168.0.5,192.168.0.6, 192.168.0.7,192.168.0.8,192.168.0.9,192.168.0.10
	后	192.168.0.2,192.168.0.3,192.168.0.2,192.168.0.5,192.168.0.6, 192.168.0.7,192.168.0.8,192.168.0.9,192.168.0.10

注意：NETMODE 和 NETHSTIP 参数改变。

（6）参数设定示例 3——使用实时外部控制功能

使用实时外部控制功能时参数设定如表 15-7、表 15-8 所示。

表 15-7 使用实时外部控制功能时参数设定示例

机器人 IP 地址	192.168.0.20
计算机 IP 地址	192.168.0.10
机器人端口编号	10000

注意：端口编号固定为"10000"。

表 15-8　参数的设置及更改

参数名称	更改前后	参数值
NETIP	前	192.168.0.20
	后	192.168.0.20(保持初始状态)
NETPORT	前	10000,10001～10009
	后	10000,10001～10009(保持初始状态)
MXTTOUT	前	−1
	后	−1(保持初始状态)

15.3　连接检查

(1) 连接检查

在使用之前，应再次检查确认表 15-9 所示项目。

表 15-9　检查确认所示项目

编号	确认项目
1	示教单元是否已固定
2	控制器与计算机之间的以太网电缆是否正确连接
3	以太网电缆是否使用正确的电缆(将将计算机与控制器 1 对 1 进行直接连接时,为交叉电缆。通过 LAN 使用集线器时,变为直通电缆)
4	控制器的参数是否设定正确
5	参数设定后,是否执行电源由 ON→OFF

(2) 通过 Windows 的 ping 指令确认连接的方法

使用 Windows 的 ping 指令确认连接的方法如图 15-15 所示。

从 Windows 的"开始"→"程序"菜单启动 MS-DOS 提示符（命令提示符），并如下所示指定机器人控制器的 IP 地址。

通信正常时，显示"Reply from……"

通信异常时，显示"Request Time out"。

也可操作如下："开始"→"运行"→cmd→ping。

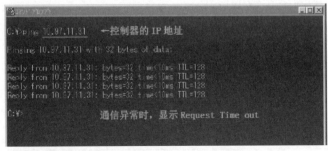

图 15-15　运行 ping 指令

第16章
机器人的编程及通信

16.1 控制器通信功能

通信功能指在计算机上使用编程软件与机器人控制器进行通信，操作流程如图 16-1。

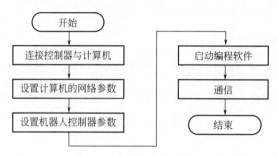

图 16-1　通信功能操作流程

16.1.1 连接控制器与计算机

将控制器与计算机使用以下以太网电缆进行连接，如表 16-1 所示。

表 16-1　控制器与计算机连接使用的以太网电缆

机器人控制器	以太网电缆
CR750/751 系列	100Base-TX 对应电缆
CR800-R 系列	100Base-TX 对应电缆
CR800-D 系列	1000Base-TX 对应电缆

16.1.2 计算机的网络参数的设定

设置计算机侧 IP 地址为 192.168.0.10。

16.1.3 设置控制器参数

接通机器人控制器的电源，如表 16-2 所示设定参数。若保持出厂时的设定不变，则可以不更改参数直接进行使用。

表 16-2　控制器参数

参数名称	更改前后	参数值
NETIP	前	192.168.0.20
	后	192.168.0.20(保持初始状态)

参数名称	更改前后	参数值
NETPORT	前	10000,10001～10009
	后	10000,10001～10009(保持初始状态)

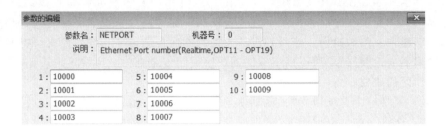

设定参数后，应重新接通一次机器人控制器的电源。

16.1.4　编程软件的通信设定

启动计算机编程软件 RT ToolBox 进行通信设定。将"通信设定"设置为"TCP/IP""IP 地址"设定为"192.168.0.20"。操作方法如图 16-2 所示。

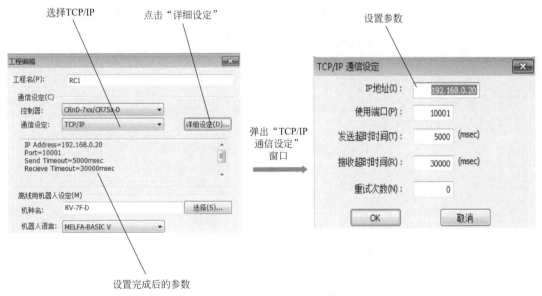

图 16-2　机器人通信参数设置

① 点击工程名"RC1"。

② 点击"通信设定"，选择"TCP/IP"。

③ 点击"详细设定"，弹出"TCP/IP 通信设定框"，设置 IP 地址，设置"端口号"。

④ 设置结果显示在主框内。

16.1.5　通信

通过编程软件 RT ToolBox 进行通信。

16.2 程序的编制调试管理

16.2.1 编制程序

编程软件 RT ToolBox 有"离线"和"在线"模式，大多数编程是在离线模式下完成的，在需要调试和验证程序时则使用"在线"模式。在"离线"模式下编制完成的程序要首先保存在电脑里，在调试阶段，连接到机器人控制器后再选择"在线"模式，将编制完成的程序写入"机器人控制器"。所以以下叙述的程序编制等全部为"离线"模式。

（1）工作区的建立

"工作区"就是一个总项目。"工程"就是总项目中每一台机器人的工作内容（程序、参数）。一个"工作区"内可以设置 32 个工程。新建一个工作区的方法如下：

① 打开 RT ToolBox 软件。

② 点击"工作区"→"新建"，弹出如图 16-3 所示的"新建工作区"对话框，设置"工作区对话框""标题"，点击"OK"。这样，一个新工作区设置完成，同时弹出如图 16-4 所示的"工程编辑"。

图 16-3 "新建工作区"对话框

（2）工程需要设置的内容

需要设置的内容如图 16-4 所示。

① 工程名称。

② 机器人控制器型号。

③ 与计算机的通信方式（如 USB、以太网）。

④ 机器人型号。

⑤ 机器人语言。

⑥ 行走台工作参数设置。

在一个工作区内可以设置 32 个"工程"。如图 16-5 所示，在一个工作区内设置了 4 个"工程"。

（3）程序的编辑

编辑程序时，菜单栏中有"文件（F）""编辑（E）""调试（D）""工具（T）"项目。各项目所含的内容如下。

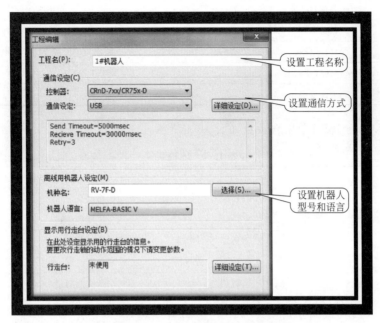

图 16-4　"工程编辑"对话框

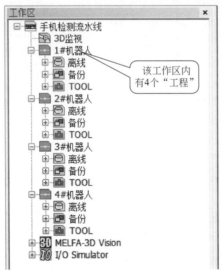

图 16-5　一个工作区内设置了 4 个"工程"

① 文件菜单　文件菜单所含项目如表 16-3 所示。

表 16-3　文件菜单

项目	说明
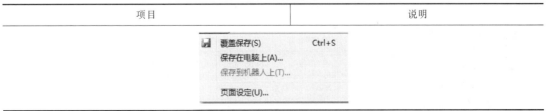	

项目	说明
覆盖保存	以现程序覆盖原程序
保存在电脑上	将编辑中的程序保存在电脑上
保存到机器人上	将编辑中的程序保存到机器人控制器
页面设定	设置打印参数

② 编辑菜单　编辑菜单所含项目如表 16-4 所示。

表 16-4　编辑菜单

项目	说明
还原	撤销本操作
Redo	恢复原操作(前进一步)
还原-位置数据	撤销位置数据
Redo-位置数据	恢复位置数据(前进一步)
剪切	剪切选中的内容
复制	复制选中的内容
粘贴	把复制、剪切的内容粘贴到指定位置
复制-位置数据	对位置数据进行复制
粘贴-位置数据	对复制的位置数据进行粘贴
检索	查找指定的字符串
从文件检索	在指定的文件中进行查找
替换	执行替换操作
跳转到指定行	跳转到指定的程序行号
全写入	将编辑的程序全部写入机器人控制器
部分写入	将编辑的程序的选定部分写入机器人控制器
选择行的注释	将选择的程序行变为"注释行"
选择行的注释解除	将"注释行"转为程序指令行
注释内容的统一删除	删除全部注释
命令行编辑-在线	调试状态下编辑指令
命令行插入-在线	调试状态下插入指令
命令行删除-在线	调试状态下删除指令

③ 调试菜单　调试菜单所含项目如表 16-5 所示。

表 16-5　调试菜单

项目	说明
设定断点	设定单步执行时的"停止行"
解除断点	解除对"断点"的设置
解除全部断点	解除对全部"断点"的设置
总是显示执行行	在执行行显示光标

④ 工具菜单　工具菜单所含项目如表16-6所示。

表 16-6　工具菜单

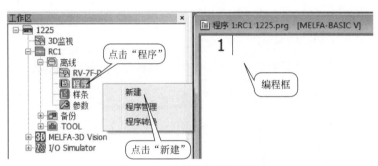

项目	说明
语法检查	对编辑的程序进行"语法检查"
指令模板	提供标准指令格式供编程使用
直交位置数据统一编辑	对"直角位置数据"进行统一编辑
关节位置数据统一编辑	对"关节位置数据"进行统一编辑
节拍时间测量	在模拟状态下对选择的程序进行运行时间测量
选项	设置编辑的其他功能

(4) 新建和打开程序

① 新建程序　在"工程树"点击"程序"→"新建"，弹出程序名设置框。设置程序名后弹出编程框，如图16-6所示。

② 打开　在"工程树"点击"程序"，弹出原有排列程序框。选择程序名后点击"打开"弹出编程框，如图16-6所示。

图 16-6　新建及打开编程框

(5) 编程注意事项

① 无需输入程序行号，软件自动生成"程序行号"。

② 输入指令不区分大小写字母，软件自动转换。

③ 直交位置变量、关节位置变量在各自编辑框内编辑；位置变量的名称不区分大小写字母。位置变量编辑时，有"追加""变更""删除"等按键。

④ 编辑中的辅助功能如剪切、复制、粘贴、检索（查找）、替换与一般软件的使用方法相同。

⑤ 位置变量的统一编辑：本功能用于大量的位置变量需要统一修改某些轴的（可以加减或直接修改）的场合，可用于机械位置发生相对移动的场合。点击"工具"→"位置变量统一编辑"就弹出如图16-7画面。

⑥ 全写入。本功能是将"当前程序"写入机器人控制器中。点击菜单栏的"编辑"→"全写入"，在确认信息显示后，点击"是"。这是本软件特有的功能。

⑦ 语法检查。语法检查用于检查所编辑的程序在语法上是否正确，在向控制器写入程序前执行。点击菜单栏的"工具"→"语法检查"。语法上有错误的情况下，会显示发生错误的程序行和错误内容，如图16-8。语法检查功能是经常使用的。

⑧ 指令模板。指令模板就是"标准的指令格式"。如果编程者记不清楚程序指令，可以

使用本功能。本功能可以显示全部的指令格式，只要选中该指令双击后就可以插入到程序指令编辑位置处。

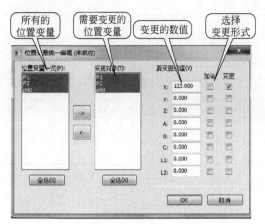

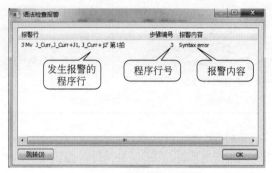

图 16-7　位置变量统一编辑　　　　　　　　图 16-8　语法检查报警框

使用方法：点击菜单栏的"工具"→"指令模板"，弹出如图 16-9 所示"指令模板"对话框。

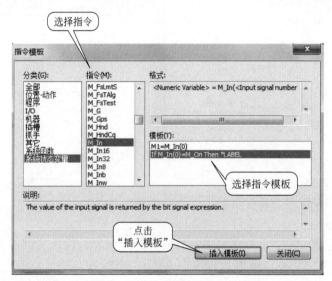

图 16-9　"指令模板"对话框

⑨ 选择行的注释/选择行的注释解除。本功能是将某一程序行变为"注释文字"或解除这一操作。在实际编程中，特别是对于使用中文进行程序注释时，可能会一行一行先写中文注释，最后再写程序指令。因此，可以先写中文注释，然后使用本功能将其全部变为"注释信息"。这是一种简便的方法。

在指令编辑区域中，选中要转为注释的程序行，点击菜单栏的"编辑"→"选择行的注释"。选中的行的开头会加上注释文字标志"'"，变为注释信息。另外，选中需要解除注释的行后，再点击菜单栏的"编辑"→"选择行的注释解除"，就可以解除选择行的注释。

(6) 位置变量的分类

位置变量的编辑是最重要的工作之一。位置变量分为：直交型变量和关节型变量。

在进行位置变量编辑时首先要分清是"直交型变量"还是"关节型变量"。

位置变量编辑如图 16-10 所示。首先区分是"位置型变量"还是"关节型变量",如果要增加一个新的位置点,点击"追加"键,弹出"位置数据的编辑"对话框,如图 16-10。在"位置数据的编辑"对话框中需要设置以下项目。

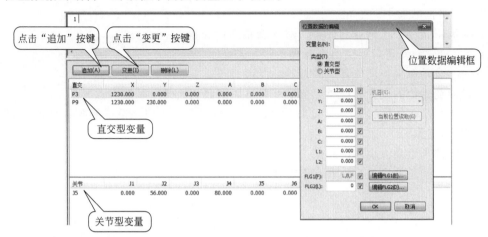

图 16-10　位置变量编辑

(7) 编辑位置变量需要设置的项目

① 设置变量名称:

直交型变量设置为 P＊＊＊,注意以 P 开头,如 P1,P2,P10。

关节型变量设置为 J＊＊＊,注意以 J 开头,如 J1,J2,J10。

② 选择变量类型:选择是直交型变量还是关节型变量。

③ 设置位置变量的数据:设置位置变量的数据有 2 种方法:

a. 读取当前位置数据。当使用示教单元移动到"工作目标点"后,直接点击"当前位置读取"键,在左侧的数据框立即自动显示"工作目标点"的数据,点击"OK",即设置了当前的位置点。这是常用的方法之一。

b. 直接设置数据。根据计算,直接将数据设置到对应的数据框中。点击"OK",即设置了位置点数据。如果能够用计算方法计算运行轨迹,则用这种方法,如图 16-11 所示。

④ 数据修改:如果需要修改"位置数据",操作方法如下,如图 16-10 所示。

a. 选定需要修改的数据。

b. 点击"变更"按键,弹出如图 16-10 所示"位置数据的编辑"对话框。

c. 修改位置数据。

d. 点击"OK",数据修改完成。

⑤ 数据删除:如果需要删除"位置数据",操作方法如下,如图 16-10 所示。

a. 选定需要删除的数据;

b. 点击"删除"按键,点击"YES",数据删除完成。

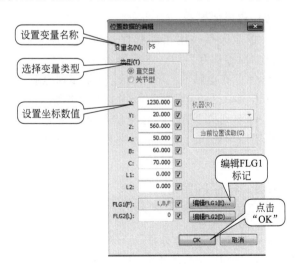

图 16-11　直接设置数据

(8) 编辑辅助功能

点击"工具"→"选项",弹出编辑窗口的"选项"窗口,如图 16-12 所示。该选项窗口有以下功能:

① 调整"编辑窗口"各分区的大小,即调节程序编辑框、直交位置数据编辑框、关节位置数据编辑框的大小。

② 对编辑指令语法检查的设置。对编辑指令的正确与否进行自动检查,可在写入机器人控制器之前,自动进行语法检查并提示。

③ 对"自动取得当前位置"的设置。

④ 返回初始值的设置。如果设置混乱,可以回到初始值重新设置。

⑤ 对指令颜色的设置。为看起来方便,对不同的指令类型、系统函数、系统状态变量标以不同的颜色。

⑥ 对字体类型及大小的设置。

⑦ 对背景颜色的设置。为看起来方便,可以对屏幕设置不同的背景颜色。

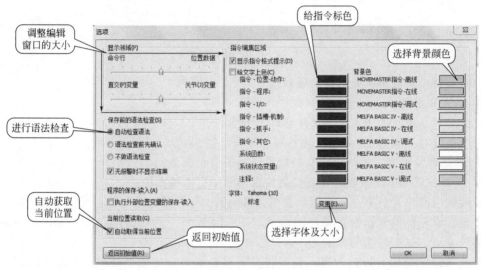

图 16-12 "选项"窗口

(9) 程序的保存

① 覆盖保存　用当前程序"覆盖"原来的(同名)程序并保存。点击菜单栏的"文件"→"覆盖保存"后,进行覆盖保存。

② 保存在电脑上　将当前程序保存到电脑上。应该将程序经常保存到电脑上,以免丢失。点击菜单栏的"文件"→"保存在电脑上"。

③ 保存到机器人上　在电脑与机器人连线后,将当前编辑的程序保存到机器人控制器。调试完毕一个要执行的程序后当然是要保存到机器人控制器。点击菜单栏的"文件"→"保存到机器人上"。

16.2.2　程序的管理

(1) 程序管理

程序管理是指以"程序"为对象,对"程序"进行复制、移动、删除、名字的变更、比较等操作。操作方法如下。点击"程序"→"程序管理",弹出如图 16-13 所示"程序管理"框。

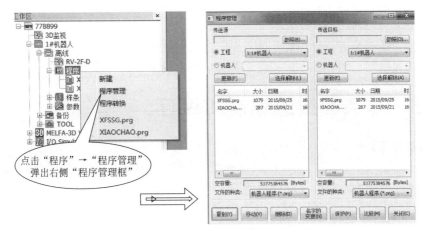

图 16-13 "程序管理"框

程序管理框分为左右两部分，如图 16-14。左边为"传送源"区域，右边为"传送目标"区域。每一区域内又可以分为：

① 工程区域——该区域的程序在电脑上。

② 机器人控制器区域。

③ 存储在电脑其他文件夹的程序。

选择某个区域，某个区域内的"程序"就以"一览表"的形式显示出来。对程序的复制、移动、删除、名字的变更、比较等操作就可以在以上 3 个区域内进行。

如果左右区域相同，则可以进行复制、删除、名字的变更、比较操作，但无法进行"移动"操作。

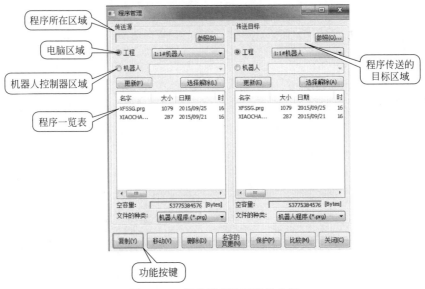

图 16-14 程序管理的区域及功能

程序的复制、移动、删除、名字的变更、比较等操作与一般软件相同，根据提示框提示就可以操作。

（2）保护的设定

保护功能是指对于被保护的文件，不允许进行移动、删除、名字的变更等操作。保护功能仅仅对机器人控制器内的程序有效。

操作方法：选择要进行保护操作的程序，能够同时选择多个程序，左右两边的列表都能选择。点击"保护"按钮，在"保护设定"对话框中设定后执行保护操作。

16.2.3 样条曲线的编制和保存

（1）编制样条曲线

点击"工程树"中"在线"→"样条"，弹出一小窗口，选择"新建"弹出窗口如图 16-15。

由于样条曲线是由密集的"点"构成的，所以在图 16-15 所示的窗口中，各"点"按表格排列，通过点击"新行追加"键可以追加新的"点"。在图 16-15 的右侧是对"位置点"的编辑框，可以使用示教单元移动机器人通过"当前位置读取"获得新的"位置点"，也可以通过计算直接编辑位置点。

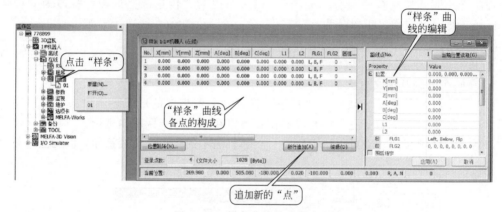

图 16-15 样条曲线的编辑窗口

（2）保存

当样条曲线编制完成后，需要保存该文件，操作方法是点击"文件"→"保存"，该样条曲线文件就被保存。图 16-16 是样条文件的保存窗口。图 16-17 显示了已经制作并保存的样条曲线。

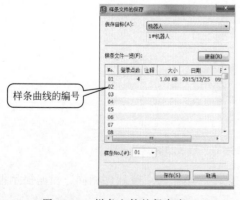

图 16-16 样条文件的保存窗口

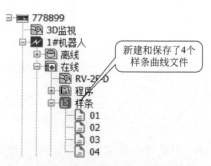

图 16-17 样条曲线的显示

在加工程序中使用"MVSPL"指令直接可以调用"＊＊"号样条曲线。这对于特殊运行轨迹的处理是很有帮助的。

16.2.4　程序的调试

(1) 进入调试状态

从"工程树"的"在线"→"程序"中选择程序，点击鼠标右键，在弹出窗口中点击"调试状态下打开"，弹出如图 16-18 所示窗口。

(2) 调试状态下的程序编辑

调试状态下，通过菜单栏的"编辑"→"命令行编辑-在线""命令行插入-在线""命令行删除-在线"选项来编辑、插入和删除相关指令。如图 16-19 所示。

位置变量可以和通常状态一样进行编辑。

(3) 单步执行

如图 16-20，点击"操作面板"上的"前进""后退"按键，可以一行一行地执行程序。"继续"是使程序从"当前行"开始执行。

(4) 操作面板上各按键和显示器上的功能

① 状态　显示控制器的任务区的状态。显示"待机中""可以选择程序"。

② OVRD　显示和设定速度比率。

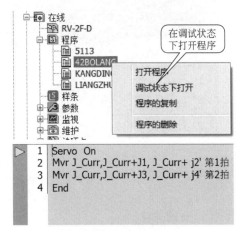

图 16-18　调试状态窗口

图 16-19　调试状态下的程序编辑

③ 速度比率　可跳转到指定的程序行号。

④ 停止　停止程序。

⑤ 单步　一行一行执行指定的程序。点击"前进"按钮，执行当前行；点击"后退"按钮，执行上一行程序。

⑥ 继续执行　程序从当前行开始继续执行。

⑦ 伺服 ON/OFF　伺服 ON/OFF。

⑧ 复位　复位当前程序及报警状态。可选择新的程序。

⑨ 直接执行　和机器人程序无关，可以执行任意的指令。

⑩ 3D　显示机器人的 3D 监视。

(5) 断点设置

在调试状态下，可以对程序设定"断点"。所谓"断点功能"，是指设置一个"停止位置"。程序运行到此位置就停止。

在调试状态下，单步执行以及连续执行时，会在设定的"断点程序行"停止执行程序。

停止后，再启动又可以继续单步执行。

断点最多可设定 128 个，程序关闭后全部解除。断点有以下 2 种：

① 继续断点：即便停止以后，断点仍被保存。

② 临时断点：停止后，断点会在停止的同时被自动解除。

断点的设置如图 16-21 所示。

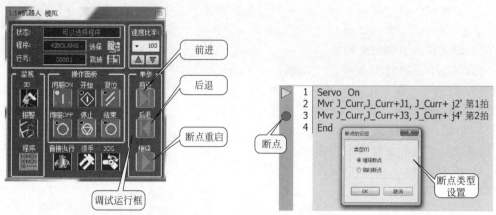

图 16-20　操作面板的各调试按键功能　　　　图 16-21　断点的设置

(6) 位置跳转

"位置跳转"功能是指选择某个"位置点"后直接运动到该"位置点"。

位置跳转的操作方法如下，如图 16-22 所示。

① （在有多个机器人的情况下）选择需要使其动作的机器人。

② 选择移动方法（MOV：关节插补移动；MVS：直线插补移动）。

③ 选择要移动的位置点。

④ 点击"Pos. Jump"按钮。

在实际使机器人动作的情况下，会显示提醒注意的警告。

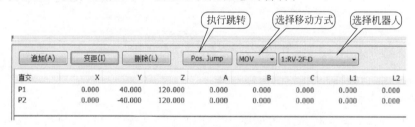

图 16-22　位置跳转的操作方法

(7) 退出调试状态

要结束调试状态，点击程序框中的"关闭"图标即可，如图 16-23 所示。

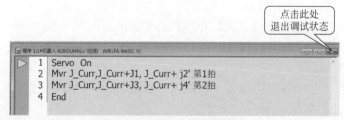

图 16-23　关闭"调试状态"

16.3　参数设置

参数设置是本软件的重要功能。可以在软件上或示教单元上对机器人设置参数。各参数的功能已经在第 8 章做了详细说明，在对参数有了正确理解后用本软件可以快速方便地设置参数。

16.3.1　使用参数一览表

点击"工程树"中"离线"→"参数"→"参数一览"，弹出如图 16-24 所示的参数一览表。参数一览表按参数的英文字母"顺序"排列，双击需要设置的参数后，弹出该参数的设置框，如图 16-25，根据需要进行设置。

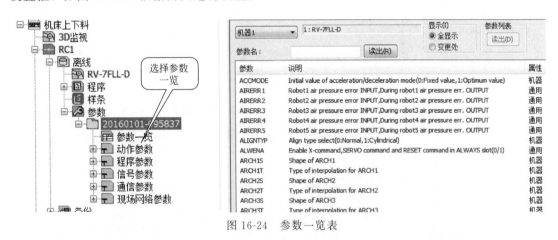

图 16-24　参数一览表

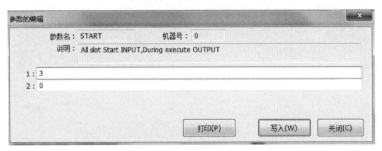

图 16-25　参数设置框

使用参数一览表的好处是可以快速地查找和设置参数，特别是知道参数的英文名称时。

16.3.2　按功能分类设置参数

为了按同一类功能设置参数，本软件还提供了按参数功能分类设置的方法。这种方法很实用，在实际调试设备时通常使用这一方法。本软件将参数分为以下几大类：

① 动作参数；

② 程序参数；

③ 信号参数；

④ 通信参数；

⑤ 现场网络参数。

每一大类又分为若干小类。

图 16-26 动作参数分类

（1）动作参数

① 动作参数分类　点击"动作参数"，展开如图 16-26 所示窗口，这是动作参数内的各小分类，根据需要选择。

② 设置具体参数　操作方法：点击"离线"→"参数"→"动作参数"→"动作范围"，弹出如图 16-27 所示的动作范围设置框，在其中可以设置各轴的"关节动作范围"、在直角坐标系内的动作范围等，既明确又快捷。

（2）程序参数

① 程序参数分类　点击"程序参数"，展开图 16-28 所示窗口，这是程序参数内的各小分类，根据需要选择。

② 设置具体参数　操作方法：点击"离线"→"参数"→"程序参数"→"插槽表"，弹出如图 16-29 所示的"插槽表"，在其中可以设置需要预运行的程序（插槽，即"任务区"）。

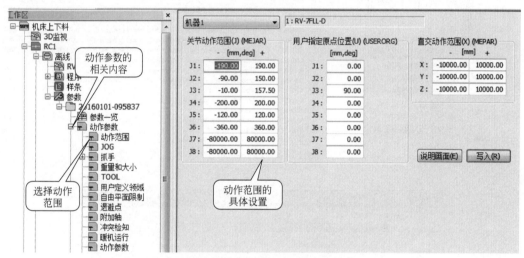

图 16-27 设置具体动作参数

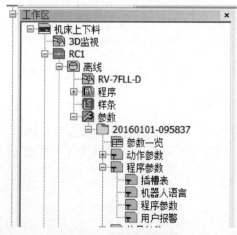

图 16-28 程序参数分类

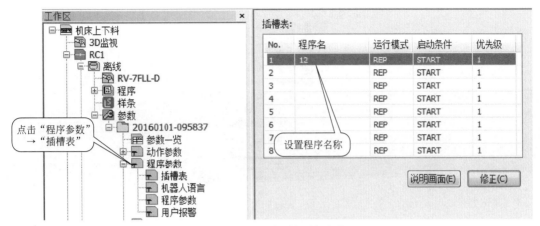

图 16-29　设置具体程序参数

（3）信号参数

① 信号参数分类　点击"信号参数"，展开如图 16-30 窗口，这是信号参数内的各小分类，根据需要选择。

② 设置具体参数　操作方法：点击"离线"→"参数"→"信号参数"→"专用输入输出信号分配"→"通用1"，弹出如图 16-31 所示的专用输入输出信号设置框，在其中可以设置相关的输入输出信号。"专用输入输出信号"的定义和功能在第 5 章中有详细叙述。

（4）通信参数

① 通信参数分类　点击"通信参数"，展开如图 16-32 窗口，这是通信参数内的各小分类，根据需要选择。

② 设置具体参数　操作方法：点击"离线"→"参数"→"通信参数"→"Ethernet 设定"，弹出如图 16-33 所示的 Ethernet 通信参数设置框，在其中可以设置相关的通信参数。

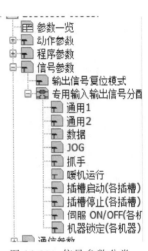

图 16-30　信号参数分类

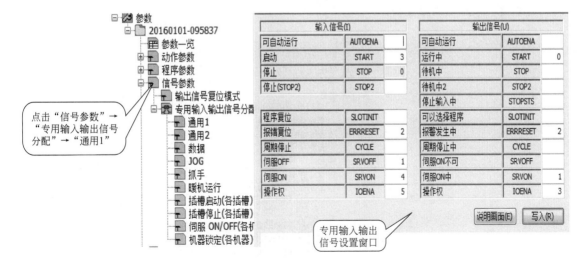

图 16-31　设置具体信号参数

189

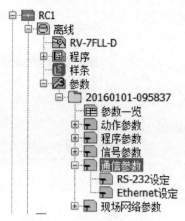

图 16-32　通信参数分类

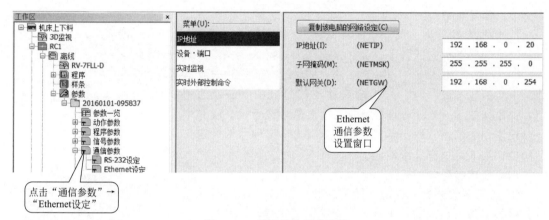

图 16-33　设置具体通信参数

（5）现场网络参数

　　现场网络参数分类：点击"现场网络参数"，展开如图 13-34 窗口，这是现场网络参数内的各小分类，根据需要选择。

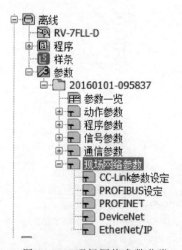

图 16-34　现场网络参数分类

16.4　监视"机器人工作状态"

16.4.1　动作监视

(1) 任务区状态监视

监视对象：任务区的工作状态，即显示任务区（SLOT）是否可以写入新的程序。如果该任务区内的程序正在运行，就不可写入新的程序。

点击"监视"→"动作监视"→"插槽状态"，弹出"插槽状态监视框"。"插槽（SLOT）"就是"任务区"，如图 16-35。

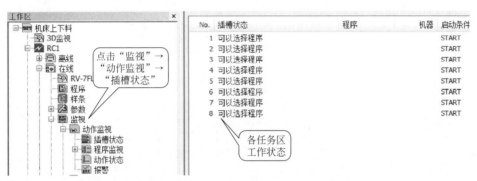

图 16-35　插槽状态监视框

(2) 程序监视

监视对象：任务区内正在运行的程序的工作状态，即正在运行的"程序行"。

点击"监视"→"动作监视"→"程序监视"，弹出程序监视框，如图 16-36。

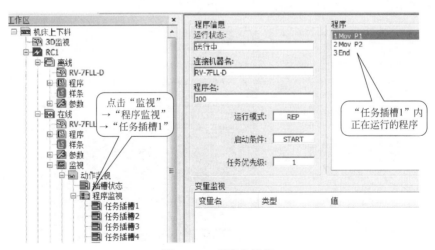

图 16-36　程序监视框

(3) 动作状态监视

监视对象：

① 直交系坐标中的当前位置；

② 关节系坐标中的当前位置；

③ 抓手状态 ON/OFF；

④ 当前运行速度；

⑤ 伺服 ON/OFF 状态。

点击"监视"→"动作监视"→"动作状态"，弹出动作状态框，如图 16-37 所示。

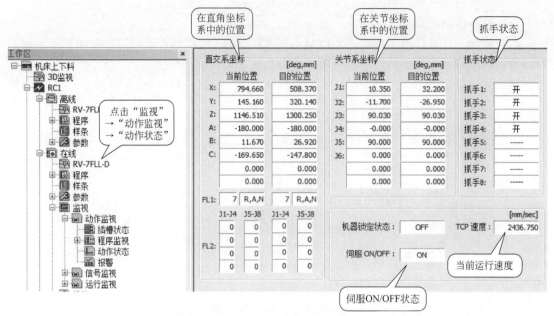

图 16-37　动作状态框

（4）报警内容监视

点击"监视"→"动作监视"→"报警"，弹出报警框，如图 16-38。在报警框内显示报警号、报警信息、报警时间等内容。

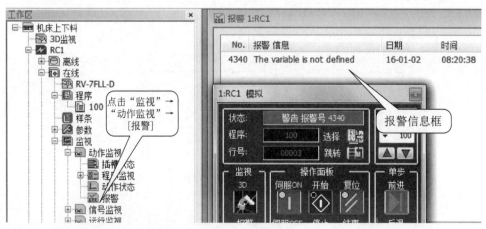

图 16-38　报警框

16.4.2　信号监视

（1）通用信号的监视和强制输入输出

功能：用于监视输入输出信号的 ON/OFF 状态。

点击"监视"→"信号监视"→"通用信号",弹出通用信号框,如图 16-39。在通用信号框内除了监视当前输入输出信号的 ON/OFF 状态以外,还可以:

① 模拟输入信号;

② 设置监视信号的范围;

③ 强制输出信号 ON/OFF。

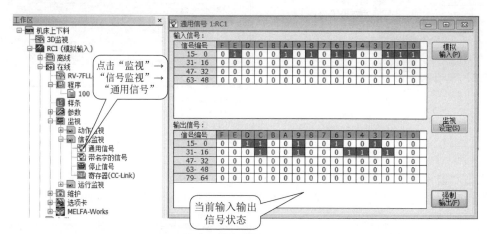

图 16-39　通用信号框的监视状态

(2) 对已经命名的输入输出信号监视

功能:用于监视已经命名的输入输出信号的 ON/OFF 状态。

点击"监视"→"信号监视"→"带名字的信号",弹出带名字的信号框,如图 16-40。在带名字的信号框内可以监视已经命名的输入输出信号的 ON/OFF 状态。

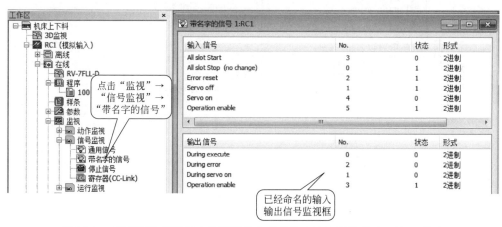

图 16-40　带名字的信号框内监视已经命名的输入输出信号的 ON/OFF 状态

(3) 对停止信号以及急停信号监视

功能:用于监视停止信号以及急停信号的 ON/OFF 状态。

点击"监视"→"信号监视"→"停止信号",弹出停止信号框,如图 16-41。在停止信号框内可以监视停止信号以及急停信号的 ON/OFF 状态。

16.4.3　运行监视

功能:用于监视机器人系统的运行时间。

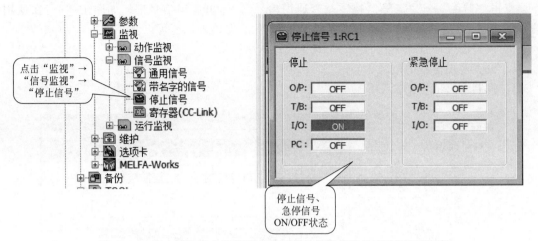

图 16-41　停止信号框内监视停止信号以及急停信号的 ON/OFF 状态

　　点击"监视"→"运行监视"→"运行时间"，弹出运行时间框，如图 16-42。在运行时间框内可以监视"电源 ON 时间""运行时间""伺服 ON 时间"等内容。

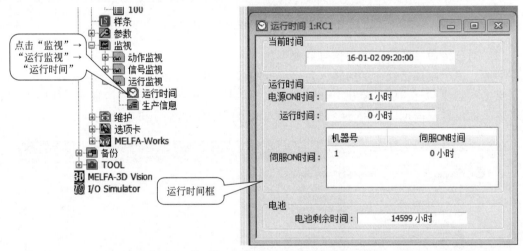

图 16-42　运行时间框

第17章
计算机与机器人的数据链接功能

17.1 数据链接功能的执行流程

数据链接功能指在计算机与机器人控制器之间（通过以太网）进行数据的"读"或"写"。机器人的编程指令 Open/Print/Input 可通过以太网执行"读"或"写"。通信过程如图 17-1、图 17-2 所示。编程指令的大小写由软件判断。

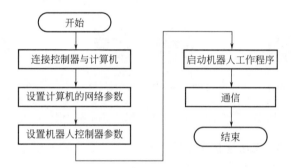

图 17-1　数据链接功能的执行流程

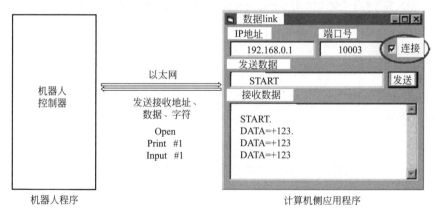

图 17-2　通信过程

例如，以 OPT13 为通信对象设备，建立 COM3 通信线路，经由 COM3 传递的文件被定义为♯1 文件。

（1）设定参数

COMDEV＝OPT13、NETPORT＝10003。

（2）机器人一侧程序

10pen"COM3:"As♯1'——以 OPT13 为通信对象设备,建立 COM3 通信线路,经由 COM3 传递的文件被定义为♯1文件。

2Input♯1,C1$ '——读取♯1文件,读取的内容存放在"C1$"。

3Print♯1,"Reply",C1$ '——向♯1文件写入"Reply"字符串。

4Close♯1' ——关闭通信线路。

5Hlt' ——暂停。

17.2 设置参数

数据链接功能中,NETMODE 用于设置"通信对象设备"为"服务器"或"客户端"。按图 17-3 所示进行设置。

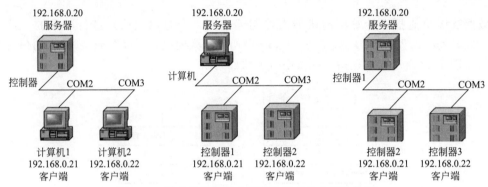

图 17-3 设备参数设置中的服务器或客户端的设置

一个线路信号 COMn 无法连接多个客户端。将机器人控制器设为服务器连接多个客户端时,应改变线路信号后连接。

17.3 数据链接中机器人的相关编程指令

17.3.1 Open 指令

(1) 功能

本指令为"建立通信线路"指令,也用于定义"文件"。

(2) 指令格式

Open "<文件名>" [For<模式>] As [♯]<文件号码>

① <文件名>——记叙文件名。如果使用"通信端口"则为"通信端口名"(即文件是从"通信端口"传过来的)。

② <模式>

Input——输入模式(从指定的文件里读取数据)。

Output——输出模式(写数据到指定的文件)。

APPEND——搜索模式。

如果省略了"模式指定",则为"搜索模式"。

(3) 指令例句 1(通信端口类型)

1 Open"COM1:"As♯1' ——指定 COM1 为通信口。从 COM1 传送过来的文件作为♯1 文件(相当于启用 COM1 通信通道)。

2 MovP_01′——移动到 P_01 点。

3 Print#1,P_Curr′——将当前位置值"(100.00,200.00,300,00,400.00)(7,0)"输出到♯1 文件。

4 Input#1,M1,M2,M3′——读取♯1 文件中的数据"101.00,202.00,303.00"到 M1,M2,M3。

5 P_01.X＝M1

6 P_01.Y＝M2

7 P_01.C＝Rad(M3)

8 Close′——关闭通信通道。

End

（4）指令例句 2（文件类型）

1 Open"temp.txt"For Append As♯1′——将名为"temp.txt"的文件定义为♯1 文件(相当于对文件名的简化)。

2 Print#1,"abc"′——向♯1 文件上写"abc"。

3 Close#1′——关闭♯1 文件。

17.3.2　Print 输出数据指令

（1）功能
向指定的文件输出数据。

（2）指令格式

Print　#＜文件号＞　＜数据式 1＞,＜数据式 2＞,＜数据式 3＞

＜数据式＞——可以是数值表达式、位置表达式、字符串表达式

（3）指令例句 1

1 Open"temp.txt"For Append As♯1′——将"temp.txt"文件定义为♯1 文件并启用链接。

2 MDATA＝150′——设置 MDATA＝150。

3 Print#1,"*** Print TEST*** "′——向♯1 文件输出字符串"*** Print TEST*** "。

4 Print#1′——输出"换行符"。

5 Print#1,"MDATA=",MDATA′——输出字符串"MDATA="之后,接着输出 MDATA 的具体数据 150。

6 Print#1′——输出"换行符"。

7 Print#1,"**************** "′——输出字符串"**************** "。

8 End

输出结果如下：

Print TEST

MDATA＝150

****

（4）说明
① Print 指令后为"空白",即表示输出换行符,注意其应用。

② 字符串最大为 14 个字符。

③ 多个数据以逗号分隔时,输出结果的多个数据有空格。

④ 多个数据以分号分割时,输出结果的多个数据之间无空格。

⑤ 以双引号标记字符串。

⑥ 必须输出换行符。

（5）指令例句 2

1 M1＝123.5

2 P1＝(130.5,－117.2,55.1,16.2,0.0,0.0)(1,0)

3 Print♯1,″OUTPUT TEST″,M1,P1′——以逗号分隔。

输出结果如下：(数据之间有空格)

OUTPUT TEST 123.5　(130.5,－117.2,55.1,16.2,0.0,0.0)(1,0)

(6) 指令例句3

3 Print♯1,″OUTPUT TEST″;M1;P1′——以分号分隔

输出结果：数据之间无空格。

OUTPUT TEST 123.5(130.5,－117.2,55.1,16.2,0.0,0.0)(1,0)

(7) 指令例句4

在语句后面加逗号或分号,不会输出换行结果。

3 Print♯1,″OUTPUT TEST″,′——以逗号结束。

4 Print♯1,M1;′——以分号结束。

5 Print♯1,P1

输出结果：

OUTPUT TEST 123.5(130.5,－117.2,55.1,16.2,0.0,0.0)(1,0)

17.3.3　Input 输入数据指令

(1) 功能

从指定的文件中读取"数据",读取的数据为 ASCII 码。

(2) 指令格式

Input　♯＜文件编号＞＜输入数据存放变量＞[＜输入数据存放变量＞]...

① ＜文件编号＞——指定被读取数据的文件号。

② ＜输入数据存放变量＞——指定读取数据存放的变量名称。

(3) 指令例句

1 Open″temp.txt″For Input As♯1′——设定″temp.txt″文件为 1♯文件。

2 Input♯1,CABC$ ′——读取 1♯文件：读取时从"起首"到"换行"为止的数据被存放到变量"CABC$ "中(全部为 ASCII 码)。

……

10 Close♯1′——关闭 1♯文件。

(4) 说明

如果文件 1♯的数据为 PRN MELFA, 125.75, (130.5, －117.2, 55.1, 16.2, 0, 0) (1, 0) CR

指令：

1　Input ♯1,C1$,M1,P1

则：

C1$ ＝MELFA

M1＝125.75

P1＝(130.5,－117.2,55.1,16.2,0,0)(1,0)

17.3.4　Close 关闭指令

(1) 功能

将"通信口"或指定的文件关闭。

（2）指令格式

Close　[＃]＜文件号＞[　[＃]＜.文件号＞]

（3）指令例句

1 Open"temp. txt"For Append As＃1'——将文件 temp. txt 作为 1＃文件打开。

2 Print＃1,"abc"'——在 1＃文件中写入"abc"。

3 Close＃1'——关闭 1＃文件。

17.3.5　M_ Open 通信线路 COM1～COM8 的连接状态

（1）功能

M _ Open 表示以 Open 指令建立的通信线路 COM1～COM8 的连接状态。也表示被指定的文件的"打开或未打开"状态。

M _ Open＝1　通信线路 COMn 已经连接或指定的文件已经打开。

M _ Open＝－1　通信线路 COMn 未连接或指定的文件未打开。

（2）格式

＜数值变量＞＝M_Open(文件号码)

(文件号码)——设置范围 1～8(通信线路 COMn)，省略时为 1，设置 9 以上为错误状态。

（3）指令例句

1 Open"temp. txt"As＃2'——将"temp. txt"设置为＃2 文件。

2 * LBL:If M_Open(2)＜＞1ThenGoTo* LBL'——如果 2＃文件未打开，则在第 2 行反复运行。也就是等待 2＃文件打开。

（4）样例程序

1 '——ClientProgram(客户程序)

2 M1＝0

3 M_TIMER(1)＝0'——将定时器复位为 0

4 * LOPEN:OPEN"COM2:"AS＃1'——建立连接"COM2:"通信线路，并将"COM2:"通信线路设置为＃1(或定义为＃1 文件)。

5 IF M_TIMER(1)＞10000. 0THEN* LERROR'——超过 10s 时跳转到"* LERROR"行。

6 IF M_OPEN(1)＜＞1THENGOTO* LOPEN'——如果未建立"COM2:"通信线路连接，就跳到第 4 行反复循环执行(即等待建立通信连接)。

7 DEF ACT 1,M_OPEN(1)＝0 GOSUB* LHLT2'——定义 ACT1 中断程序，如果 COM1 的通信线路未连接，就跳转到子程序* LHLT2。实际是监视服务器的是否死机。

8 ACT1＝1'——中断区间开始(监视开始)。

9 * LOOP:M1＝M1＋1

10 IFM1＜10THENC1$ ="MELFA"ELSEC1$ ="END"'——发送 9 次字符 MELFA 后发送 END。

11 PRINT＃1,C1$ '——向＃1 文件发送字符串 C1$ 。

12 INPUT＃1,C2$ '——从＃1 文件接收字符串。接收的字符串存放到 C2$ 。

13 IFC1$ ="END"THEN* LHLT'——发送 END 字符串。后跳转至结束行*LHLT。

14 GOTO* LOOP'——执行循环(跳转到第 9 行)。

15 * LHLT:CLOSE ＃1'——关闭"COM2:"通信线路。

16 HLT'——程序暂时停止。

17 END'——结束。

18 * LERROR:ERROR 9100′——无法连接服务器时发出报警 9100。

19 CLOSE ♯1 ′——关闭″COM2:″通信线路。

20 HLT′——程序暂停。

21 END

22 ERROR 9101′——服务器中途死机时发出报警 9101。

23 *LHLT2:CLOSE ♯1 ′——关闭″COM2:″通信线路。

24 HLT′——程序暂停。

25 END′——程序结束。

(5) 说明

① 与 Open 指令组合使用。通过 Open 指令指定的文件种类如表 17-1 所示。

表 17-1　Open 指令指定的文件种类

Open 的文件的种类	含义		值
文件	表示是否已建立。Open 指令执行后，始终返回 1		1:已建立 －1:文件编号未定义(未 Open)
通信线路	显 示 是否 已 连接至对象	服务器设定时	1:已连接客户端 0:未连接客户端 －1:文件编号未定义(未 Open)
		客户端设定时	1:已连接至服务器(连接已确立) 0:未连接至服务器(连接未确立。相当于 Open 后服务器死机时) －1:文件编号未定义(未 Open 或在服务器死机的状态下 Open 时)

② 相关指令：Open。

③ 相关参数：COMDEV、CPRE＊＊、NETMODE。

17.3.6　C_ COM 设置通信线路参数

(1) 功能

通过 Open 指令对要建立的通信线路的参数进行设定。在对通信目标对象进行各种改变时使用。

(2) 格式

C_COM(＜通信线路编号＞)＝″ETH:＜服务器侧 IP 地址＞[,＜端口编号＞]″

术语

ETH——标识符，表示对象为以太网。

＜通信线路编号＞——OPEN 指令设置的 COM 的编号 1～8。

＜服务器侧 IP 地址＞——服务器侧的 IP 地址（不可省略）。

＜端口编号＞——服务器侧的端口编号（省略时，使用参数 NETPORT 的设定值）。

(3) 样例程序

在参数 COMDEV 的第 2 要素中设定了 OPT12 时的样例如下。

1 C_COM(2)＝″ETH:192.168.0.10,10010″′——将通信线路 COM2 对应的通信目标服务器的 IP 地址设定为 192.168.0.10,将端口编号设定为 10010 后,建立通信线路 COM2。

2 *LOPEN1:OPEN″COM2:″AS ♯1′——建立通信线路 COM2。

3 IF M_OPEN(1)＜＞1THEN*LOPEN1′——如果通信线路 COM2 未连通,无法连接通信目标服务器时,执行循环,即等待连接完成。

4 PRINT ♯1,″HELLO″′——向通信对象服务器发送字符串。

5 INPUT ♯1,C1$ ′——从通信对象服务器接收字符串。

6 CLOSE ♯1′——关闭通信线路。

7 C_COM(2)=″ETH:192.168.0.11,10011″′——将通信线路 COM2 对应的通信对象服务器的 IP 地址设定为 192.168.0.11,将端口编号设定为 10011。

8 ＊LOPEN2:OPEN″COM2:″AS♯1′——建立″COM2:″通信线路。

9 IFM_OPEN(1)＜＞1THEN＊LOPEN2′——如果通信线路 COM2 未连通,无法连接通信对象服务器时,就执行循环,即等待连接完成。

10 PRINT ♯1,C1$ ′——向通信目标服务器发送字符串。

11 INPUT ♯1,C2$ ′——从通信目标服务器接收字符串。

12 CLOSE ♯1′——关闭通信线路。

13 HLT′——程序暂停。

14 END′——结束。

（4）说明

① 通过参数 NETHSTIP、NETPORT 指定机器人控制器的通信对象,若不更改该通信对象,则无需使用本指令。

② 仅在数据链接客户端时,功能有效。

③ 由于将设定 Open 指令的通信参数,因此需要在 Open 指令之前执行。

④ 接通电源时,使用通过参数 NETHSTIP、NETPORT 指定的设定值。执行本指令时,将会暂时性地更改由同一参数指定的值。有效状态持续到切断电源为止。重新接通电源后,返回到通过参数设定的值。

⑤ 如果在 Open 指令之后执行,此时 Open 的状态也不会发生变化。这种情况下,需要先使用 Close 指令关闭线路,然后重新执行 OPEN 指令。

⑥ 格式错误时,在程序编辑时不会发生错误,而在执行程序时将发生错误。

（5）【相关参数】

NETHSTIP、NETPORT

17.4　启动样本程序

样例测试程序作为机器人与计算机之间数据链接的示例,使用 COM3。

（1）机器人程序

1 OPEN″COM3:″AS♯1′——建立通信线路 COM3。

2 PRINT ♯1,″START″′——发送″START″字符串。

3 ＊LOOP:INPUT ♯1,DATA′——接收数值存放到 DATA(一直等待至接收完成)。

4 IF DATA＜0 THEN GOTO ＊LEND′若 DATA 为负值则跳转到″＊LEND″行后结束。

5 PRINT ♯1,″DATA=″;DATA′——发送″DATA=″的字符串。

6 GOTO＊LOOP′——向 ＊LOOP 行跳转。

7 ＊LEND:PRINT ♯1,″END″′——发送 END 字符串。

8 END′——结束。

（2）启动计算机的数据链接程序

计算机侧的执行文件设为 sample.exe。启动 Windows 的资源管理器,双击 sample.exe 启动。设定 IP 地址及端口编号,并点击连接复选框以建立控制器与通信线路。发送按钮无效时,应确认 IP 地址是否与控制器中设定的 NETIP 一致。

(3) 启动机器人程序

按压机器人操作面板的 START 按钮，运行机器人程序。

17.5　通信

① 运行机器人程序后，首先会将以下数据发送至计算机。

图 17-4　通信

"START"（CR）

（CR）代表 CR 代码。

② 计算机接收数据后，接收数据栏中会显示字符。

START。

③ 从计算机发送数值数据。在发送数据栏中输入如 123 与数值数据，并用鼠标点击发送按钮。

④ 机器人控制器将数值数据接收至 DATA 变量后，将数据回送至计算机。计算机的接收栏中显示"DATA＝＋123."，如图 17-4 所示。

17.6　结束

① 按机器人操作面板的 END 按钮进入循环运行。

② 从计算机输入数值"－1"并发送后，程序结束。

③ 停止计算机的样本程序。

④ 切断机器人控制器的电源。

17.7　计算机样例程序

数据链接功能的样例程序如下。

样例程序使用 Microsoft Visual Studio Express 的 Visual Basic（以下记为 VB）进行编程（Form 1.frm）。

程序有以下两种，应根据用户的系统使用其中之一。

① 客户端用程序（将计算机设为客户端、将控制器设为服务器时）。

② 服务器用程序（将计算机设为服务器、将控制器设为客户端时）。

```
■Form1.Designer.vb(客户端用)
<Global.Microsoft.VisualBasic.CompilerServices.DesignerGenerated()> _
Partial Class Form1
Inherits System.Windows.Forms.Form
'重写 dispose。
<System.Diagnostics.DebuggerNonUserCode()> _
Protected Overrides Sub Dispose(ByVal disposing As Boolean)
Try
If disposing AndAlso components IsNot Nothing Then
components.Dispose()
```

```
End If
Finally
MyBase.Dispose(disposing)
End Try
End Sub
'Windows 窗体设计中需要。
Private components As System.ComponentModel.IContainer
'记录:以下的程序在 Windows 窗体设计中需要。
'可使用 Windows 窗体设计进行更改。
'请勿使用代码编辑器更改。
<System.Diagnostics.DebuggerStepThrough()> _
Private Sub InitializeComponent()
Me.components=New System.ComponentModel.Container
Me.Button1=New System.Windows.Forms.Button
Me.Check1=New System.Windows.Forms.CheckBox
Me.Text4=New System.Windows.Forms.TextBox
Me.Text3=New System.Windows.Forms.TextBox
Me.Text2=New System.Windows.Forms.TextBox
Me.Text1=New System.Windows.Forms.TextBox
Me.Label4=New System.Windows.Forms.Label
Me.Label3=New System.Windows.Forms.Label
Me.Label2=New System.Windows.Forms.Label
Me.Label1=New System.Windows.Forms.Label
Me.Timer1=New System.Windows.Forms.Timer(Me.components)
Me.SuspendLayout()
'
'Button1
'
Me.Button1.BackColor=System.Drawing.SystemColors.Control
Me.Button1.Cursor=System.Windows.Forms.Cursors.Default
Me.Button1.ForeColor=System.Drawing.SystemColors.ControlText
Me.Button1.Location=New System.Drawing.Point(264,72)
Me.Button1.Name ="Button1"
Me.Button1.RightToLeft=System.Windows.Forms.RightToLeft.No
Me.Button1.Size=New System.Drawing.Size(49,25)
Me.Button1.TabIndex=16
Me.Button1.Text ="发送"
Me.Button1.UseVisualStyleBackColor=False
'
'Check1
'
Me.Check1.BackColor=System.Drawing.SystemColors.Control
Me.Check1.Cursor=System.Windows.Forms.Cursors.Default
Me.Check1.ForeColor=System.Drawing.SystemColors.ControlText
Me.Check1.Location=New System.Drawing.Point(264,24)
Me.Check1.Name ="Check1"
```

```
Me. Check1. RightToLeft＝System. Windows. Forms. RightToLeft. No
Me. Check1. Size＝New System. Drawing. Size(49,25)
Me. Check1. TabIndex＝14
Me. Check1. Text ＝"连接"
Me. Check1. UseVisualStyleBackColor＝False
'
'Text4
'

Me. Text4. AcceptsReturn＝True
Me. Text4. AcceptsTab＝True
Me. Text4. BackColor＝System. Drawing. SystemColors. Window
Me. Text4. Cursor＝System. Windows. Forms. Cursors. IBeam
Me. Text4. ForeColor＝System. Drawing. SystemColors. WindowText
Me. Text4. Location＝New System. Drawing. Point(8,120)
Me. Text4. MaxLength＝0
Me. Text4. Multiline＝True
Me. Text4. Name ＝"Text4"
Me. Text4. RightToLeft＝System. Windows. Forms. RightToLeft. No
Me. Text4. ScrollBars＝System. Windows. Forms. ScrollBars. Vertical
Me. Text4. Size＝New System. Drawing. Size(305,121)
Me. Text4. TabIndex＝17
'
'Text3
'

Me. Text3. AcceptsReturn＝True
Me. Text3. BackColor＝System. Drawing. SystemColors. Window

Me. Text3. Cursor＝System. Windows. Forms. Cursors. IBeam
Me. Text3. ForeColor＝System. Drawing. SystemColors. WindowText
Me. Text3. Location＝New System. Drawing. Point(8,72)

Me. Text3. MaxLength＝0
Me. Text3. Name ＝"Text3"
Me. Text3. RightToLeft＝System. Windows. Forms. RightToLeft. No
Me. Text3. Size＝New System. Drawing. Size(249,19)
Me. Text3. TabIndex＝15
'
'Text2
'

Me. Text2. AcceptsReturn＝True
Me. Text2. BackColor＝System. Drawing. SystemColors. Window
Me. Text2. Cursor＝System. Windows. Forms. Cursors. IBeam
Me. Text2. ForeColor＝System. Drawing. SystemColors. WindowText
Me. Text2. Location＝New System. Drawing. Point(152,24)
Me. Text2. MaxLength＝0
Me. Text2. Name ＝"Text2"
```

Me. Text2. RightToLeft＝System. Windows. Forms. RightToLeft. No

Me. Text2. Size＝New System. Drawing. Size(105,19)

Me. Text2. TabIndex＝13

Me. Text2. Text ＝"10003"

'

'Text1

'

Me. Text1. AcceptsReturn＝True

Me. Text1. BackColor＝System. Drawing. SystemColors. Window

Me. Text1. Cursor＝System. Windows. Forms. Cursors. IBeam

Me. Text1. ForeColor＝System. Drawing. SystemColors. WindowText

Me. Text1. Location＝New System. Drawing. Point(8,24)

Me. Text1. MaxLength＝0

Me. Text1. Name ＝"Text1"

Me. Text1. RightToLeft＝System. Windows. Forms. RightToLeft. No

Me. Text1. Size＝New System. Drawing. Size(137,19)

Me. Text1. TabIndex＝12

Me. Text1. Text ＝"192. 168. 0. 20"

'

'Label4

'

Me. Label4. BackColor＝System. Drawing. SystemColors. Control

Me. Label4. Cursor＝System. Windows. Forms. Cursors. Default

Me. Label4. ForeColor＝System. Drawing. SystemColors. ControlText

Me. Label4. Location＝New System. Drawing. Point(8,104)

Me. Label4. Name ＝"Label4"

Me. Label4. RightToLeft＝System. Windows. Forms. RightToLeft. No

Me. Label4. Size＝New System. Drawing. Size(65,13)

Me. Label4. TabIndex＝19

Me. Label4. Text ＝"接收数据"

'

'Label3

'

Me. Label3. BackColor＝System. Drawing. SystemColors. Control

Me. Label3. Cursor＝System. Windows. Forms. Cursors. Default

Me. Label3. ForeColor＝System. Drawing. SystemColors. ControlText

Me. Label3. Location＝New System. Drawing. Point(8,56)

Me. Label3. Name ＝"Label3"

Me. Label3. RightToLeft＝System. Windows. Forms. RightToLeft. No

Me. Label3. Size＝New System. Drawing. Size(65,13)

Me. Label3. TabIndex＝18

Me. Label3. Text ＝"发送数据"

'

'Label2

'

Me. Label2. BackColor＝System. Drawing. SystemColors. Control

```
      Me. Label2. Cursor＝System. Windows. Forms. Cursors. Default
      Me. Label2. ForeColor＝System. Drawing. SystemColors. ControlText
      Me. Label2. Location＝New System. Drawing. Point(152,8)
      Me. Label2. Name ＝"Label2"
      Me. Label2. RightToLeft＝System. Windows. Forms. RightToLeft. No
      Me. Label2. Size＝New System. Drawing. Size(65,13)
      Me. Label2. TabIndex＝11
      Me. Label2. Text ＝"端口编号"
      '
      'Label1
      '
      Me. Label1. BackColor＝System. Drawing. SystemColors. Control
      Me. Label1. Cursor＝System. Windows. Forms. Cursors. Default
      Me. Label1. ForeColor＝System. Drawing. SystemColors. ControlText
      Me. Label1. Location＝New System. Drawing. Point(8,8)
      Me. Label1. Name ＝"Label1"
      Me. Label1. RightToLeft＝System. Windows. Forms. RightToLeft. No
      Me. Label1. Size＝New System. Drawing. Size(73,17)
      Me. Label1. TabIndex＝10
      Me. Label1. Text ＝"IP 地址"
      '
      'Timer1
      '
      Me. Timer1. Interval＝50
      '
      'Form1
      '
      Me. AutoScaleDimensions＝New System. Drawing. SizeF(6. 0!,12. 0!)
      Me. AutoScaleMode＝System. Windows. Forms. AutoScaleMode. Font
      Me. ClientSize＝New System. Drawing. Size(320,253)
      Me. Controls. Add(Me. Button1)
      Me. Controls. Add(Me. Check1)
      Me. Controls. Add(Me. Text4)
      Me. Controls. Add(Me. Text3)
      Me. Controls. Add(Me. Text2)
      Me. Controls. Add(Me. Text1)
      Me. Controls. Add(Me. Label4)
      Me. Controls. Add(Me. Label3)
      Me. Controls. Add(Me. Label2)
      Me. Controls. Add(Me. Label1)
      Me. Name ＝"Form1"
      Me. Text ＝"数据链接(客户端)"
      Me. ResumeLayout(False)
      Me. PerformLayout()

      End Sub
```

```
Public WithEvents Button1 As System.Windows.Forms.Button
Public WithEvents Check1 As System.Windows.Forms.CheckBox
Public WithEvents Text4 As System.Windows.Forms.TextBox
Public WithEvents Text3 As System.Windows.Forms.TextBox
Public WithEvents Text2 As System.Windows.Forms.TextBox
Public WithEvents Text1 As System.Windows.Forms.TextBox
Public WithEvents Label4 As System.Windows.Forms.Label
Public WithEvents Label3 As System.Windows.Forms.Label
Public WithEvents Label2 As System.Windows.Forms.Label
Public WithEvents Label1 As System.Windows.Forms.Label
Friend WithEvents Timer1 As System.Windows.Forms.Timer
End Class
```

■Form1.vb(客户端用)

```
Imports System
Imports System.Net.Sockets
Public Class Form1
Private Client As TcpClient
Private Sub Check1_CheckStateChanged(ByVal sender As System.Object,ByVal e As
System.EventArgs) Handles
    Check1.CheckStateChanged
    '更改连接勾选按钮的勾选状态时的处理
    Try
    If Check1.CheckState=CheckState.Checked Then
    Client=New TcpClient()
    Client.Connect(Text1.Text,Convert.ToInt32(Text2.Text)) '同步连接至网络
    Button1.Enabled=Client.Connected
    Timer1.Enabled=Client.Connected
    Else
    Timer1.Enabled=False
    Button1.Enabled=False
    Client.GetStream().Close() '从网络切断
    Client.Close()
    End If
    Catch ex As Exception
    Check1.Checked=False
    MessageBox.Show(ex.Message,Me.Text,MessageBoxButtons.OK,MessageBoxIcon.Error,
    MessageBoxDefaultButton.Button1)
    End Try
    End Sub
    Private Sub Button1_Click(ByVal sender As System.Object,ByVal e As System.EventArgs)
Handles Button1.Click
    '发送文本数据的处理
    Try
    Dim SendBuf As Byte()=System.Text.Encoding.Default.GetBytes(Text3.Text)
    Dim Stream As NetworkStream=Client.GetStream()
```

```vbnet
        Stream. Write(SendBuf,0,SendBuf. Length)
        Catch ex As Exception
        Client＝Nothing
        Timer1. Enabled＝False
        Button1. Enabled＝False
        Check1. Checked＝False
        MessageBox. Show(ex. Message,Me. Text,MessageBoxButtons. OK,MessageBoxIcon. Error,
        MessageBoxDefaultButton. Button1)
        End Try
        End Sub
        Private Sub Timer1_Tick(ByVal sender As System. Object,ByVal e As System. EventArgs)
Handles Timer1. Tick
        ′存在接收数据时的处理
        Try
        Dim Stream As NetworkStream＝Client. GetStream()
        If Stream. DataAvailable Then
        Dim bytes(1000) As Byte
        Dim strReceivedData As String ＝""
        Dim datalength＝Stream. Read(bytes,0,bytes. Length)
        strReceivedData＝System. Text. Encoding. Default. GetString(bytes). Substring(0,data-
length)
        Text4. AppendText(strReceivedData)
        Text4. AppendText(System. Environment. NewLine)
        End If
        Catch ex As Exception
        Client＝Nothing
        Timer1. Enabled＝False
        Button1. Enabled＝False
        Check1. Checked＝False
        ′
        MessageBox. Show(ex. Message,Me. Text,MessageBoxButtons. OK,MessageBoxIcon. Error,
        MessageBoxDefaultButton. Button1)
        End Try
        End Sub
        End Class


        ■Form1. Designer. vb(服务器用)
        ＜Global. Microsoft. VisualBasic. CompilerServices. DesignerGenerated()＞ _
        Partial Class Form1
        Inherits System. Windows. Forms. Form
        ′重写 dispose。
        ＜System. Diagnostics. DebuggerNonUserCode()＞ _
        Protected Overrides Sub Dispose(ByVal disposing As Boolean)
        Try
        If disposing AndAlso components IsNot Nothing Then
        components. Dispose()
```

```
End If
Finally
MyBase.Dispose(disposing)
End Try
End Sub
'Windows 窗体设计中需要。
Private components As System.ComponentModel.IContainer
'记录：以下的程序在 Windows 窗体设计中需要。
'可使用 Windows 窗体设计进行更改。
'请勿使用代码编辑器更改。
＜System.Diagnostics.DebuggerStepThrough()＞ _
Private Sub InitializeComponent()
Me.components＝New System.ComponentModel.Container
Me.Button1＝New System.Windows.Forms.Button
Me.Check1＝New System.Windows.Forms.CheckBox
Me.Text4＝New System.Windows.Forms.TextBox
Me.Text3＝New System.Windows.Forms.TextBox
Me.Text2＝New System.Windows.Forms.TextBox
Me.Text1＝New System.Windows.Forms.TextBox
Me.Label4＝New System.Windows.Forms.Label
Me.Timer1＝New System.Windows.Forms.Timer(Me.components)
Me.Label3＝New System.Windows.Forms.Label
Me.Label2＝New System.Windows.Forms.Label
Me.Label1＝New System.Windows.Forms.Label
Me.SuspendLayout()
'
'Button1
'
Me.Button1.BackColor＝System.Drawing.SystemColors.Control
Me.Button1.Cursor＝System.Windows.Forms.Cursors.Default
Me.Button1.ForeColor＝System.Drawing.SystemColors.ControlText
Me.Button1.Location＝New System.Drawing.Point(264,72)
Me.Button1.Name ＝"Button1"
Me.Button1.RightToLeft＝System.Windows.Forms.RightToLeft.No
Me.Button1.Size＝New System.Drawing.Size(49,25)
Me.Button1.TabIndex＝26
Me.Button1.Text ＝"发送"
Me.Button1.UseVisualStyleBackColor＝False
'
'Check1
'
Me.Check1.BackColor＝System.Drawing.SystemColors.Control
Me.Check1.Cursor＝System.Windows.Forms.Cursors.Default
Me.Check1.ForeColor＝System.Drawing.SystemColors.ControlText
Me.Check1.Location＝New System.Drawing.Point(264,24)
Me.Check1.Name ＝"Check1"
```

```
Me. Check1. RightToLeft＝System. Windows. Forms. RightToLeft. No
Me. Check1. Size＝New System. Drawing. Size(49,25)
Me. Check1. TabIndex＝24
Me. Check1. Text ＝"连接"
Me. Check1. UseVisualStyleBackColor＝False
'
'Text4
'

Me. Text4. AcceptsReturn＝True
Me. Text4. BackColor＝System. Drawing. SystemColors. Window
Me. Text4. Cursor＝System. Windows. Forms. Cursors. IBeam
Me. Text4. ForeColor＝System. Drawing. SystemColors. WindowText
Me. Text4. Location＝New System. Drawing. Point(8,120)
Me. Text4. MaxLength＝0
Me. Text4. Multiline＝True
Me. Text4. Name ＝"Text4"
Me. Text4. RightToLeft＝System. Windows. Forms. RightToLeft. No
Me. Text4. ScrollBars＝System. Windows. Forms. ScrollBars. Vertical
Me. Text4. Size＝New System. Drawing. Size(305,121)
Me. Text4. TabIndex＝27
'
'Text3
'

Me. Text3. AcceptsReturn＝True
Me. Text3. BackColor＝System. Drawing. SystemColors. Window
Me. Text3. Cursor＝System. Windows. Forms. Cursors. IBeam
Me. Text3. ForeColor＝System. Drawing. SystemColors. WindowText
Me. Text3. Location＝New System. Drawing. Point(8,72)
Me. Text3. MaxLength＝0
Me. Text3. Name ＝"Text3"
Me. Text3. RightToLeft＝System. Windows. Forms. RightToLeft. No
Me. Text3. Size＝New System. Drawing. Size(249,19)
Me. Text3. TabIndex＝25
'
'Text2
'

Me. Text2. AcceptsReturn＝True
Me. Text2. BackColor＝System. Drawing. SystemColors. Window
Me. Text2. Cursor＝System. Windows. Forms. Cursors. IBeam
Me. Text2. ForeColor＝System. Drawing. SystemColors. WindowText
Me. Text2. Location＝New System. Drawing. Point(152,24)
Me. Text2. MaxLength＝0
Me. Text2. Name ＝"Text2"
Me. Text2. RightToLeft＝System. Windows. Forms. RightToLeft. No
Me. Text2. Size＝New System. Drawing. Size(105,19)
Me. Text2. TabIndex＝23
```

```
Me.Text2.Text ="10003"
'
'Text1
'
Me.Text1.AcceptsReturn=True
Me.Text1.BackColor=System.Drawing.SystemColors.Window
Me.Text1.Cursor=System.Windows.Forms.Cursors.IBeam
Me.Text1.ForeColor=System.Drawing.SystemColors.WindowText
Me.Text1.Location=New System.Drawing.Point(8,24)
Me.Text1.MaxLength=0
Me.Text1.Name ="Text1"
Me.Text1.RightToLeft=System.Windows.Forms.RightToLeft.No
Me.Text1.Size=New System.Drawing.Size(137,19)
Me.Text1.TabIndex=22
'
'Label4
'
Me.Label4.BackColor=System.Drawing.SystemColors.Control
Me.Label4.Cursor=System.Windows.Forms.Cursors.Default
Me.Label4.ForeColor=System.Drawing.SystemColors.ControlText
Me.Label4.Location=New System.Drawing.Point(8,104)
Me.Label4.Name ="Label4"
Me.Label4.RightToLeft=System.Windows.Forms.RightToLeft.No
Me.Label4.Size=New System.Drawing.Size(65,13)
Me.Label4.TabIndex=29
Me.Label4.Text ="接收数据"
'
'Timer1
'
Me.Timer1.Interval=50
'
'Label3
'
Me.Label3.BackColor=System.Drawing.SystemColors.Control
Me.Label3.Cursor=System.Windows.Forms.Cursors.Default
Me.Label3.ForeColor=System.Drawing.SystemColors.ControlText
Me.Label3.Location=New System.Drawing.Point(8,56)
Me.Label3.Name ="Label3"
Me.Label3.RightToLeft=System.Windows.Forms.RightToLeft.No
Me.Label3.Size=New System.Drawing.Size(65,13)
Me.Label3.TabIndex=28
Me.Label3.Text ="发送数据"
'
'Label2
'
Me.Label2.BackColor=System.Drawing.SystemColors.Control
```

```
    Me. Label2. Cursor＝System. Windows. Forms. Cursors. Default
    Me. Label2. ForeColor＝System. Drawing. SystemColors. ControlText
    Me. Label2. Location＝New System. Drawing. Point(152,8)
    Me. Label2. Name ＝"Label2"
    Me. Label2. RightToLeft＝System. Windows. Forms. RightToLeft. No
    Me. Label2. Size＝New System. Drawing. Size(65,13)
    Me. Label2. TabIndex＝21
    Me. Label2. Text ＝"端口编号"
    '
    'Label1
    '
    Me. Label1. BackColor＝System. Drawing. SystemColors. Control
    Me. Label1. Cursor＝System. Windows. Forms. Cursors. Default
    Me. Label1. ForeColor＝System. Drawing. SystemColors. ControlText
    Me. Label1. Location＝New System. Drawing. Point(8,8)
    Me. Label1. Name ＝"Label1"
    Me. Label1. RightToLeft＝System. Windows. Forms. RightToLeft. No
    Me. Label1. Size＝New System. Drawing. Size(73,17)
    Me. Label1. TabIndex＝20
    Me. Label1. Text ＝"IP 地址"
    '
    'Form1
    '
    Me. AutoScaleDimensions＝New System. Drawing. SizeF(6. 0!,12. 0!)
    Me. AutoScaleMode＝System. Windows. Forms. AutoScaleMode. Font
    Me. ClientSize＝New System. Drawing. Size(320,253)
    Me. Controls. Add(Me. Button1)
    Me. Controls. Add(Me. Check1)
    Me. Controls. Add(Me. Text4)
    Me. Controls. Add(Me. Text3)
    Me. Controls. Add(Me. Text2)
    Me. Controls. Add(Me. Text1)
    Me. Controls. Add(Me. Label4)
    Me. Controls. Add(Me. Label3)
    Me. Controls. Add(Me. Label2)
    Me. Controls. Add(Me. Label1)
    Me. Name ＝"Form1"
    Me. Text ＝"数据链接(服务器)"
    Me. ResumeLayout(False)
    Me. PerformLayout()
    End Sub
    Public WithEvents Button1 As System. Windows. Forms. Button
    Public WithEvents Check1 As System. Windows. Forms. CheckBox
    Public WithEvents Text4 As System. Windows. Forms. TextBox
    Public WithEvents Text3 As System. Windows. Forms. TextBox
    Public WithEvents Text2 As System. Windows. Forms. TextBox
```

```vb
Public WithEvents Text1 As System. Windows. Forms. TextBox
Public WithEvents Label4 As System. Windows. Forms. Label
Friend WithEvents Timer1 As System. Windows. Forms. Timer
Public WithEvents Label3 As System. Windows. Forms. Label
Public WithEvents Label2 As System. Windows. Forms. Label
Public WithEvents Label1 As System. Windows. Forms. Label
End Class
```

■Form1. vb(服务器用)

```vb
Imports System
Imports System. Net
Imports System. Net. Sockets
Imports System. Net. NetworkInformation
Imports System. Text
Public Class Form1
Private Listener As TcpListener
Private Client As TcpClient
Private Sub Form1_Load(ByVal sender As System. Object, ByVal e As System. EventArgs)
Handles MyBase. Load
    Text1. Enabled＝False '设为不可编辑 IP 地址
    Text3. Enabled＝False '设为不可编辑发送数据
    Button1. Enabled＝False '设为不可使用发送按钮
    End Sub
    Private Sub Check1 _CheckStateChanged (ByVal sender As System. Object, ByVal e As
System. EventArgs) Handles
    Check1. CheckStateChanged
    '更改连接勾选按钮状态时的处理
    Try
    If Check1. CheckState＝CheckState. Checked Then
    Dim interfaces As NetworkInterface()
    Dim _currentInterface As NetworkInterface
    '获取本地机器的 IP 地址
    interfaces＝NetworkInterface. GetAllNetworkInterfaces
    For Each NetworkInterface As NetworkInterface In interfaces
    If NetworkInterface. Name ＝"本地 区域连接"Then
    _currentInterface＝NetworkInterface
    Dim properties As IPInterfaceProperties
    properties＝_currentInterface. GetIPProperties
    If properties. UnicastAddresses. Count ＞ 0 Then
    For Each info As UnicastIPAddressInformation In properties. UnicastAddresses
    Text1. Text＝info. Address. ToString
    Next
    End If
    End If
    Next
    '待机从客户端的连接
```

```
    Listener = New TcpListener(IPAddress.Parse(Text1.Text),Convert.ToInt32(Text2.
Text))
    Timer1.Start()
    Listener.Start()
    Else
    Client＝Nothing
    Timer1.Stop()
    Button1.Enabled＝False '发送按钮无效
    Text3.Enabled＝False
    Listener.Stop() '从客户端的连接接收中止
    End If
    Catch ex As Exception
    MessageBox.Show(ex.Message,Me.Text,MessageBoxButtons.OK,MessageBoxIcon.Error,
    MessageBoxDefaultButton.Button1)
    End Try
    End Sub
    Private Sub Button1_Click(ByVal sender As System.Object,ByVal e As System.EventArgs)
Handles Button1.Click
    '发送文本数据的处理
    Try
    Dim SendBuf As Byte()＝System.Text.Encoding.Default.GetBytes(Text3.Text)
    Dim Stream As NetworkStream＝Client.GetStream()
    Stream.Write(SendBuf,0,SendBuf.Length)
    Catch ex As Exception
    '检测到切断
    Client＝Nothing
    MessageBox.Show(ex.Message,Me.Text,MessageBoxButtons.OK,MessageBoxIcon.Error,
    MessageBoxDefaultButton.Button1)
    End Try
    End Sub
    Private Sub Timer1_Tick(ByVal sender As System.Object,ByVal e As System.EventArgs)
Handles Timer1.Tick
    '存在接收数据时的处理
    Try
    '判断客户端是否连接中
    If Client Is Nothing Then
    '判断是否连接待机中
    If Listener.Pending＝False Then
    Text1.Enabled＝False '设为不可编辑 IP 地址
    Text3.Enabled＝False '设为不可编辑发送数据
    Button1.Enabled＝False '设为不可使用发送按钮
    Else
    Client＝Listener.AcceptTcpClient() '与客户端连接
    Text1.Enabled＝True '设为可以编辑 IP 地址
    Text3.Enabled＝True '设为可以编辑发送数据
    Button1.Enabled＝True '设为可以使用发送按钮
```

```
End If
Else
'获取数据
Try
Dim Stream As NetworkStream＝Client. GetStream
If Stream. DataAvailable Then
Dim bytes(1000) As Byte
Dim strReceivedData As String ＝""
Dim datalength＝Stream. Read(bytes,0,bytes. Length)
strReceivedData＝System. Text. Encoding. Default. GetString(bytes). Substring(0,
datalength)
Text4. AppendText(strReceivedData)
Text4. AppendText(System. Environment. NewLine)
End If
Catch ex As Exception
'检测到切断
Client＝Nothing
MessageBox. Show(ex. Message,Me. Text,MessageBoxButtons. OK,MessageBoxIcon. Error,
MessageBoxDefaultButton. Button1)
End Try
End If
Catch ex As Exception
MessageBox. Show(ex. Message,Me. Text,MessageBoxButtons. OK,MessageBoxIcon. Error,
MessageBoxDefaultButton. Button1)
End Try
End Sub
End Class
```

第18章

计算机与机器人的实时外部控制功能

18.1 实时外部控制功能概述

（1）定义

"实时外部控制功能"是在以太网通信中，上位机通过以太网 UDP 通信对机器人的"当前位置"及"运行速度"等数据进行实时监视及控制的功能。

"实时外部控制功能"以机器人扫描周期为单位，可实时获取计算机侧的"位置指令"，并向指令位置移动。也可同时进行输入输出信号的监视及信号输出。

使用机器人 MXT 指令，在计算机上的应用程序间使用通信包，实时进行通信（指令/监视）。如图 18-1 所示。

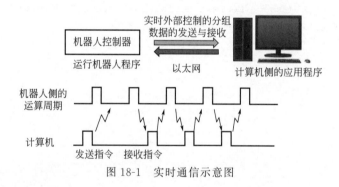

图 18-1　实时通信示意图

（2）指令及监视数据种类

从计算机向机器人发送的"位置指令数据"与"监视数据"如表 18-1 所示。

表 18-1　位置指令数据与监视数据

位置指令数据	监视数据
①直交坐标数据 ②关节坐标数据 ③电机脉冲坐标数据	①直交坐标数据 ②关节坐标数据 ③电机脉冲坐标数据 ④直交坐标数据（滤波处理后的指令值） ⑤关节坐标数据（滤波处理后的指令值） ⑥电机脉冲坐标数据（滤波处理后） ⑦直交坐标数据（编码器反馈值） ⑧关节坐标数据（编码器反馈值） ⑨电机脉冲坐标数据（编码器反馈值） ⑩电流指令（％） ⑪电流反馈（％）

18. 2　实时外部控制功能的操作流程

实时外部控制功能的操作流程如图 18-2。

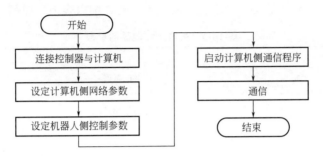

图 18-2　实时外部控制功能的操作流程

① 连接控制器与计算机。
② 设定计算机侧网络参数。
③ 设定机器人侧参数。
④ 启动计算机侧通信程序。
⑤ 通信。
⑥ 结束。

18. 3　连接与设置

18. 3. 1　CR800 系列

（1）系统构成

机器人与计算机控制系统的连接如图 18-3 所示。基本参数如表 18-2 所示。

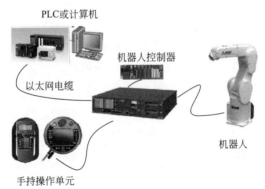

图 18-3　系统构成及连接图

表 18-2　基本参数

机器人 IP 地址	192.168.0.20
计算机 IP 地址	192.168.0.2
机器人端口编号	接收端口 12000、发送端口 12001

（2）连接

在机器人控制器的 LAN 插口中安装以太网电缆（1000Base-T 规格），并与计算机进行连接。直接连接时为交叉网线，经由集线器时变为直通网线。

（3）机器人控制器的参数设定

如表 18-3 所示设定机器人控制器的参数。参数的详细内容请参照第 18.5.4 节。

表 18-3　机器人控制器的参数

参数名称	更改前后	参数值
NETIP	前	192.168.0.20（D 型控制器） 192.168.0.20（R 型控制器）
	后	192.168.0.20（保持初始状态）
MONMODE	前	0
	后	1
MONPORT	前	12000,0
	后	12000,12001

（4）计算机侧的通信设定

以太网通信协议必须设置为 UDP，设置为 TCP 时无法通信。计算机侧用于接收数据的端口编号必须设置为与机器人控制器参数 MOMPOR 的第 2 要素相同。

18.3.2　CR75x 系列

（1）基本设置

基本参数如表 18-4 所示。

表 18-4　基本参数

机器人 IP 地址	192.168.0.20
计算机 IP 地址	192.168.0.2
机器人端口编号	12000 发送端口 12001

（2）连接

在机器人控制器的 LAN 插口中安装以太网电缆（10Base-T 或 100Base-TX），与计算机连接。直接连接时为交叉网线，经由集线器时为直通网线。

（3）机器人控制器的参数设定

如表 18-5 所示设定机器人控制器的参数。

表 18-5　机器人控制器参数

参数名称	更改前后	参数值
NETIP	前	192.168.0.20（D 型控制器） 192.168.100.1（R 型控制器）
	后	192.168.0.20（保持初始状态）
MONMODE	前	0
	后	1
MONPORT	前	12000,0
	后	12000,12001

（4）计算机侧的通信设定

以太网通信协议必须设置为 UDP，设置为 TCP 时无法通信。计算机侧用于接收数据的端口编号，必须设置为与控制器中参数 MOMPORT 的第 2 要素相同。

18.4　MXT 指令

（1）功能

以控制器运算周期为单位，从计算机获取绝对位置数据后直接移动，参看图 18-4。

（2）格式

MXT＜文件编号＞,＜指令位置数据类型＞[,＜滤波时间常数＞]

（3）术语

＜文件编号＞——通过 OPEN 指令分配的 COM1～COM8 编号。

① 未使用 OPEN 指令设置通信对象时，出现错误，无法通信。

② 接收到通信对象以外的数据不处理。

＜指令位置数据类型＞——设置从计算机发出的位置数据类型。

0：直交坐标数据。

1：关节坐标数据。

2：电机脉冲坐标数据。

＜滤波时间常数＞——指定滤波时间常数（ms），指定 0 时为无滤波（省略时为 0）。

（4）样例程序

1OPEN"ENET:192.168.0.2"AS ♯1′——设置通信对象的 IP 地址。以 COM1 口执行通信连接,定义从 COM1 口传送过来的文件为♯1 文件。

2MOV P1′——向 P1 移动。

3MXT 1,1,50′——执行实时外部控制,通信线路为 COM1 口,位置数据类型为 1——关节坐标数据。滤波时间常数为 50ms。

4MOV P1′——向 P1 移动。

5HLT′——程序暂停。

（5）说明

① 执行 MXT 指令后，可从计算机读取用于动作控制的位置指令（1 对 1 通信）。

② 在控制器每一运算周期（约 7.1ms）可读取 1 个位置指令并移动。

③ MXT 指令的动作：

a. 通过控制器执行本指令时，控制器为可接收指令状态。

b. 将指令值发送到伺服后，从控制器向计算机发送当前位置等信息。

c. 仅在计算机已经向控制器发送指令值时，控制器才会回送信息至计算机。

d. 未收到数据时，保持当前位置。

e. 接收到来自计算机的"结束指令"后，结束 MXT 指令。

f. 操作面板或外部输入停止后，即中断 MXT 指令，且发送接收也会中断，直到再启动为止。

④ 以参数 MXTTOUT 设置超时时间。

⑤ 可在发送接收位置数据的同时发送接收 1 个任意指定的输入输出信号。

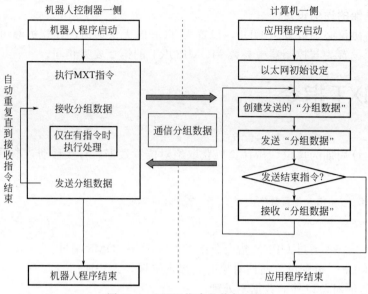

图 18-4　MXT 指令的执行过程

18.5　通信数据包说明

本节对"实时外部控制功能"使用的"通信数据包"结构进行说明。实时外部控制的通信数据包在指令与监视时使用相同的内容。

18.5.1　通信数据包

通信数据包如表 18-6 所示。参见 18.8 节"计算机样例程序"。

表 18-6　通信数据包

名称	数据类型	说明
指令 Command	无符号短整型 （2 字节）	设置实时外部指令的有/无、结束。 0：无实时外部指令 1：有实时外部指令 255：结束实时外部指令
设置发送数据类型 SendType	无符号短整型 （2 字节）	①计算机向控制器发送时（指令） 设置计算机发送的"位置数据类型"。首次发送时为无数据。 0：无数据 1：直交坐标数据 2：关节坐标数据 3：电机脉冲坐标数据 ②控制器回送计算机信息（监视） 显示从控制器回送的"位置数据类型"。 0：无数据 1：直交坐标数据 2：关节坐标数据 3：电机脉冲坐标数据 4：直交坐标数据（滤波处理后的位置） 5：关节坐标数据（滤波处理后的位置） 6：电机脉冲坐标数据（滤波处理后的位置） 7：直交坐标数据（编码器反馈值）

名称	数据类型	说明
设置发送数据类型 SendType	无符号短整型（2 字节）	8:关节坐标数据(编码器反馈值) 9:电机脉冲坐标数据(编码器反馈值) 10:电流指令(%) 11:电流反馈(%)
回送数据类型 RecvType	无符号短整型（2 字节）	①计算机向控制器发送时(指令) 0:无数据 1:直交坐标数据 2:关节坐标数据 3:电机脉冲坐标数据 4:直交坐标数据(滤波处理后的位置) 5:关节坐标数据(滤波处理后的位置) 6:电机脉冲坐标数据(滤波处理后的位置) 7:直交坐标数据(编码器反馈值) 8:关节坐标数据(编码器反馈值) 9:电机脉冲坐标数据(编码器反馈值) 10:电流指令(%) 11:电流反馈(%) ②控制器回送到计算机(监视) 显示从控制器回送的"位置数据类型"。 0:无数据 1:直交坐标数据 2:关节坐标数据 3:电机脉冲坐标数据 4:直交坐标数据(滤波处理后的位置) 5:关节坐标数据(滤波处理后的位置) 6:电机脉冲坐标数据(滤波处理后的位置) 7:直交坐标数据(编码器反馈值) 8:关节坐标数据(编码器反馈值) 9:电机脉冲坐标数据(编码器反馈值) 10:电流指令(%) 11:电流反馈(%)
备用 reserve	（2 字节）	无特殊含义
位置数据 pos/jnt/pls	POSE/JOINT/PULSE 的任何一个（40 字节）	①计算机向控制器发送时(指令) 指定从计算机发送的"位置数据"指令。 应符合发送数据类型中设置的数据类型。 ②控制器回送到计算机(监视) 显示从控制器回送的位置数据。 数据类型显示为 SendType(同 RecvType)。 数据内容在指令/监视时通用。 POSE:直交型(mm/rad) JOINT:关节型(rad) PULSE:电机脉冲型(脉冲)或电流型(%)
设置发送输入输出信号数据 SendIOType	无符号短整型（2 字节）	①计算机向控制器发送时(指令) 设置从计算机发送的输入输出信号的数据类型。 ②从控制器回送到计算机时(监视) 显示从控制器回送的输入输出信号数据类型。 0:无数据 1:输出信号 2:输入信号

名称	数据类型	说明
设置回送输入输出信号数据类型 RecvIOType	无符号短整型 (2 字节)	控制器回送到计算机时（监视） 0：无数据 1：输出信号 2：输入信号
输入输出信号数据 BitTop BitMask IoData	无符号短整型 (2 字节×3)	①计算机向控制器发送时（指令） 指定从计算机发送的输出信号的数据。 ②控制器回送到计算机时（监视） 显示从控制器回送的输入输出信号的数据。 BitTop：输入或输出信号的起始位编号。 BitMask：位掩码模式指定（仅在指令时有效）。 IoData：输入输出信号数据的值（监视时），输出信号数据的值（指令时） 数据为 16 位
超时时间的计数器值 Tcount	无符号短整型 (2 字节)	①计算机向控制器发送时（指令） ②从控制器回送到计算机时（监视） 超时时间的参数 MXTTOUT 为－1 以外时，在控制器上显示未通信的次数。累计后变为最大值时，重复返回至最小值 0。MXT 指令启动时变为 0
通信数据用的计数器值 Ccount	无符号长整型 (4 字节)	①计算机向控制器发送时（指令） ②控制器回送到计算机时（监视）
回送数据类型 1 RecvType1	无符号短整型 (2 字节)	与回送数据类型指定 RecvType 相同
备用 1 reserve1	无符号短整型 (2 字节)	无特殊含义
数据类型 1 pos/jnt/pls	POSE/JOINT/ PULSE 的任何一个 (40 字节)	与数据 pos/jnt/pls 相同
回送数据类型 2 RecvType2	无符号短整型 (2 字节)	与回信数据类型 RecvType 相同
备用 2 reserve2	无符号短整型 (2 字节)	无特殊含义
数据类型 2 pos/jnt/pls	POSE/JOINT/ PULSE 的任何一个 (40 字节)	与数据 pos/jnt/pls 相同
回送数据类型 RecvType3	无符号短整型 (2 字节)	与回送数据类型 RecvType 相同
备用 3 reserve3	无符号短整型 (2 字节)	无特殊含义
数据类型 3 pos/jnt/pls	POSE/JOINT/ PULSE 的任何一个 (40 字节)	与数据 pos/jnt/pls 相同

18.5.2　分组数据类型（数据结构）

本节对"实时监视功能"使用的通信数据的分组结构进行说明。

在计算机与控制器之间，发送与接收使用相同的分组结构。数据的保存方式为小字节序（从最低位字节开始保存）方式，实数数据为 32 位单精度实数。分组数据长度为"196 字节（固定）"。参见 18.8 节"计算机样例程序"。

（1）分组数据类型

分组数据类型如表 18-7 所示。

表 18-7　分组数据类型

名称	字节数	内容	地址
指令	2 字节	指定实时监视功能的开始、结束。 1:实时监视功能数据输出开始 255:实时监视功能数据输出结束	0～1
未使用(备用)	2 字节	通常应设为 0	2～3
回送数据类型 1	2 字节	①计算机→控制器 指定要监视数据的<数据类型 ID> ②控制器→计算机 显示从控制器回送的<数据类型 ID>	4～5
未使用(备用)	2 字节	当前为空。通常应设为 0	6～7
输出数据 1	数据结构 POSE/JOINT/PULSE/ROBMON/FORCE/FLOAT8 的任意一个 40 字节	①计算机→控制器 不使用。通常设为 0。 ②控制器→以太网通信机器 显示从控制器回送的输出数据。数据类型显示为发送数据类型、回送数据类型。 数据结构 POSE:直交型(mm/rad) JOINT:关节型(rad) PULSE:电机脉冲型(脉冲)或电流型(%) FORCE:力觉传感器型 ROBMON:各种机器人动作信息 FLOAT8:通用,单精度实数×8 个	8～47
输入信号起始位编号	2 字节	①计算机→控制器 设置监视用输入信号起始位编号:0～32767	48～49
		①计算机→控制器 设置监视用输出信号起始位编号:0～32767	50～51
输入信号数据	4 字节	控制器→计算机 输入信号数据(0x00000000～0xffffffff)	52～53
输出信号数据	4 字节	①计算机→控制器 通常设为 0。 ②控制器→计算机 输出信号数据(0x00000000～0xffffffff)	56～57
通信数据用计数器	4 字节	①计算机→控制器 不使用。通常设为 0。 ②控制器→计算机 显示通信次数。累计后变为最大值时,返回至最小值 0。 电源 ON 时及监视功能开始时变为 0	60～63

名称	字节数	内容	地址
回送数据类型 2	2 字节	与回送数据类型 1 相同	64～65
未使用（备用）	2 字节	当前为空。通常设为 0	66～67
输出数据 2	POSE/JOINT/PULSE/ROBMON/FORCE 的任意一个 40 字节	与输出数据 1 相同	68～107
回送数据类型 3	2 字节	与回送数据类型 1 相同	108～109
未使用（备用）	2 字节	当前为空。通常设为 0	110～111
输出数据 3	POSE/JOINT/PULSE/ROBMON/FORCE 的任意一个 40 字节	与输出数据 1 相同	112～151
回送数据类型 4	2 字节	与回送数据类型 1 相同	152～153
未使用（备用）	2 字节	当前为空。通常设为 0	154～155
输出数据 4	POSE/JOINT/PULSE/ROBMON/FORCE 的任意一个 40 字节	与输出数据 1 相同	156～195

（2）POSE（直交）数据结构

在数据类型中指定 1、7、1001、1007 时，回送的直交坐标数据如表 18-8 所示。

表 18-8　POSE（直交）数据结构

X	4 字节 单精度实数	
Y	4 字节 单精度实数	
Z	4 字节 单精度实数	
A	4 字节 单精度实数	
B	4 字节 单精度实数	
C	4 字节 单精度实数	直交坐标数据（mm/rad）合计 40 字节。 ＊度的单位：1、7 时为弧度；1001、1007 时为度（°）
L1（附加轴 1）	4 字节 单精度实数	
L2（附加轴 2）	4 字节 单精度实数	
FL1（结构标志 1）	4 字节 整数值	
FL2（结构标志 2）	4 字节 整数值	

(3) JOINT（关节）数据结构

在数据类型中指定 2、8、1002、1008 时，回送的关节坐标数据结构如表 18-9 所示。

表 18-9　JOINT（关节）数据结构

J1 轴	4 字节 单精度实数	
J2 轴	4 字节 单精度实数	
J3 轴	4 字节 单精度实数	
J4 轴	4 字节 单精度实数	关节坐标数据(rad)合计 32 字节。
J5 轴	4 字节 单精度实数	＊度的单位：2、8 时为弧度；1002、1008 时为度（°）
J6 轴	4 字节 单精度实数	
J7 轴（附加轴 1）	4 字节 单精度实数	
J8 轴（附加轴 2）	4 字节 单精度实数	
未使用	8 字节	当前为空。为 0

(4) 电机脉冲/电流数据结构

在数据类型中指定 3、9、10、11、13、14、15、17、18、19、20、21、22、23、111、112、113 时，回送的电机脉冲坐标数据或电流数据（％）如表 18-10 所示。

表 18-10　PULSE（电机脉冲/电流）数据结构

M1	4 字节 32 位整数	
M2	4 字节 32 位整数	
M3	4 字节 32 位整数	
M4	4 字节 32 位整数	电机脉冲坐标数据或电流数据(额定 0.1％)合计 32 字节
M5	4 字节 32 位整数	
M6	4 字节 32 位整数	
M7（附加轴 1）	4 字节 32 位整数	
M8（附加轴 2）	4 字节 32 位整数	
未使用	8 字节	

(5) 力觉传感器（FORCEN）数据结构

在数据类型中指定 101、102、103 时，回送力觉传感器数据（N、N·m）如表 18-11所示。

表 18-11　力觉传感器（FORCEN）数据结构

F1	4 字节 单精度实数	力觉传感器数据[N、N·m]合计 32 字节
F2	4 字节 单精度实数	
F3	4 字节 单精度实数	
F4	4 字节 单精度实数	
F5	4 字节 单精度实数	
F6	4 字节 单精度实数	
未使用	16 字节	

(6) 机器人动作信息数据结构

在数据类型中指定 12 时，回送各种机器人动作状态如表 18-12 所示。

表 18-12　机器人动作信息（ROBMON）数据结构

当前 TOOL 控制点速度（反馈值）	4 字节 单精度实数	当前 TOOL 控制点速度（反馈值）(mm/s)。 即使机器人停止,数值也可能会在 $-0.01\sim+0.01$ 之间发生变化
当前动作中的剩余距离（反馈值）	4 字节 单精度实数	到当前指令的插补目标位置为止的剩余距离（反馈值）(mm)。 与插补指令的种类无关,回送到当前位置与目标位置的直线距离
当前的 TOOL 控制点速度（指令值）	4 字节 单精度实数	当前 TOOL 控制点的速度（指令值）(mm/s)。 与机器人状态变量 M_RSpd 相同
当前动作中的剩余距离（指令值）	4 字节 单精度实数	到当前动作中插补目标位置为止的剩余距离（指令值）(mm)。 与机器人状态变量 M_RDst 相同
指令位置与反馈位置之差	4 字节 单精度实数	指令位置与反馈位置之差(mm)。 与机器人状态变量 M_Fbd 相同
以"目标位置"为基准的到达率（指令值）	2 字节 整数值	以"目标位置"为基准的到达率（指令值）(%)。 与机器人状态变量 M_Ratio 相同。回送 0~100%
加速状态（指令值）	2 字节 整数值	当前动作中的加速状态（指令值）(0:停止/1:加速中/2:恒速中/3:减速中)。 与机器人状态变量 M_AclSts 相同
步编号	2 字节 整数值	执行程序的行编号(1~32767)。 未选择程序时为 0(固定指工作区 1)
程序号	6 字节	程序号(固定指工作区 1、ASCII 字符串)。 从起始开始 6 个字符时结束,不足 6 个字符时输入 NULL 字符为 0
控制柜内温度	2 字节	控制器控制柜内温度(0.1℃)
未使用	2 字节	当前为空（系统备用）
动作计数器	4 字节 32 位整数	电源 ON 后从 0 开始以动作控制周期单位进行 +1 计数。 在 0~4294967295 之间重复

（7）单精度实数（FLOAT8）数据结构

在数据类型中指定 16、1010、1011、1012、1013、1014 时，回送单精度实数数据如表 18-13 所示。

表 18-13　单精度实数（FLOAT8）数据结构

实数 1	4 字节 单精度实数	
实数 2	4 字节 单精度实数	
实数 3	4 字节 单精度实数	
实数 4	4 字节 单精度实数	单精度实数，合计 32 字节
实数 5	4 字节 单精度实数	
实数 6	4 字节 单精度实数	
实数 7	4 字节 单精度实数	
实数 8	4 字节 单精度实数	
未使用	8 字节	当前为空。为 0

18.5.3　可监视的数据

实时监视功能可监视的数据如表 18-14 所示。

表 18-14　可监视的数据

ID	内容	数据结构
0	无数据	—
1	直交数据指令值	POSE
2	关节数据指令值	JOINT
3	电机脉冲数据指令值	PULSE(Long×8)
7	直交数据(编码器反馈值)	POSE
8	关节数据(编码器反馈值)	JOINT
9	电机脉冲数据(编码器反馈值)	PULSE(Long×8)
10	电流指令(0.1%额定)	PULSE(Long×8)
11	电流反馈(0.1%额定)	PULSE(Long×8)
12	机器人动作信息	ROBMON
13	位置倾斜	PULSE(Long×8)
14	速度指令(r/min)	PULSE(Long×8)
15	速度反馈(r/min)	PULSE(Long×8)
16	轴负载等级(%)	FLOAT8(Float×8)
17	编码器温度(℃)	PULSE(Long×8)

ID	内容	数据结构
18	编码器错误计数	PULSE
19	电机电源电压(V)、主电路电压(V)、主电路电压最大值(V)、主电路电压最小值(V)	PULSE(Long×8)
20	再生等级(%)	PULSE(Long×8)
21	允许值指令负侧(0.1%额定)	PULSE(Long×8)
22	允许值指令正侧(0.1%额定)	PULSE(Long×8)
23	实际电流(0.1%额定)	PULSE(Long×8)
101	力觉传感器数据当前值 xyz(N),abc(N·m)	FORCE(Float×8)
102	力觉传感器数据初始值(偏置取消后)xyz(N),abc(N·m)	FORCE(Float×8)
103	力觉传感器数据初始值(偏置取消前)xyz(N),abc(N·m)	FORCE(Float×8)
104	力觉补偿后的位置指令	POSE
111	碰撞检测功能:推断转矩(0.1%额定)	PULSE(Long×8)
112	碰撞检测功能:高位侧检测阈值(+侧)(0.1%额定)	PULSE(Long×8)
113	碰撞检测功能:高位侧检测阈值(-侧)(0.1%额定)	PULSE(Long×8)
1001	直交数据指令值	POSE
1002	关节数据指令值	JOINT
1007	直交数据(编码器反馈值)	POSE
1008	关节数据(编码器反馈值)	JOINT
1010	电流指令(A 有效值)	FLOAT8(Float×8)
1011	电流反馈(A 有效值)	FLOAT8(Float×8)
1012	允许值指令负侧(A 有效值)	FLOAT8(Float×8)
1013	允许值指令正侧(A 有效值)	FLOAT8(Float×8)
1014	实际电流(A 有效值)	FLOAT8(Float×8)

18.5.4　相关参数

与实时外部控制相关的参数如表 18-15 所示。

表 18-15　与实时外部控制相关的参数

参数	参数名称	序列号字符数	内容说明	出厂时设定值
以太网实时监视功能	MONMODE	整数 1	实时监视功能的有效/无效。 0:功能无效 1:功能有效	0
	MONPORT	整数 2	指定实时监视功能的接收端口编号/发送端口编号(0～65535)。 第 1 要素:接收端口编号; 第 2 要素:发送端口编号。 第 2 要素的发送端口编号中,0 为特殊值,是向机器人控制器接收的开始分组数据的 UDP 报头信息内回送已设置的发送源端口编号。 以太网通信机器为 Windows 应用程序时,若应用程序侧无特别指定,则该发送端口编号将会维持初始值 0 的状态。 根据以太网通信机器的规格,明确指定回信的端口编号时需要设定(例如 12000、12001)	12000,0

18.6　启动样本程序

从计算机向机器人进行控制，数据为直交位置 X 轴数据或 J1 轴关节位置数据。
MELFA-BASIC Ⅴ 的示例

1 OPEN"ENET:192.168.0.20"AS♯1′——设置计算机侧 IP 地址,设定从计算机侧传送过来的文件为♯1
文件。

2 MOV P1′——向 P1 移动。

3 MXT 1,0′——从计算机侧接收位置数据,以♯1 文件指令值进行动作。

4 MOV P1′——向 P1 移动。

5 HLT′——暂停。

6 END′——结束。

18.7　监视的开始/结束

本节说明监视开始/结束步骤，参看图 18-5。

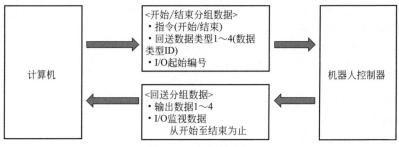

图 18-5　数据的监视

（1）监视开始
在计算机中设置"开始分组数据"。
① 在指令中设置数据输出开始（1）;
② 在回送数据类型 1～4 中设置要监视的数据类型 ID（0～12）。
"开始分组数据"发送至机器人控制器。正常接收时，在控制器的每个扫描周期，从控制器向计算机持续回送分组数据（输出数据）。

（2）监视结束
在计算机中设置"结束分组数据"。
① 在指令中设定数据输出结束（255）;
② 将"结束分组数据"发送至控制器，控制器将停止发送回送分组数据;
③ 若要在监视中途更改输出数据的种类，须重新发送"开始分组数据"。发送"结束分组数据"后，也可重新发送"开始分组数据"。

18.8　计算机样例程序

本节说明使用 MicrosoftVisualStudioExpress 的 VisualC＋＋（以下记为 VC）编制的数据链接样本程序。

实时外部控制功能的样本程序

■头文件 strdef.h

```
//**********************************************************************
//实时控制样本程序
//通信分组数据结构体定义头文件
//**********************************************************************
// strdef.h
#define VER_H7
/***********************************************************/
/* 关节坐标系(将未使用轴设为 0)*/
/* 各成分的详细内容请参照*/
/* 各机器人附带的使用说明书*/
/***********************************************************/
typedef struct{
float j1;// J1 轴角度(弧度)
float j2;// J2 轴角度(弧度)
float j3;// J3 轴角度(弧度)
float j4;// J4 轴角度(弧度)
float j5;// J5 轴角度(弧度)
float j6;// J6 轴角度(弧度)
float j7;//附加轴 1(J7 轴角度)(弧度)
float j8;//附加轴 2(J8 轴角度)(弧度)
} JOINT;
/***********************************************************/
/* 直交坐标系(将未使用轴设为 0)*/
/* 各成分的详细内容请参照*/
/* 各机器人附带的使用说明书*/
/***********************************************************/
typedef struct{
float x;// X 轴坐标值(mm)
float y;// Y 轴坐标值(mm)
float z;// Z 轴坐标值(mm)
float a;// A 轴坐标值(弧度)
float b;// B 轴坐标值(弧度)
Float c;// C 轴坐标值(弧度)
float l1;//附加轴 1(mm 或弧度)
float l2;//附加轴 2(mm 或弧度)
} WORLD;
typedef struct{
WORLD w;
unsigned int sflg1;//结构标志 1
unsigned int sflg2;//结构标志 2
} POSE;
/***********************************************************/
/* 脉冲坐标系(将未使用轴设为 0)*/
/* 以电机脉冲值表示各关节的坐标*/
```

```
/****************************************************/
typedef struct{
long p1;//电机 1 轴
long p2;//电机 2 轴
long p3;//电机 3 轴
long p4;//电机 4 轴
long p5;//电机 5 轴
long p6;//电机 6 轴
long p7;//附加轴 1(电机 7 轴)
long p8;//附加轴 2(电机 8 轴)
} PULSE;
/***************************************/
/* 实时功能通信数据包 * /
/***************************************/
typedef struct enet_rtcmd_str {
unsigned short Command;//指令
#define MXT_CMD_NULL 0 //无实时外部指令
#define MXT_CMD_MOVE 1 //有实时外部指令
#define MXT_CMD_END 255 //实时外部指令结束
unsigned short SendType;//指令数据类型指定
unsigned short SendType;//监视数据类型指定
///////////指令或监视数据类型 //
#define MXT_TYP_NULL 0 //无数据
//指令用及监视用 //////////////////
#define MXT_TYP_POSE 1 //直交数据(指令值)
#define MXT_TYP_JOINT 2 //关节数据(指令值)
#define MXT_TYP_PULSE 3 //脉冲数据(指令值)
//位置相关监视用 ///////////////////////
#define MXT_TYP_FPOSE 4 //直交数据(指令值滤波处理后)
#define MXT_TYP_FJOINT 5 //关节数据(指令值滤波处理后)
#define MXT_TYP_FPULSE 6 //脉冲数据(指令值滤波处理后)
#define MXT_TYP_FB_POSE 7 //直交数据(编码器反馈值)
#define MXT_TYP_FB_JOINT 8 //关节数据(编码器反馈值)
#define MXT_TYP_FB_PULSE 9 //脉冲数据(编码器反馈值)
//电流相关监视用 ///////////////////////
#define MXT_TYP_CMDCUR 10 //电流指令
#define MXT_TYP_FBKCUR 11 //电流反馈
union rtdata { //指令数据
POSE pos;//直交型(mm/rad)
JOINT jnt;//关节型(rad)
PULSE pls;//脉冲型(pls)
long lng[8];//整数型(%/无单位等)
} dat;
unsigned short SendIOType;//发送输入输出信号数据指定
unsigned short RecvIOType;//回信输入输出信号数据指定
#define MXT_IO_NULL 0 //无数据
```

```cpp
#define MXT_IO_OUT 1 //输出信号
#define MXT_IO_IN 2 //输入信号
unsigned short BitTop;//起始位编号
unsigned short BitMask;//发送用位掩码模式指定(0x0001~0xffff)
unsigned short IoData;//输入输出信号数据(0x0000~0xffff)
unsigned short TCount;//超时时间的计数值
unsigned long CCount;//通信数据用的计数值
unsigned short RecvType1;//回信数据类型指定 1
union rtdata1 { //监视数据 1
POSE pos1;//直交型(mm/rad)
JOINT jnt1;//关节型(rad)
PULSE pls1;//脉冲型(pls)
long lng1[8];//整数型(%/无单位等)
} dat1;
unsigned short RecvType2;//回信数据类型指定 2
union rtdata2 { //监视数据 2
POSE pos2;//直交型(mm/rad)
JOINT jnt2;//关节型(rad)
PULSE pls2;//脉冲型(pls)或整数型(%/无单位等)
long lng2[8];//整数型(%/无单位等)
} dat2;
unsigned short RecvType3;//回信数据类型指定 3
union rtdata3 { //监视数据 3
POSE pos3;//直交型(mm/rad)
JOINT jnt3;//关节型(rad)
PULSE pls3;//脉冲型(pls)或整数型(%/无单位等)
long lng3[8];//整数型(%/无单位等)
} dat3;
} MXTCMD;
```

■源文件 sample.cpp

```cpp
// sample.cpp
//应根据控制器的 S/W 版本
//更改头文件"strdef.h"内的 define。
//详细内容请参照"strdef.h"文件。
#define _CRT_SECURE_NO_WARNINGS
#include <windows.h>
#include <iostream>
#include <winsock.h>
#include <stdio.h>
#include <conio.h>
#include <string.h>
#include <math.h>
#include"strdef.h"
#define NO_FLAGS_SET 0
#define MAXBUFLEN 512
using namespace std;
```

```
INT main(VOID)
{
WSADATA Data;
SOCKADDR_IN destSockAddr;
SOCKET destSocket;
unsigned long destAddr;
int status;
int numsnt;
int numrcv;
char sendText[MAXBUFLEN];
char recvText[MAXBUFLEN];
char dst_ip_address[MAXBUFLEN];
unsigned short port;
char msg[MAXBUFLEN];
char buf[MAXBUFLEN];
char type,type_mon[4];
unsigned short IOSendType=0;//发送输入输出信号数据指定
unsigned short IORecvType=0;//回信输入输出信号数据指定
unsigned short IOBitTop=0;
unsigned short IOBitMask=0xffff;
unsigned short IOBitData=0;
cout <<"输入连接目标的 IP 地址(192.168.0.20)->";
cin.getline(dst_ip_address,MAXBUFLEN);
if(dst_ip_address[0]==0) strcpy(dst_ip_address,"192.168.0.20");
cout <<"输入连接目标的端口编号(10000)->";
cin.getline(msg,MAXBUFLEN);
if(msg[0]!=0) port=atoi(msg);
else port=10000;
cout <<"是否使用输入输出信号? ([Y] / [N])->";
cin.getline(msg,MAXBUFLEN);
if(msg[0]!=0 && (msg[0]=='Y' || msg[0]=='y')) {
cout <<"对象? 输入信号/输出信号([I]nput / [O]utput)->";
cin.getline(msg,MAXBUFLEN);
switch(msg[0]) {
case 'O': //将对象设为输出信号
case 'o':
IOSendType=MXT_IO_OUT;
IORecvType=MXT_IO_OUT;
break;
case 'I': //将对象设为输入信号
case 'i':
default:
IOSendType=MXT_IO_NULL;
IORecvType=MXT_IO_IN;
break;
}
```

```
cout <<"输入起始的位编号(0～32767)—>";
cin. getline(msg,MAXBUFLEN);
if(msg[0]! =0) IOBitTop=atoi(msg);
else IOBitTop=0;
if(IOSendType==MXT_IO_OUT) { //仅限输出信号时
cout <<"以 16 进制数输入输出时的位掩码模式(0000～FFFF)—>";
cin. getline(msg,MAXBUFLEN);
if(msg[0]! =0) sscanf(msg,"%4x",&IOBitMask);
else IOBitMask=0;
cout <<"以 16 进制数输入输出时的位数据(0000～FFFF)—>";
cin. getline(msg,MAXBUFLEN);
if(msg[0]! =0) sscanf(msg,"%4x",&IOBitData);
else IOBitData=0;
}
}
cout <<"－－－输入要指令的数据类型 －－－\n";
cout <<"[0:无/1:直交/ 2:关节/ 3:脉冲]\n";
cout <<"请输入数字 [0]～[3] —>";
cin. getline(msg,MAXBUFLEN);
type=atoi(msg);
for(int k=0;k<4;k++) {
sprintf(msg,"－－－输入要监视的数据类型 (第%d 个 )－－－\n",k);
cout << msg;
cout <<"[0:无]\n";
cout <<"[1:直交/ 2:关节/ 3:脉冲] …指令值\n";
cout <<"[4:直交/ 5:关节/ 6:脉冲] …滤波后的指令值\n";
cout <<"[7:直交/ 8:关节/ 9:脉冲] …反馈值\n";
cout <<"[10:电流指令/ 11:电流反馈] …电流值\n";
cout <<"请输入数字 [0]～[11] —>";
cin. getline(msg,MAXBUFLEN);
type_mon[k]=atoi(msg);
}
sprintf(msg,"IP=%s / PORT=%d / Send Type=%d / Monitor Type0/1/2/3=%d/%d/%
d/%d",dst_ip_address,port ,type,type_mon[0],type_mon[1],type_mon[2],type_mon[3]);
cout << msg << endl;
cout <<"[Enter]=结束 / [d]=监视数据显示";
cout <<"[z/x]=仅对要发送的指令数据的第 1 个增减 delta 部分";
cout <<"OK? [Enter] / [Ctrl+C]";
cin. getline(msg,MAXBUFLEN);
// Windows Socket DLL 的初始化
status=WSAStartup(MAKEWORD(1,1),&Data);
if (status ! = 0)
cerr <<"ERROR: WSAStartup unsuccessful" << endl;
// IP 地址·端口等的设定
memset(&destSockAddr,0,sizeof(destSockAddr));
destAddr=inet_addr(dst_ip_address);
```

```
memcpy(&destSockAddr.sin_addr,&destAddr,sizeof(destAddr));
destSockAddr.sin_port=htons(port);
destSockAddr.sin_family=AF_INET;
//套接字创建
destSocket=socket(AF_INET,SOCK_DGRAM,0);
if(destSocket == INVALID_SOCKET){
cerr <<"ERROR: socket unsuccessful" << endl;
status=WSACleanup();
if(status == SOCKET_ERROR)
cerr <<"ERROR: WSACleanup unsuccessful" << endl;
return(1);
}
MXTCMD MXTsend;
MXTCMD MXTrecv;
JOINT jnt_now;
POSE pos_now;
PULSE pls_now;
unsigned long counter=0;
int loop=1;
int disp=0;
int disp_data=0;
int ch;
float delta=(float)0.0;
long ratio=1;
int retry;
fd_set SockSet;// select 中使用的套接字集合
timeval sTimeOut;//超时设定用
memset(&MXTsend,0,sizeof(MXTsend));
memset(&jnt_now,0,sizeof(JOINT));
memset(&pos_now,0,sizeof(POSE));
memset(&pls_now,0,sizeof(PULSE));
while(loop){
memset(&MXTsend,0,sizeof(MXTsend));
memset(&MXTrecv,0,sizeof(MXTrecv));
//创建发送数据
if(loop==1){ //仅限首次
MXTsend.Command=MXT_CMD_NULL;
MXTsend.SendType=MXT_TYP_NULL;
MXTsend.RecvType=type;
MXTsend.SendIOType=MXT_IO_NULL;
MXTsend.RecvIOType=IOSendType;
MXTsend.CCount=counter=0;
}
else{ //第 2 次以后
MXTsend.Command=MXT_CMD_MOVE;
MXTsend.SendType=type;
```

```
MXTsend. RecvType＝type_mon[0];
MXTsend. RecvType1＝ type_mon[1];
MXTsend. RecvType2＝ type_mon[2];
MXTsend. RecvType3＝ type_mon[3];
switch(type) {
case MXT_TYP_JOINT:
memcpy(&MXTsend. dat. jnt,&jnt_now,sizeof(JOINT));
MXTsend. dat. jnt. j1 ＋＝ (float)(delta* ratio* 3. 141592/180. 0);
break;
case MXT_TYP_POSE:
memcpy(&MXTsend. dat. pos,&pos_now,sizeof(POSE));
MXTsend. dat. pos. w. x ＋＝ (delta* ratio);
break;
case MXT_TYP_PULSE:
memcpy(&MXTsend. dat. pls,&pls_now,sizeof(PULSE));
MXTsend. dat. pls. p1 ＋＝ (long)((delta* ratio)* 10);
break;
default:
break;
}
MXTsend. SendIOType＝IOSendType;
MXTsend. RecvIOType＝IORecvType;
MXTsend. BitTop＝IOBitTop;
MXTsend. BitMask ＝IOBitMask;
MXTsend. IoData＝IOBitData;
MXTsend. CCount＝counter;
}
//键盘输入
// [Enter]＝结束 / [d]＝监视数据显示 / [z/x]＝仅对要发送的指令数据的第 1 个增减 delta 部分
while(_kbhit()! ＝0) {
ch＝_getch();
switch(ch) {
case 0x0d:
MXTsend. Command＝MXT_CMD_END;
loop＝0;
break;
case 'Z':
case 'z':
delta ＋＝ (float)0. 1;
break;
case 'X':
case 'x':
delta －＝ (float)0. 1;
break;
case 'C':
case 'c':
```

```
delta=(float)0.0;
break;
case 'd':
disp=~disp;                                    }
break;
case '0': case '1': case '2': case '3':         }
disp_data=ch - '0';
break;
    memset(sendText,0,MAXBUFLEN);
    memcpy(sendText,&MXTsend,sizeof(MXTsend));
    if(disp) {
    sprintf(buf,"Send (%ld):",counter);
    cout << buf << endl;
    }
    numsnt=sendto(destSocket,sendText,sizeof(MXTCMD),NO_FLAGS_SET,(LPSOCKAD-
    DR) &destSockAddr,
    sizeof(destSockAddr));
    if (numsnt ! = sizeof(MXTCMD)) {
    cerr <<"ERROR: sendto unsuccessful" << endl;
    status=closesocket(destSocket);
    if (status == SOCKET_ERROR)
cerr <<"ERROR: closesocket unsuccessful" << endl;
status=WSACleanup();
if (status == SOCKET_ERROR)
cerr <<"ERROR: WSACleanup unsuccessful" << endl;
return(1);
}
memset(recvText,0,MAXBUFLEN);
retry=1;//接收重试次数
while(retry) {
FD_ZERO(&SockSet);// SockSet 初始化
FD_SET(destSocket,&SockSet);//登录套接字
sTimeOut.tv_sec=1;//发送超时设定(s)
sTimeOut.tv_usec=0;// (μs)
status=select(0,&SockSet,(fd_set * )NULL,(fd_set * )NULL,&sTimeOut);
if(status == SOCKET_ERROR) {
return(1);
}
if((status > 0) && (FD_ISSET(destSocket,&SockSet) ! = 0)) { //超时为止接收后
numrcv=recvfrom(destSocket,recvText,MAXBUFLEN,NO_FLAGS_SET,NULL,NULL);
if (numrcv == SOCKET_ERROR) {
cerr <<"ERROR: recvfrom unsuccessful" << endl;
status=closesocket(destSocket);
if (status == SOCKET_ERROR)
cerr <<"ERROR: closesocket unsuccessful" << endl;
status=WSACleanup();
```

```
if (status == SOCKET_ERROR)
cerr <<"ERROR: WSACleanup unsuccessful" << endl;
return(1);
}
memcpy(&MXTrecv,recvText,sizeof(MXTrecv));
char str[10];
if(MXTrecv. SendIOType==MXT_IO_IN) sprintf(str,"IN%04x",MXTrecv. IoData);
else if(MXTrecv. SendIOType==MXT_IO_OUT) sprintf(str,"OT%04x",MXTrecv. IoData);
else sprintf(str,"-----");
int DispType;
void * DispData;
switch(disp_data) {
case 0:
DispType=MXTrecv. RecvType;
DispData=&MXTrecv. dat;
break;
case 1:
DispType=MXTrecv. RecvType1;
DispData=&MXTrecv. dat1;
break;
case 2:
DispType=MXTrecv. RecvType2;
DispData=&MXTrecv. dat2;
break;
case 3:
DispType=MXTrecv. RecvType3;
DispData=&MXTrecv. dat3;
break;
fault:
break;
}
switch(DispType) {
case MXT_TYP_JOINT:
case MXT_TYP_FJOINT:
case MXT_TYP_FB_JOINT:
if(loop==1) {
memcpy(&jnt_now,DispData,sizeof(JOINT));
loop=2;
}
if(disp) {
JOINT *j=(JOINT*)DispData;
sprintf(buf,"Receive (%ld): TCount=%d
Type(JOINT)=%d\n %7. 2f,%7. 2f,%7. 2f,%7. 2f,%7. 2f,%7. 2f,%7. 2f,%7. 2f (%s)"
,MXTrecv. CCount,MXTrecv. TCount,DispType
,j->j1,j->j2,j->j3 ,j->j4,j->j5,j->j6,j->j7,j->j8,str);
cout << buf << endl;
```

```
}
break;
case MXT_TYP_POSE:
case MXT_TYP_FPOSE:
case MXT_TYP_FB_POSE:
if(loop==1) {
memcpy(&pos_now,&MXTrecv.dat.pos,sizeof(POSE));
loop=2;
}
if(disp) {
POSE *p=(POSE*)DispData;
sprintf(buf,"Receive (%ld): TCount=%d
Type(POSE)=%d\n %7.2f,%7.2f,%7.2f,%7.2f,%7.2f,%7.2f,%04x,%04x (%s)"
,MXTrecv.CCount,MXTrecv.TCount,DispType
,p->w.x,p->w.y,p->w.z,p->w.a,p->w.b,p->w.c,p->sflg1,p->sflg2,str);
cout << buf << endl;
}
break;
case MXT_TYP_PULSE:
case MXT_TYP_FPULSE:
case MXT_TYP_FB_PULSE:
case MXT_TYP_CMDCUR:
case MXT_TYP_FBKCUR:
if(loop==1) {
memcpy(&pls_now,&MXTrecv.dat.pls,sizeof(PULSE));
loop=2;
}
if(disp) {
PULSE *l=(PULSE*)DispData;
sprintf(buf,"Receive (%ld): TCount=%d
Type(PULSE/OTHER)=%d\n %ld,%ld,%ld,%ld,%ld,%ld,%ld,%ld (%s)"
,MXTrecv.CCount,MXTrecv.TCount,DispType
,l->p1,l->p2,l->p3,l->p4,l->p5,l->p6,l->p7,l->p8,str);
cout << buf << endl;
}
break;
case MXT_TYP_NULL:
if(loop==1) {
loop=2;
}
if(disp) {
sprintf(buf,"Receive (%ld): TCount=%d Type(NULL)=%d\n (%s)"
,MXTrecv.CCount,MXTrecv.TCount,DispType,str);
cout << buf << endl;
}
break;
```

```
default:
cout <<"Bad data type. \n" << endl;
break;
}
counter++;//仅在可以通信时计数
retry=0;//结束接收循环
}
else { //接收超时
cout <<"... Receive Timeout! <Push [Enter] to stop the program>" << endl;
retry--;//重试次数减少
if(retry==0) loop=0;//若重试次数为 0 则程序结束
}
} /* while * /
} /* while * /
//结束
cout <<"/// End ///";
sprintf(buf,"counter=%ld",counter);
cout << buf << endl;
//关闭套接字
status=closesocket(destSocket);
if (status == SOCKET_ERROR)
cerr <<"ERROR: closesocket unsuccessful" << endl;
status=WSACleanup();
if (status == SOCKET_ERROR)
cerr <<"ERROR: WSACleanup unsuccessful" << endl;
return 0;
}
```

第19章

SLMP链接——无缝信息链接

19.1 SLMP 功能概说

SLMP 是"无缝通信协议"（SeamLess Message Protocol）的英文简写。本书以下论及的"无缝通信协议"均简写为 SLMP。

SLMP 能跨越不同网络层级，使生产现场的信息管理网络系统和现场设备执行网络系统之间进行无缝信息通信，实现智能生产系统管理。

SLMP 能从上位管理层系统无缝链接到下位生产现场，然后将生产现场状态数据同时集中在一个网络上。当管理层需要数据时，发出指令就能将现场设备数据传输到上位管理系统。SLMP 最大的特点是简单易用。SLMP 属于一个软件的协议，无需硬件开发，只需要用户在终端设备安装 SLMP 软件协议，便可连接到 CC-LinkIE 网络，做到真正的"异网相通""即装即用"。

三菱 FR 系列机器人支持 SLMP 通信功能。

19.2 技术规格

19.2.1 SLMP 的规格

SLMP 的通信技术规格如表 19-1 所示。

表 19-1　SLMP 的通信技术规格

项目	通信数据的代码	内容
SLMP	• ASCII 代码 • 二进制代码	与 MC 协议的 QnA 互换 3E 帧及 4E 帧相同的报文格式

使用二进制码进行通信比使用 ASCII 码进行通信，通信数据量减少近一半。

19.2.2 参数

SLMP 通信所使用的参数如表 19-2 所示。

表 19-2　SLMP 通信所使用的参数

参数名称	内容说明	出厂时设定值
SLMPPORT	SLMP 服务器的通信端口编号（1024～65535）	45237
SLMPCP	SLMP 服务器的通信协议。 0：TCP 1：UDP	1

参数名称	内容说明	出厂时设定值
SLMPNWNO	SLMP 网络编号（1～239）	1
SLMPNDID	设定 SLMP 站号（1～120）	1

19.3　SLMP 通信步骤

19.3.1　使用 TCP/IP 协议

TCP/IP 在传送数据前需确认已经正常链接，在通信时检查确认正常的数据已传送至通信对象中，因此可确保数据的可靠性。但与 UDP/IP 相比，线路的负载将变大。

使用 TCP/IP 进行 SLMP 通信时的操作步骤如图 19-1 所示。

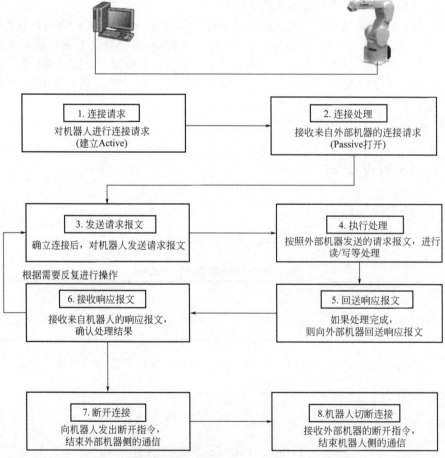

图 19-1　使用 TCP/IP 进行 SLMP 通信时的操作步骤

（1）连接请求

外部计算机对机器人发出连接请求指令（建立 Active）。

（2）连接处理

机器人接收来自外部计算机的连接请求（Passive 打开）。

（3）发送请求报文

确立连接后，外部计算机对机器人发送请求报文。

（4）执行处理

机器人按照外部计算机已发送的请求报文，进行读/写处理。

（5）回送响应报文

机器人如果处理完成，则向外部计算机回送响应报文。

（6）接收响应报文

外部计算机接收来自机器人的响应报文，确认处理结果。根据需要在第（3）～第（6）步之间反复处理。

（7）断开连接

外部计算机向机器人发出"断开连接"请求，结束外部计算机侧的通信。

（8）机器人切断连接

机器人接收外部计算机的切断连接请求，结束机器人侧的通信。

19.3.2　使用 UDP/IP 协议

UDP/IP 是一种简单的通信协议。UDP/IP 通信无需检查链接状态和数据是否已正常传送至通信对象中，所以线路的负载低。但与 TCP/IP 相比，数据的可靠性变低。

使用 UDP/IP 进行 SLMP 通信时的操作步骤如图 19-2 所示。

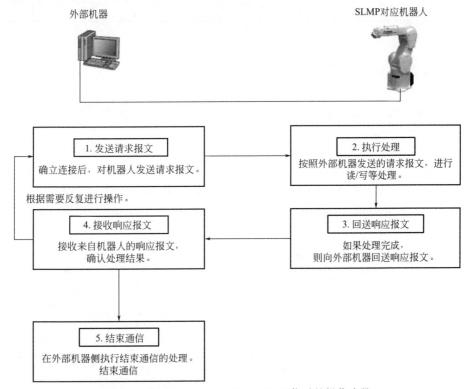

图 19-2　使用 UDP/IP 进行 SLMP 通信时的操作步骤

（1）发送请求报文

外部计算机确认连接后，向机器人发送请求报文。

（2）执行处理

按照外部计算机发送的请求报文，机器人进行读/写处理。

（3）回送响应报文

如果处理完成，机器人向外部计算机回送响应报文。

（4）接收响应报文

外部计算机接收来自机器人的响应报文，确认处理结果。

根据需要在第（1）～第（4）步之间反复处理。

（5）结束通信

外部计算机对机器人发出断开连接请求，结束外部计算机侧的通信。

19.4 报文格式

本节对 SLMP 的报文格式进行说明。

19.4.1 请求指令报文

19.4.1.1 报文格式

从外部计算机向机器人发送的请求指令报文格式如图 19-3 所示。

帧头	子帧头	访问对象网络编号	访问对象站号	访问对象模块 I/O 编号	访问对象多点站号	数据长度	监视时间	数据	页脚

图 19-3 请求指令报文的格式

19.4.1.2 对报文格式的说明

（1）帧头

TCP/IP 及 UDP/IP 使用帧头。帧头在外部计算机侧附加并发送，通常由外部计算机自动附加。

（2）子帧头

子帧头根据是否附加"序列号"而不同。

从外部计算机向同一机器人发送多个请求报文时，使用"序列号"识别不同的报文。请求报文附加序列号时，响应报文也附加相同的序列号。表 19-3 为附加序列号的状态。表 19-4 为不附加序列号的状态。

表 19-3　请求报文中附加序列号（序列号为 1234H 时）

请求报文中附加序列号时（序列号为 1234H 时）		
固定值		固定值
ASCII 码 5 4 0 0 35H 34H 30H 30H	1 2 3 4 31H 32H 33H 34H	0 0 0 0 30H 30H 30H 30H
	序列号	
固定值		固定值
二进制码 54H 30H	34H 12H	00H 00H
	序列号	

表 19-4　请求指令报文中不附加序列号

请求指令报文中不附加序列号						
	固定值				固定值	
ASCII 码	5 35H	0 30H	0 30H	0 30H	二进制码	50H　00H

在外部计算机一侧管理和使用序列号。使用 ASCII 码发送时，按照从高位字节到低位字节的顺序保存序列号。

使用二进制码发送时，按照从低位字节到高位字节的顺序保存序列号。

（3）网络编号、站号

① 功能　用于设置访问对象的网络编号（No.）和站号。以 16 进制数指定网络编号和站号。网络编号和站号按照从高位字节到低位字节的顺序发送。

② 网络编号的范围

本站：00H。

其他站：01H～EFH（1～239）。

③ 站号的范围

本站：FFH（网络编号为 00H 时）。

其他站：01H～78H（1～120）。

④ 网络编号设置样例　设置访问对象网络编号为 1AH（26）时，如图 19-4 所示。

⑤ 站号设置样例　设置访问对象站号为 1AH（26）时，如图 19-5 所示。

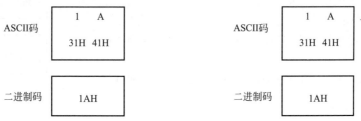

图 19-4　设置访问对象网络编号　　图 19-5　设置访问对象站号为 1AH

本站——指网络编号为 00H 而且站号为 FFH 的站。

其他站——除本站之外的站。

不论"网络编号"和"站号"如何设定，发至本站的请求指令数据都会受理。

（4）模块 I/O 编号

① 功能　设置访问对象的模块 I/O 编号（03FFH 固定）。

② 设置样例　如图 19-6 所示，设置模块 I/O 编号为 03FFH。

③ 注意事项　使用 ASCII 码通信时，按从高位字节到低位字节的顺序发送。使用二进制码通信时，按从低位字节到高位字节的顺序发送。

（5）多点站号

① 功能　如果访问对象为多点连接站时，设置"多点站号"（00H 固定）。

② 设置样例　多点站号为 0 时，设置如图 19-7 所示。

（6）数据长度

① 功能　用于设置"监视时间"＋"数据"的长度。以 16 进制数设置（单位：字节）。如图 19-8 所示。

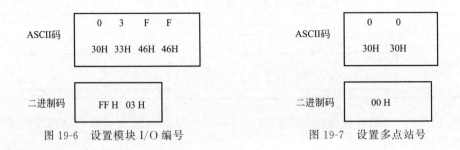

图 19-6 设置模块 I/O 编号　　　　　图 19-7 设置多点站号

② 设置样例　数据长度为 24 字节时，设置样例如图 19-9 所示。

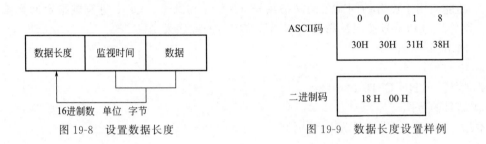

图 19-8 设置数据长度　　　　　图 19-9 数据长度设置样例

③ 注意事项　使用 ASCII 码通信时，按从高位字节到低位字节的顺序发送。使用二进制码通信时，按从低位字节到高位字节的顺序发送。

(7) 监视时间

① 设置样例　设置监视时间为 10H 时，如图 19-10 所示。

② 规定　如果不使用监视时间，则固定设置为 0000H。

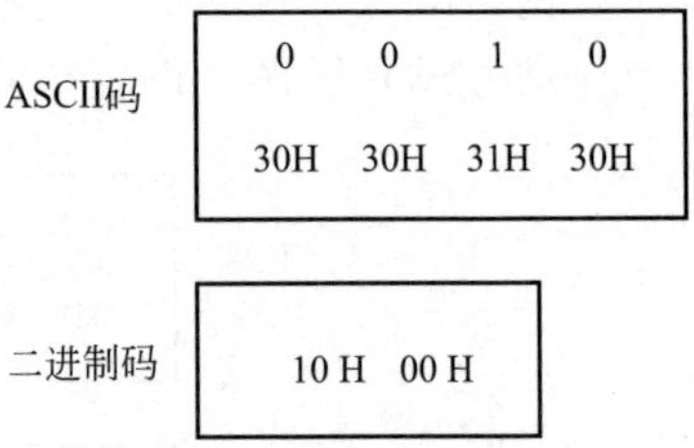

图 19-10 设置监视时间

19.4.2　响应报文

从机器人向外部计算机发送响应报文的格式如图 19-11 所示。

19.4.2.1　正常结束响应报文格式

正常结束响应报文的格式如图 19-11 所示。

帧头	子帧头	访问对象网络编号	访问对象站号	访问对象模块 I/O 编号	访问对象多点站号	响应数据长度	结束代码	响应数据	页脚

图 19-11 正常结束响应报文的格式

19.4.2.2　异常结束响应报文格式

异常结束响应报文的格式如图 19-12 所示。

对结束响应报文格式说明如下。

① 与请求指令报文格式相同的部分

a. 访问对象网络编号。

b. 访问对象站号。

c. 访问对象模块 I/O 编号。

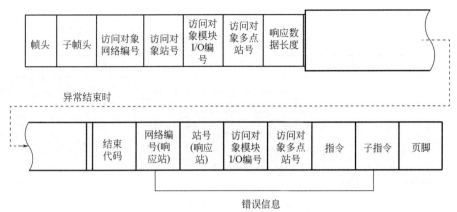

图 19-12　异常结束响应报文的格式

d. 访问对象多点站号。

以上内容与 19.4.1 节的定义相同。

② 帧头　保存以太网的帧头。

③ 子帧头　保存对应请求报文的子帧头（与请求报文的子帧头相同）。

④ 响应数据长度

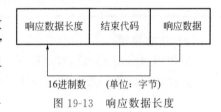

a. 定义　响应数据长度为"从结束代码到响应数据（正常结束时）或错误信息（异常结束时）为止"的数据长度。响应数据长度以 16 进制数进行保存（单位：字节）。

图 19-13　响应数据长度

b. 正常结束时　响应数据长度＝结束代码长度＋响应数据长度。如图 19-13 所示。

c. 异常结束时　响应数据长度＝结束代码长度＋网络编号长度＋站号长度＋访问对象模块 I/O 编号长度＋访问对象多点站号长度＋指令长度＋子指令长度。如图 19-14 所示。

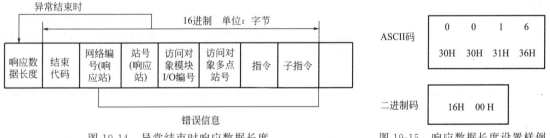

图 19-14　异常结束时响应数据长度

图 19-15　响应数据长度设置样例

19.4.2.3　设置样例

设置响应数据长度为 22 字节时，如图 19-15 所示。

19.4.2.4　注意事项

① 使用 ASCII 码通信时，按从高位字节到低位字节的顺序发送。

② 使用二进制码通信时，按从低位字节到高位字节的顺序发送。

19.4.2.5　结束代码

（1）功能

保存指令处理结果。正常结束时保存为 0，如表 19-5 所示。异常结束时保存错误代码

（参看第 19.6 节），如表 19-6 所示。

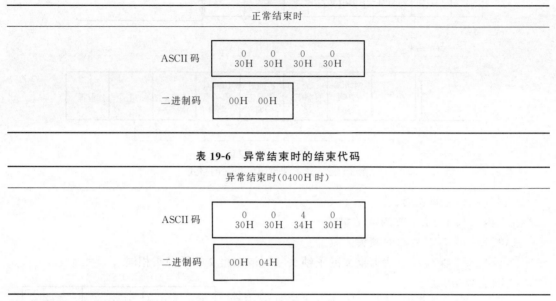

表 19-5　正常结束时的结束代码

正常结束时			
ASCII 码	0 30H	0 30H	0 30H	0 30H
二进制码	00H	00H		

表 19-6　异常结束时的结束代码

异常结束时（0400H 时）			
ASCII 码	0 30H	0 30H	4 34H	0 30H
二进制码	00H	04H		

（2）注意事项

① 使用 ASCII 码通信时，按从高位字节到低位字节的顺序保存。

② 使用二进制码通信时，按从低位字节到高位字节的顺序保存。

19.5　SLMP 指令

本节对 SLMP 指令进行说明。

19.5.1　指令一览

SLMP 指令一览如表 19-7 所示。以下的子指令"□"部分根据指定的软元件不同而有所不同。请参看第 19.5.2 节。

表 19-7　SLMP 指令一览

项目		指令	子指令	内容
种类	操作			
Device 软元件	Read 读取数据	0401	00□1 00□3	以 1 点为单位从"位元件"（连续编号的位元件）读取值
			00□0 00□2	• 以 16 点为单位从"位元件"（连续编号的位元件）读取值 • 以 1 字为单位从"字元件"（连续编号的字元件）读取值
	Write 写入数据	1401	00□1 00□3	以 1 点为单位向"位元件"（连续编号的位元件）写入值
			00□0 00□2	• 以 16 点为单位向"位元件"（连续编号的位元件）写入值 • 以 1 字为单位向"字元件"（连续编号的字元件）写入值

续表

项目		指令	子指令	内容
种类	操作			
Device 软元件	Read Random 随机读取	0403	00□0 00□2	指定软元件编号,读取软元件的值。可以指定不连续编号的软元件。 以 1 字为单位或以 2 字为单位读取字元件
	Write Random 随机写入	1402	00□1 00□3	以 1 点为单位设置位元件编号,并写入值。可以设置不连续编号的位元件
			00□0 00□2	• 以 16 点为单位指定位元件编号,并写入值。可以设置不连续编号的位元件 • 以 1 字为单位或以 2 字为单位设置位元件编号,并写入值。可以设置不连续编号的位元件
Self Test 自检		0619	0000	测试与对象设备的通信是否正常

19.5.2　读/写指令

本节对读/写指令进行说明。

19.5.2.1　读/写指令使用的数据

(1) 软元件代码

① 软元件代码一览　软元件代码如表 19-8 所示。请求指令数据中,使用"代码"表示"软元件"。子指令为 0001、0000 时,使用( )中记载的"代码"。

表 19-8　软元件代码一览表

软元件	种类	软元件代码		软元件编号范围	
		ASCII 码	二进制码		
特殊继电器(SM)	位	SM(SM)	0091H(91H)	SM0～SM4095	10 进制
特殊寄存器(SD)	字	SD(SD)	00A9H(A9H)	SD0～SD4095	10 进制
输入(X)	位	X(X)	009CH(9CH)	R 类型:X0～XFFF D 类型:X0～X1FFF	16 进制
输出(Y)	位	Y(Y)	009DH(9DH)	R 类型:Y0～YFFF D 类型:Y0～Y1FFF	16 进制
内部继电器(M)	位	M(M)	0090H(90H)	M0～M18431	10 进制
数据寄存器(D)	字	D(D)	00A8H(A8H)	D0～D5119	10 进制

注:1. 使用 ASCII 码通信,子指令为 00□3、00□2 时,以 4 位指定软元件代码。软元件代码为 3 位以下的,在软元件代码后附加 " * "(ASCII 码:2AH)或空格(ASCII 代码:20H)。

2. 子指令为 00□1、00□0 时,以 2 位指定软元件代码。软元件代码为 1 位时,在软元件代码后附加 " * "(ASCII 代码:2AH)或空格(ASCII 代码:20H)。

② 使用 ASCII 码进行通信时　将软元件代码转换为 ASCII 代码(4 位或 2 位)使用,并按照从高位字节到低位字节的顺序发送。英文字符使用大写字符的代码。

子指令为 0003、0002 时,转换为 ASCII 代码的位数与 0001、0000 不同。如表 19-9 所示。

表 19-9　子指令转换为 ASCII 代码

子指令	位数	样例
0003 0002	转换为 4 位 ASCII 码	输入(X)时　(4 位)[①] X 58H　* 2AH　* 2AH　* 2AH
0001 0000	转换为 2 位 ASCII 代码	输入(X)时(2 位) X 58H　* 2AH

① 输入继电器的软元件代码从"X"开始按顺序发送。此外，第 2 个字符以后的"*"，也可以使用空格（ASCII 代码：20H）设置。

③ 通过二进制代码进行数据通信时　使用数值（2 字节或 1 字节），并按照从低位字节到高位字节的顺序发送。子指令为 0003、0002 时的数值与 0001、0000 的数值不同。如表 19-10 所示。

表 19-10　在不同子指令中的二进制码

子指令	位数	样例
0003 0002	2 字节	输入(X)时(2 字节) 9CH　00H
0001 0000	1 字节	输入(X)时(1 字节) 9CH

(2) 起始软元件编号

① 功能　"起始软元件编号"的功能是设置要进行读取或写入的"一组软元件"的起始编号。设置连续的软元件时，可以只设置"一组软元件"的起始编号。根据软元件的种类以 10 进制数或 16 进制数指定起始软元件编号。

② 使用 ASCII 码　进行通信时，将软元件编号转换为 ASCII 码（8 位或 6 位），按从高位字节到低位字节的顺序发送。子指令为 0003、0002 时转换为 ASCII 码的位数与子指令为 0001、0000 时不同。如表 19-11 所示。

表 19-11　不同子指令中的 ASCII 码

子指令	位数	样例
0003 0002	转换为 8 位 ASCII 码	软元件编号为 1234 时(8 位) 0 30H　0 30H　0 30H　0 30H　1 31H　2 32H　3 33H　4 34H
0001 0000	转换为 6 位 ASCII 码	软元件编号为 1234 时(6 位) 0 30H　0 30H　1 31H　2 32H　3 33H　4 34H

注：从 0 开始按顺序发送。高位的 0 也可以使用空格（ASCII 代码：20H）。

③ 使用二进制码　使用数值为 4 字节或 3 字节，并按照从低位字节到高位字节的顺序发送。软元件编号为 10 进制数的转换为 16 进制数后发送。子指令为 0003、0002 中的软元件编号与 0001、0000 中的数值不同。如表 19-12 所示。

表 19-12　不同子指令中的二进制码

子指令	位数	样例
0003 0002	4 字节	内部继电器 M1234、链接继电器 B1234 时（4 字节） M1234：D2H　04H　00H　00H B1234：34H　12H　00H　00H
0001 0000	3 字节	内部继电器 M1234、链接继电器 B1234 时（3 字节） M1234：D2H　04H　00H B1234：34H　12H　00H

注：1. 由于内部继电器 M1234 的软元件编号为 10 进制数，因此将转换为 16 进制数，为 000004D2H，按照 D2H、04H、00H、00H 的顺序发送。链接继电器 B1234 为 00001234H，按照 34H、12H、00H、00H 的顺序发送。

2. 由于内部继电器 M1234 的软元件编号为 10 进制数，因此将转换为 16 进制数，为 0004D2H，按照 D2H、04H、00H 的顺序发送。链接继电器 B1234 为 001234H，按照 34H、12H、00H 的顺序发送。

(3) 软元件点数

① 功能　指定需要读取或写入的软元件的数量。

② 使用 ASCII 码　使用 ASCII 码进行通信时，将软元件点数转换为 ASCII 码 4 位（16 进制数）使用，并按照从高位字节到低位字节的顺序发送。指定英文字符时，使用大写字符的代码。5 点及 20 点的设置样例如图 19-16 所示。

③ 使用二进制码　使用二进制码进行数据通信时，使用 2 字节的数值，并按照从低位字节到高位字节的顺序发送。5 点及 20 点的设置样例如图 19-17 所示。

5点	20点	5点	20点
0　0　0　5 30H　30H　30H　35H	0　0　1　4 30H　30H　31H　34H	05H　00H	14H　00H

图 19-16　ASCII 码通信设置样例　　　　图 19-17　二进制码数据通信设置样例

19.5.2.2　读/写数据

读取时，保存已读取的软元件的数值。写入时，保存要写入的数据。对应"位数据"（子指令：00□1、00□3）或"字数据"（子指令：00□0、00□2），数据排列不同。

(1) "位数据"的读/写（子指令：00□1、00□3）

① 使用 ASCII 码　执行 ASCII 码通信时，按照"起始软元件号"从高位位开始的顺序传送"软元件点数"。软元件＝ON，则为 31H（1），软元件＝OFF，则为 30H（0）。指定英文字符时，使用大写字符的代码。

设置样例如图 19-18，表示从 M10 开始 5 点的 ON/OFF。

② 使用二进制码

a. 二进制码通信规格　使用二进制码通信时，以 4 位指定"软元件点数"，并从已指定的"起始软元件号"开始，按从高位位开始的顺序发送设定软元件点数的数据。软元件＝ON 则为 1，软元件＝OFF 则为 0。

图 19-18 "位数据"读/写 ASCII 码通信设置样例

b. 设置样例　软元件为 M10～M14。软元件点数＝5。起始软元件号＝M10。表示从 M10 开始的 M10～M14 的 ON/OFF 状态，如图 19-19 所示。

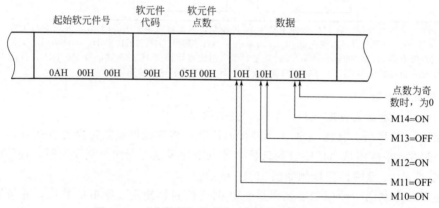

图 19-19 "位数据"读/写二进制码通信设置样例

(2) 以"字单位"进行通信（子指令：00□0、00□2 时）

① 使用 ASCII 码

a. 使用 ASCII 码进行数据通信时，以 4 位为单位按从高位位开始的顺序发送 1 字。以 16 进制数表现数据。指定英文字符时，使用大写字符的代码。

设置样例如图 19-20 所示。软元件为辅助继电器 M。

起始软元件号＝M16。

软元件点数＝32。

软元件数据＝AB1234CD。

b. 读取的数据　从"字元件"中读取到的数据以整数值保存。如果读取到的数据为除整数以外的数据（实数、字符串）时，保存值为整数值。

• D0～D1 中保存了实数（0.75）时，D0＝0000H，D1＝3F40H。

• D2～D3 中保存了字符串（"12AB"）时，D2＝3231H，D3＝4241H。

设置样例如图 19-21 所示。

软元件代码 D：数据寄存器。

起始软元件号＝D350。

软元件点数＝2。

软元件数据＝56AB170F。

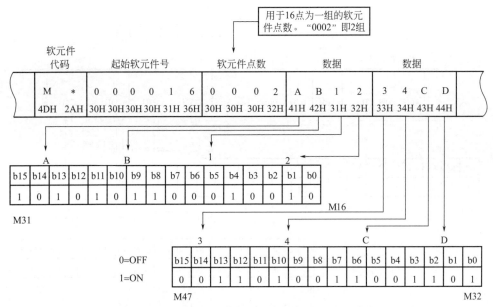

图 19-20　"字单位" ASCII 码通信（写）设置样例

D350的内容表示56ABH　D351的内容表示170FH
（10进制数为22187）　（10进制数为5903）

图 19-21　"字单位" ASCII 代码通信（读）设置样例

② 二进制码进行通信

a. 以"位"为单位处理位数据时，以 1 位指定 1 点，保存顺序为从低位字节（位 0～7）到高位字节（位 8～15）。如图 19-22 所示。

b. 以"字元件"为单位处理位数据时，如图 19-23 所示。读取时，应在用户侧对响应数据中保存的值进行上下字节对调再进行读取。

c. 写入时，应在用户侧对要写入的值进行上下字节对调，保存至请求指令数据。

d. 从"字元件"中读取到数据以整数值保存。如果读取到的数据为除整数以外的数据（实数、字符串）时，保存值为整数值。

• D0～D1 中保存了实数（0.75）时，D0＝0000H，D1＝3F40H。

• D2～D3 中保存了字符串"12AB"时，D2＝3231H，D3＝4241H。

(3) 注意事项

使用 ASCII 码进行通信，从外部计算机向 CPU 模块传送字符串时，应按如下要求处理。

① 机器人从外部计算机接收的数据转换为二进制码时，向指定软元件写入数据的步骤如下：

a. 将从外部计算机发送的字符串每 1 个字符展开为 2 字节的代码。

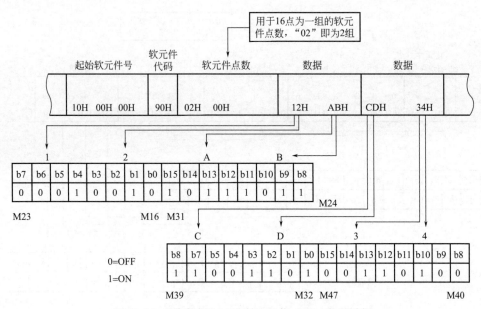

图 19-22 "位数据"二进制码通信（写）设置样例

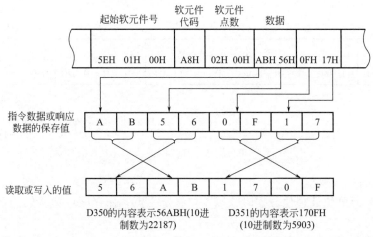

图 19-23 以"字元件"为单位处理数据

b. 将展开为 2 字节的字符串改为每 2 个字符排列发送至机器人。

c. 将发送至机器人的数据写入指定的软元件。

② 设置样例：将从外部计算机接收的字符串（"18AF"）转换为二进制代码的数据，写入至 D0～D1 时的示例如下。

a. 将字符串（"18AF"）每 1 个字符展开为 2 字节的代码。如图 19-24。

b. 将展开为 2 字节的字符串改为每 2 个字符排列发送至机器人。如图 19-25 所示。

c. 将发送至机器人的"38314641"数据写入至 D0～D1。如图 19-26 所示。

（4）位访问点数

"位访问点数"用于指定以"位"为单位进行访问的点数。

① 使用 ASCII 码进行通信时，将点数转换为 2 位 ASCII 码（16 进制数），从高位开始发送。指定英文字符时，使用大写字符的代码。

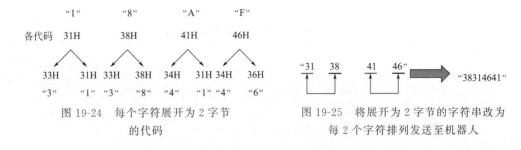

图 19-24　每个字符展开为 2 字节 的代码

图 19-25　将展开为 2 字节的字符串改为 每 2 个字符排列发送至机器人

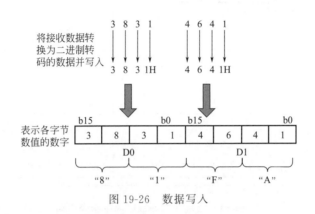

图 19-26　数据写入

设置样例：5 点、20 点。如图 19-27 所示。

② 使用二进制码进行通信时，将点数转换为 16 进制数发送。

设置样例：5 点、20 点。如图 19-28 所示。

图 19-27　ASCII 码通信设置样例

图 19-28　二进制码通信设置样例

19. 5. 2. 3　读指令 Read

从软元件读取数据，读指令码为 0401。

（1）读指令（Read）格式

读指令（Read）格式如图 19-29 所示。

ASCII

0	4	0	1	子指令	软元件代码	起始 软元件号	软元件 点数
30H	34H	30H	31H				

二进制

01H	04H	子指令	起始 软元件号	软元件 代码	软元件 点数

图 19-29　读指令（Read）格式

① 子指令的使用　不同"读功能"对应的子指令代码不同，如表 19-13、表 19-14

所示。

表 19-13 ASCII 码读取时的子指令代码

项目	子指令
	ASCII 码
以"位"为单位读取时	0 0 0 1　30H 30H 30H 31H　或　0 0 8 1　30H 30H 38H 31H 0 0 0 3　30H 30H 30H 33H　或　0 0 8 3　30H 30H 38H 33H
以"字"为单位读取时	0 0 0 0　30H 30H 30H 30H　或　0 0 8 0　30H 30H 38H 30H 0 0 0 2　30H 30H 30H 32H　或　0 0 8 2　30H 30H 38H 32H

表 19-14 二进制码读取时的子指令代码

项目	子指令
	二进制码
以"位"为单位读取时	01H 00H　或　81H 00H 03H 00H　或　83H 00H
以"字"为单位读取时	00H 00H　或　80H 00H 02H 00H　或　82H 00H

注：在访问链接的直接设备、模块、CPU 缓冲存储器时使用子指令的 008□。将子指令设为 008□时，报文格式不同（通过"扩展设置"进行读/写）。

② 软元件代码　设置软元件类型，如"辅助继电器""数据寄存器"。

③ 起始软元件号　设置一组软元件的起始编号。

④ 软元件点数　设置要读取的软元件的点数。软元件点数的设置范围如表 19-15 所示。

表 19-15 软元件点数设置范围

项目	点数	
	ASCII	二进制
以"位"为单位读取时	1~3584 点	1~7168 点
以"字"为单位读取时	1~960 点	

⑤ 响应数据　以 16 进制数保存已读取的软元件的值。对应 ASCII 码及二进制码，数据

的排列不同。

（2）通信示例 1（以"位"为单位读取数据）

读取 M100～M107 数据。

① 使用 ASCII 码进行通信　如图 19-30 所示，设置内容如下：

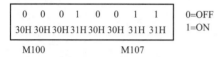

读指令代码	子指令	软元件代码	起始软元件号	软元件点数
0　4　0　1	0　0　0　1	M　*	0　0　0　1　0　0	0　0　0　8
30H　34H　30H　31H	30H　30H　30H　31H	4DH　2AH	30H　30H　30H　31H　30H　30H	30H　30H　30H　38H

响应数据

0　0　0　1　0　0　1　1	0=OFF
30H 30H 30H 31H 30H 30H 31H 31H	1=ON

M100　　　　　　M107

图 19-30　ASCII 码通信以"位"为单位读取数据

a. 读指令代码 0401。

b. 子指令代码 0001——读取"位元件"数据。每 1 点为 1 位。

c. 软元件代码 M *——辅助继电器 M。

d. 起始软元件号 000100——M100。

e. 软元件点数 0008——8 点。

f. 响应数据 00010011——表示 M100～M107 的 ON/OFF 状态。

② 使用二进制码进行通信　如图 19-31 所示，设置内容如下：

a. 读指令代码 0401。

b. 子指令代码 0001——读取"位元件"数据。每 1 点为 1 位。

c. 起始软元件号 000064——M100。

d. 软元件代码 90——辅助继电器。

e. 软元件点数 0008——8 点。

f. 响应数据 00010011——表示 M100～M107 的 ON/OFF 状态。

读指令代码	子指令	起始软元件号	软元件代码	软元件点数
01H 04H	01H 00H	64H 00H 00H	90H	08H 00H

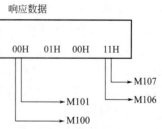

响应数据

00H	01H	00H	11H

图 19-31　二进制码通信以"位"为单位读取数据

（3）通信示例 2（以"字"为单位读取数据）

读取 M100～M131（2 字）数据。

① 使用 ASCII 码通信　如图 19-32 所示，设置如下：

a. 读指令代码 0401。

b. 子指令代码 0000——读取"字数据"。

c. 软元件代码 M *——辅助继电器。

d. 起始软元件号 000100——M100。

e. 软元件点数 0002——2 字。

f. 响应数据 12340002——表示 M100～M131 的 ON/OFF 状态。

② 使用二进制码进行通信

如图 19-33 所示，内容如下：

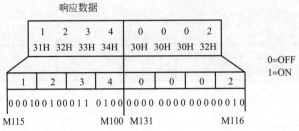

图 19-32　ASCII 码通信以"字"为单位读取数据

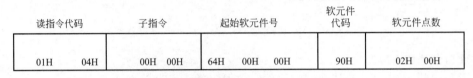

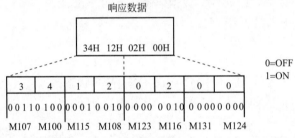

图 19-33　二进制码通信以"字"为单位读取数据

a. 读指令代码 0401。

b. 子指令代码 0000——读取"字元件"数据。

c. 起始软元件号 000064——M100。

d. 软元件代码 90——辅助继电器。

e. 软元件点数 0002——2 字。

f. 响应数据 34120200——表示 M100～M131 的 ON/OFF 状态。

(4) 通信示例 3（以"字"为单位读取"字元件"数据）

读取 D100～D102 的值。

假设在 D100～D102 中的原有数据如下：

D100＝4660（1234H），D101＝2（2H），D102＝7663（1DEFH）

① 使用 ASCII 码进行通信　如图 19-34 所示，内容如下：

a. 读指令代码 0401。

b. 子指令代码 0000——读取"字数据"。

c. 软元件代码 D＊——数据寄存器 D。

d. 起始软元件号 000100——D100。

e. 软元件点数 0003——3 字。

f. 响应数据 123400021DEF——表示 D100＝1234H、D101＝0002H、D102＝1DEFH 的数据。

读指令代码				子指令				软元件代码		起始软元件号						软元件点数			
0	4	0	1	0	0	0	0	D	*	0	0	0	1	0	0	0	0	0	3
30H	34H	30H	31H	30H	30H	30H	30H	44H	2AH	30H	30H	30H	31H	30H	30H	30H	30H	30H	33H

响应数据											
1	2	3	4	0	0	0	2	1	D	E	F
30H	32H	33H	34H	30H	30H	30H	32H	31H	44H	45H	46H
D100				D101				D102			

图 19-34　ASCII 码通信读取"字元件"数据

② 使用二进制码进行通信　如图 19-35 所示，内容如下：

a. 读指令代码 0401。

b. 子指令代码 0000——读取"字元件"数据。

c. 起始软元件号 000064——D100。

d. 软元件代码 A8——数据寄存器。

e. 软元件点数 0003——3 字。

f. 响应数据 34120200EF1D——表示 D100＝1234H、D101＝0002H、D102＝1DEFH 的数据。

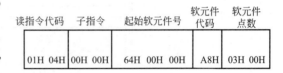

读指令代码	子指令	起始软元件号	软元件代码	软元件点数
01H 04H	00H 00H	64H 00H 00H	A8H	03H 00H

响应数据

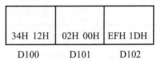

34H 12H	02H 00H	EFH 1DH
D100	D101	D102

图 19-35　二进制码通信读取"字元件"数据

19.5.2.4　写指令 Write

向软元件写入数据，写入指令码 1401。

(1) 写入指令数据格式

如图 19-36 所示，内容如下：

ASCII

1	4	0	1	子指令	软元件代码	起始软元件号	软元件点数	写入数据
31H	34H	30H	31H					

二进制

01H	14H	子指令	起始软元件号	软元件代码	软元件点数	写入数据

图 19-36　写指令数据格式

① 写指令代码 1401。

② 子指令代码。子指令用于表示写指令的具体应用对象，如表 19-16、表 19-17 所示。

表 19-16　子指令的应用 (1)

项目	子指令								
	ASCII 码								
以"位"为单位写入时	0	0	0	1	或	0	0	8	1
	30H	30H	30H	31H		30H	30H	38H	31H

项目	子指令	
	ASCII 码	
以"位"为单位写入时	0 0 0 3 30H 30H 30H 33H　或	0 0 8 3 30H 30H 38H 33H
以"字"为单位写入时	0 0 0 0 30H 30H 30H 30H　或	0 0 8 0 30H 30H 38H 30H
	0 0 0 2 30H 30H 30H 32H　或	0 0 8 2 30H 30H 38H 32H

表 19-17　子指令的应用（2）

项目	子指令	
	二进制码	
以"位"为单位写入时	01H 00H　或　81H 00H	
	03H 00H　或　83H 00H	
以"字"为单位写入时	00H 00H　或　80H 00H	
	02H 00H　或　82H 00H	

注：在访问链接的直接设备、模块、CPU 缓冲存储器时使用子指令的 008□。将子指令设为 008□时，报文格式不同（通过"扩展设置"进行读/写）。

③ 软元件代码——设置软元件种类。如数据寄存器、辅助继电器。

④ 起始软元件号——设置一组软元件起始编号。

⑤ 软元件点数——设置软元件数量。软元件点数设置范围如表 19-18 所示。

表 19-18　软元件点数设置范围

项目	点数	
	ASCII	二进制
以"位"为单位写入时	1～3584 点	1～7168 点
以"字"为单位写入时	1～960 点	

⑥ 写入数据——设置要写入软元件的数据。

（2）通信示例 1（以"位"为单位写入）

在 M100～M107 中写入数据。

① 使用 ASCII 码通信　如图 19-37 所示，内容如下：

写指令代码			子指令			软元件 代码		起始软元件号						软元件点数				写入数据								
1	4	0	1	0	0	0	1	M	*	0	0	0	1	0	0	0	0	0	8	1	1	0	0	1	1	0	0
31H	34H	30H	31H	30H	30H	30H	31H	4DH	2AH	30H	30H	30H	31H	30H	30H	30H	30H	30H	38H	31H	31H	30H	30H	31H	31H	30H	30H

M100　　　　　　　　　　M107
0=OFF
1=ON

图 19-37　ASCII 码通信以"位"为单位写入数据

a. 写指令代码 1401。

b. 子指令代码 0001——写入连续的"位数据"。

c. 软元件代码 M * ——辅助继电器 M。

d. 起始软元件号 000100——M100。

e. 软元件点数 0008——8 点。

f. 写入数据 11001100——表示向 M100～M107 写入的数据。

② 使用二进制码进行通信　如图 19-38 所示，内容如下：

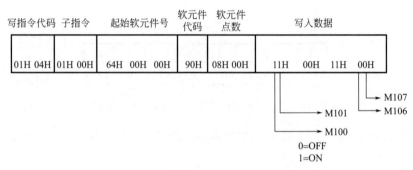

图 19-38　二进制码通信以"位"为单位写入数据

a. 写指令代码 1401。

b. 子指令代码 0001——写入连续的"位数据"。

c. 起始软元件号 000064——M100。

d. 软元件代码 90H——辅助继电器。

e. 软元件点数 0008——8 点。

f. 写入数据 11001100——表示向 M100～M107 写入的数据。

（3）通信示例 2（以"字"为单位向一组位元件写入数据）

在 M100～M131（2 字）中写入数据。

① 使用 ASCII 码进行通信　如图 19-39 所示，内容如下：

a. 写指令代码 1401。

b. 子指令代码 0000——以 16 点为单位向连续编号的"位元件"写入数据。

c. 软元件代码 M * ——辅助继电器。

d. 起始软元件号 000100——M100。

e. 软元件点数 0002——2 点（2×16）。

f. 写入数据 2347AB96——表示向 M100～M131 写入的数据。

② 使用二进制码进行通信　如图 19-40 所示，内容如下：

a. 写指令代码 1401。

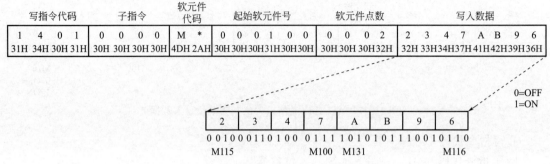

图 19-39 ASCII 码通信以"字"为单位写入数据（1）

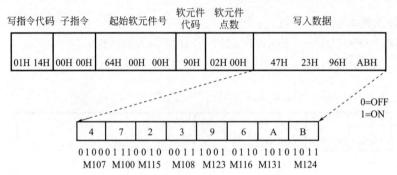

图 19-40 二进制码通信以"字"为单位写入数据（1）

b. 子指令代码 0000——以 16 点为单位向连续编号的"位元件"写入数据。

c. 起始软元件号 000064——M100。

d. 软元件代码 90H——辅助继电器。

e. 软元件点数 0002——2 字。

f. 写入数据 472396AB——表示向 M100～M131 写入的数据。

（4）通信示例 3（以"字"为单位写入数据）

在 D100 中写入 6549（1995H），在 D101 中写入 4610（1202H），在 D102 中写入 4400（1130H）。

① 使用 ASCII 码进行通信 如图 19-41 所示，内容如下：

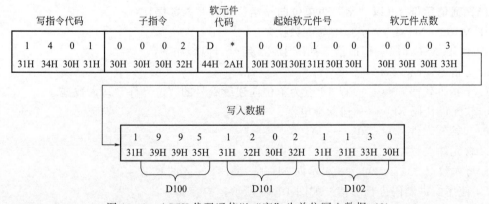

图 19-41 ASCII 代码通信以"字"为单位写入数据（2）

a. 写指令代码 1401。

b. 子指令代码 0002——以 1 字为单位向（连续编号）"字元件"写入数据。

c. 软元件代码 D∗——数据寄存器。

d. 起始软元件号 000100——D100。

e. 软元件点数 0003——3 点。

f. 写入数据 199512021130——向 D100～D102 写入的数据。

② 使用二进制码进行通信　如图 19-42 所示，内容如下：

图 19-42　二进制码通信以"字"为单位写入数据（2）

a. 写指令代码 1401。

b. 子指令代码 0002——以 1 字为单位向（连续编号）"字元件"写入数据。

c. 起始软元件编号 000064——D100。

d. 软元件代码 A8H——数据寄存器。

e. 软元件点数 0003——3 字。

f. 写入数据 199512021130——表示向 D100～D102 写入的数据。

19.5.2.5　随机读取指令 ReadRandom

"随机读取指令"是相对于"读取连续编号软元件的指令"而言的。"随机读取指令"可以设置软元件号，读取不连续编号的软元件数据。

(1) 随机读取指令格式

如图 19-43、图 19-44 所示，随机读取指令格式的内容如下：

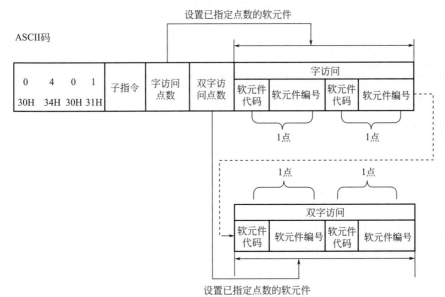

图 19-43　ASCII 码随机读取指令格式

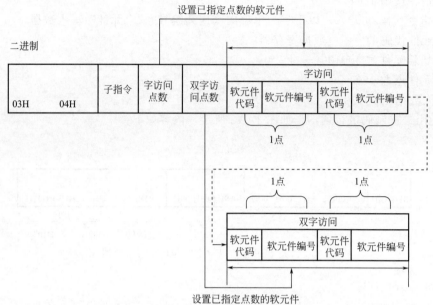

图 19-44　二进制码随机读取指令格式

① 随机读取指令代码。

② 子指令代码。子指令用于表示随机读取指令的具体应用对象。如表 19-19 所示。

表 19-19　子指令的应用（1）

子指令		
ASCII 码		二进制码
0 0 0 0　或　0 0 8 0 30H 30H 30H 30H　　30H 30H 38H 30H		30H 30H　或　38H 30H
0 0 0 2　或　0 0 8 2 30H 30H 30H 32H　　30H 30H 38H 32H		02H 00H　或　38H 30H

注：在访问链接的直接设备、模块、CPU 缓冲存储器时使用子指令的 008□。将子指令设为 008□ 时，报文格式不同（通过"扩展设置"进行读/写）。

③ 字访问点数——以 1 字节（二进制码）或 2 字节（2 位）（ASCII 码）指定要读取的软元件的点数。

④ 双字访问点数。

子指令与"字/双字访问点数"的关系如表 19-20 所示。

表 19-20　子指令的应用（2）

子指令	项目	内容
0002	字访问点数	以 1 字为单位设置访问时的点数。 位元件为 16 点单位，字元件为 1 字单位
	双字访问点数	以 2 字为单位设置访问时的点数。 位元件为 32 点单位，字元件为 2 字单位

子指令	项目	内容
0000	字访问点数	以 1 字为单位指设置访问时的点数。 位元件为 16 点单位,字元件为 1 字单位
	双字访问点数	以 2 字为单位设置访问时的点数。 位元件为 32 点单位,字元件为 2 字单位

⑤ 软元件代码——设置软元件种类。

⑥ 软元件编号——设置软元件的编号。

按照字访问、双字访问的顺序指定要读取的软元件。如表 19-21 所示。

表 19-21　设置"字访问点数"中的软元件

项目	内容
字访问	设置"字访问点数"中的软元件。"字访问点数"为 0 时,不需设置
双字访问	指定"双字访问点数"中的软元件。"双字访问点数"为 0 时,不需要设置

⑦ 响应数据。读取到的数据以 16 进制数保存。对应 ASCII 码及二进制码,数据的排列不同。如表 19-22 所示。

表 19-22　响应数据的排列

字访问数据		双字访问数据	
字访问		双字访问	
读取数据 1	读取数据 2	读取数据 1	读取数据 2

(2) 通信示例

字访问:读取 D0、D1、M100~M115、X20~X2F 中的数据。

双字访问:读取 D1500~D1501、Y160~Y17F、M1111~M1142 中的数据。

假设在软元件中 D0=6549 (1995H), D1=4610 (1202H), D1500=20302 (4F4EH), D1501=19540 (4C54H)。

① 使用 ASCII 代码进行通信如图 19-45 所示,内容如下:

a. 随机读取指令代码 0403。

b. 子指令代码 0000——以 1 字或 2 字为单位读取数据。

c. 字访问点数 04——4 点。

d. 双字访问点数 03——3 点。

e. 数据 1。

• 软元件代码 D*——数据寄存器。

• 软元件编号 000000——D0。

f. 数据 2。

• 软元件代码 D*——数据寄存器。

• 软元件编号 000001——D1。

g. 数据 3。

• 软元件代码 M*——辅助继电器。

• 软元件编号 000100——M100。

h. 数据 4。

随机读取指令代码				子指令				字访问点数		双字访问点数	
0	4	0	3	0	0	0	0	0	4	0	3
30H	34H	30H	33H	30H	30H	30H	30H	30H	34H	30H	33H

软元件代码		软元件编号						软元件代码		软元件编号					
D	*	0	0	0	0	0	0	D	*	0	0	0	0	0	1
44H	2AH	30H	30H	30H	30H	30H	30H	44H	2AH	30H	30H	30H	30H	30H	31H

软元件代码		软元件编号						软元件代码		软元件编号					
M	*	0	0	0	1	0	0	X	*	0	0	0	0	2	0
4DH	2AH	30H	30H	30H	30H	30H	30H	58H	2AH	30H	30H	30H	30H	32H	30H

软元件代码		软元件编号						软元件代码		软元件编号					
D	*	0	0	1	5	0	0	Y	*	0	0	0	1	6	0
44H	2AH	30H	30H	30H	35H	30H	30H	59H	2AH	30H	30H	30H	31H	36H	30H

软元件代码		软元件编号					
M	*	0	0	1	1	1	1
4DH	2AH	30H	30H	31H	31H	31H	31H

图 19-45　ASCII 码通信以 1 字或 2 字为单位读取数据

- 软元件代码 X＊——输入 X。
- 软元件编号 000020——X20。

i. 双字数据 1。

- 软元件代码 D＊——数据寄存器。
- 软元件编号 001500——D150。

j. 双字数据 2。

- 软元件代码 Y＊——输出 Y。
- 软元件编号 000160——Y160。

k. 双字数据 3。

- 软元件代码 M＊——辅助继电器。
- 软元件编号 001111——M1111。

② 响应数据（读出数据）　如图 19-46 所示，内容如下：

字数据：

a. D0＝1995。

b. D1＝1202。

c. M100～M115＝2030。

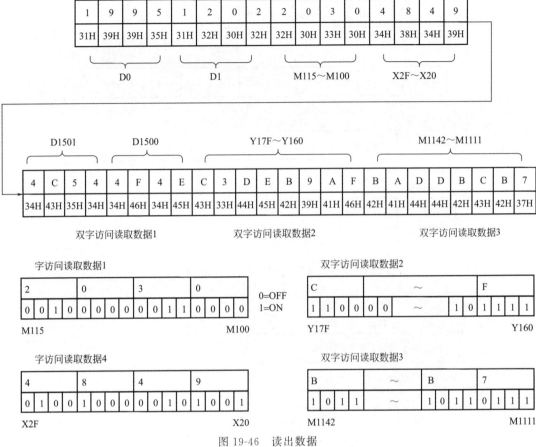

图 19-46　读出数据

d. X20～X2F＝4849。

双字数据：

a. D1501/D1500＝4C544F4E

b. Y17F－Y160＝C3DEB9AF

c. M1142－M1111＝BADDBCB7

③ 通过二进制码进行数据通信　如图 19-47 所示，内容如下：

a. 随机读取指令代码 0403。

b. 子指令代码 0000——以 1 字或 2 字为单位读数据。

c. 字访问点数 04H——4 点。

d. 双字访问点数 03H——3 点。

e.（数据 1）软元件代码 A8H——数据寄存器/起始软元件编号 00000——D0。

f.（数据 2）软元件代码 A8H——数据寄存器/起始软元件编号 00001——D1。

g.（数据 3）软元件代码 90H——辅助继电器/起始软元件编号 000100—M100。

h.（数据 4）软元件代码 9CH——输入 X/起始软元件编号 000020——X20。

i.（双字数据 1）软元件代码 A8H——数据寄存器/起始软元件编号 001500——D1500。

j.（双字数据 2）软元件代码 9DH——输出 Y/起始软元件编号 000160——Y160。

k.（双字数据 3）软元件代码 90H——辅助继电器/起始软元件编号 001111——M1111。

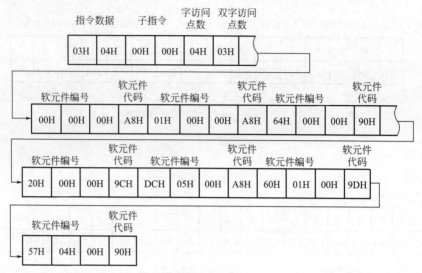

图 19-47　二进制码通信以 1 字或 2 字为单位读取数据

④ 响应数据（读出数据）　如图 19-48 所示，内容如下：

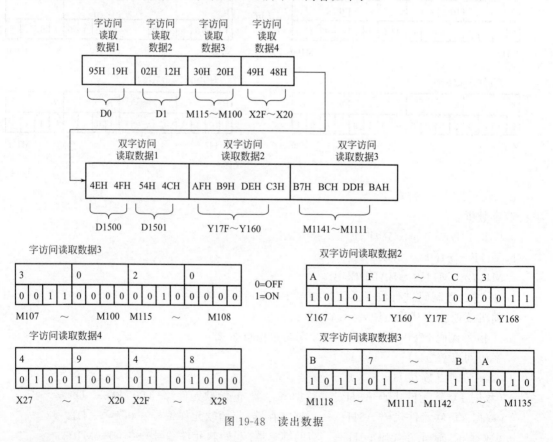

图 19-48　读出数据

字数据：

a. D0＝1995

b. D1＝1202

c. M115～M100＝2030

d. X2F～X20＝4849

双字数据：

a. D1501～D1500＝4C544F4E

b. Y17F－Y160＝C3DEB9AF

c. M1142～M1111＝BADDBCB7

19.5.2.6　随机写入指令 Write Random

"随机写入指令"是相对于"写入连续编号软元件"的指令而言的。"随机写入指令"可以设置软元件编号，向不连续编号的软元件写入数据。

（1）随机写入指令格式

① 以"位"为单位写入，如图 19-49 所示。

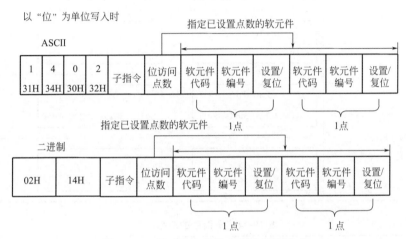

图 19-49　以"位"为单位写入指令格式

② 以"字"为单位写入，如图 19-50 所示。

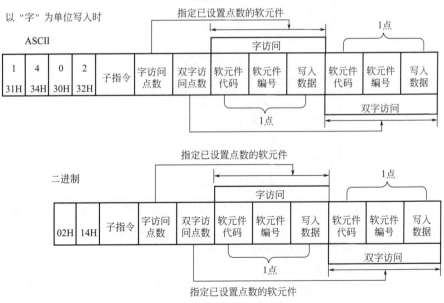

图 19-50　以"字"为单位写入指令格式

（2）设置内容

① 随机写入指令代码 1402。

② 子指令代码。子指令用于表示随机写入指令的具体应用对象。如表 19-23、表 19-24 所示。

表 19-23　子指令的应用（1）

项目	子指令									
	ASCII 码									
以"位"为单位写入时	0	0	0	1	或	0	0	8	1	
	30H	30H	30H	31H		30H	30H	38H	31H	
	0	0	0	3	或	0	0	8	3	
	30H	30H	30H	33H		30H	30H	38H	33H	
以"字"为单位写入时	0	0	0	0	或	0	0	8	0	
	30H	30H	30H	30H		30H	30H	38H	30H	
	0	0	0	2	或	0	0	8	2	
	30H	30H	30H	32H		30H	30H	38H	32H	

表 19-24　子指令的应用（2）

项目	子指令	
	二进制码	
以"位"为单位写入时	01H　00H　或　81H　00H	
	03H　00H　或　83H　00H	
以"字"为单位写入时	00H　00H　或　80H　00H	
	02H　00H　或　82H　00H	

注：在访问链接直接设备、模块、CPU 缓存存储器时使用子指令的 008□。将子指令设为 008□时，报文格式不同。（通过"扩展设置"进行读/写）。

③ 软元件代码——设置软元件种类。

④ 软元件编号——设置软元件编号。

⑤ 位访问点数、字访问点数、双字访问点数——设置要写入数据的软元件的点数。如表 19-25 所示。按照"字访问""双字访问"的顺序指定要写入数据的软元件。如表 19-26 所示。

表 19-25　位访问点数、字访问点数、双字访问点数

子指令	项目	内容
0003 0002	位访问点数	以 1 点为单位指定位元件的点数
	字访问点数	以 1 字为单位设置访问时的点数。 位元件为 16 点单位,字元件为 1 字单位
	双字访问点数	以 2 字为单位设置访问时的点数。 位元件为 32 点单位,字元件为 2 字单位
0001 0000	位访问点数	以 1 点为单位指定位元件的点数
	字访问点数	以 1 字为单位指设置访问时的点数。 位元件为 16 点单位,字元件为 1 字单位
	双字访问点数	以 2 字为单位设置访问时的点数。 位元件为 32 点单位,字元件为 2 字单位

表 19-26　设置字访问/双字访问中的软元件

项目	内容
字访问	设置"字访问"中的软元件。如果设置字访问点数为 0 则不需设置
双字访问	指定"双字访问"中的软元件。如果设置双字访问点数为 0 则不需设置

⑥ 设置/复位。设置位元件的 ON/OFF。如表 19-27 所示。

表 19-27　设置位元件的 ON/OFF

项目	子指令	写入的数据		备注
		ON	OFF	
ASCII 码	0003 0002	0001	0000	从"0"开始按顺序发送 4 位
	0001 0000	01	00	从"0"开始按顺序发送 2 位
二进制码	0003 0002	0100H	0000H	发送左侧 2 字节的数值
	0001 0000	01H	00H	发送左侧 1 字节的数值

⑦ 无响应数据。

(3) 通信示例 1 (以"位"为单位写入时)

将 M50 设为 OFF,将 Y2F 设为 ON。

① 使用 ASCII 码进行通信　设置内容如图 19-51 所示。

a. 随机写入指令代码 1402。

b. 子指令代码 0001——以 1 点为单位设置"位数据"。

c. 位访问点数 02——2 点。

d.(第 1 点)软元件代码 M *——辅助继电器。

e. 软元件编号 000050——M50。

f. 设置/复位 00——设置 M50＝OFF。

g.(第 2 点)软元件代码 Y *——输出继电器。

h.(第 2 点)软元件编号 00002F——Y2F。

随机写入指令代码				子指令				位访问点数		软元件代码		软元件编号						设置/复位	
1	4	0	2	0	0	0	1	0	2	M	*	0	0	0	0	5	0	0	0
30H	34H	30H	32H	30H	30H	30H	31H	30H	32H	4DH	2AH	30H	30H	30H	30H	35H	30H	30H	20H

软元件代码		软元件编号						设置/复位	
Y	*	0	0	0	0	2	F	0	1
59H	2AH	30H	30H	30H	30H	32H	32H	30H	31H

图 19-51　ASCII 码通信设置位元件的 ON/OFF

i. (第 2 点) 设置/复位 01——设置 Y2F＝ON。

② 使用二进制代码进行通信　设置内容如图 19-52 所示。

随机写入指令代码		子指令		位访问点数	软元件编号			软元件代码	设置/复位	软元件编号			软元件代码	设置/复位
02H	14H	01H	00H	02H	32H	00H	00H	90H	00H	2FH	00H	00H	9DH	01H

图 19-52　二进制码通信设置位元件的 ON/OFF

a. 随机写入指令代码 1402。

b. 子指令代码 0001——以 1 点为单位设置"位数据"。

c. 位访问点数 02——2 点。

d. (第 1 点) 软元件代码 90H——辅助继电器。

e. (第 1 点) 软元件编号 000032——M50。

f. (第 1 点) 设置/复位 00——设置 M50＝OFF。

g. (第 2 点) 软元件代码 9DH——输出继电器。

h. (第 2 点) 软元件编号 00002F——Y2F。

i. (第 2 点) 设置/复位 01——设置 Y2F＝ON。

(4) 通信示例 2 (以"字"为单位写入)

要求：在软元件中写入数据。如表 19-28 所示。

表 19-28　工作要求

项目	写入对象软元件
写入单字	D0, D1, M100~M115, X20~X2F
写入双字	D1500~D1501, Y160~Y17F, M1111~M1142

① 使用 ASCII 码进行通信　设置内容如图 19-53 所示。

a. 随机写入指令代码 1402。

b. 子指令代码 0000——写入"字数据"。

c. 字访问点数 04——4 点。

- (第 1 点) 软元件代码 D＊——数据寄存器。

- (第 1 点) 软元件编号 000000——数据寄存器 D0。

- (第 1 点) 写入数据 0550——D0＝550。

- (第 2 点) 软元件代码 D＊——数据寄存器。

随机写入指令代码				子指令				字访问点数		双字访问点数
1	4	0	2	0	0	0	0	0	4	0　3
30H	34H	30H	32H	30H	30H	30H	31H	30H	32H	4DH　2AH

软元件代码		软元件编号						写入数据				软元件代码		软元件编号					写入数据			
D	*	0	0	0	0	0	0	0	5	5	0	D	*	0	0	0	0	0　1	0	5	7	5
59H	2AH	30H	30H	30H	30H	32H	32H	30H	31H	35H	30H	44H	2AH	30H	30H	30H	30H	31H	30H	35H	37H	35H

软元件代码		软元件编号						写入数据 (数据1)				软元件代码		软元件编号						写入数据 (数据2)			
M	*	0	0	0	1	0	0	0	5	4	0	X	*	0	0	0	0	2	0	0　5	8	3
4DH	2AH	30H	30H	30H	31H	30H	30H	30H	35H	34H	30H	58H	2AH	30H	30H	30H	32H	32H	30H	35H	38H	33H

软元件代码		软元件编号						写入数据							
D	*	0	0	1	5	0	0	0	4	3	9	1	2	0	2
44H	2AH	30H	30H	31H	35H	30H	30H	30H	34H	33H	39H	31H	32H	30H	32H

软元件代码		软元件编号						写入数据(数据3)							
Y	*	0	0	0	1	6	0	2	3	7	5	2	6	0	7
59H	2AH	30H	30H	30H	31H	36H	30H	32H	33H	37H	35H	32H	36H	30H	27H

软元件代码		软元件编号						写入数据(数据4)							
M	*	0	0	1	1	1	1	0	4	2	5	0	4	7	5
4DH	2AH	30H	30H	31H	31H	31H	31H	30H	34H	32H	35H	30H	34H	37H	35H

图 19-53　ASCII 码通信写入"字数据"

- （第 2 点）软元件编号 000001——数据寄存器 D1。
- （第 2 点）写入数据 0575——D1＝575。
- （第 3 点）软元件代码 M＊——辅助继电器 M。
- （第 3 点）软元件编号 000100——M100～M115。
- （第 3 点）写入数据 0540——M100～M115＝0540H。
- （第 4 点）软元件代码 X＊——输入继电器 X。
- （第 4 点）软元件编号 000020——X20～X2F。
- （第 4 点）写入数据 0583——X20～X2F＝0583H。

d. 写入双字点数 03——3 点。

- （第 1 点）软元件代码 D＊——数据寄存器。
- （第 1 点）软元件编号 001500——数据寄存器 D1500～D1501。
- （第 1 点）写入数据 04391202——D1500～D1501＝04391202H。
- （第 2 点）软元件代码 Y＊——输出继电器。
- （第 2 点）软元件编号 000160——输出继电器 Y160～Y17F。
- （第 2 点）写入数据 23752607H。

- （第 3 点）软元件代码 M * ——辅助继电器 M。
- （第 3 点）软元件编号 001111——M1111～M1143。
- （第 3 点）写入数据 04250475。

部分写入数据如图 19-54 所示。

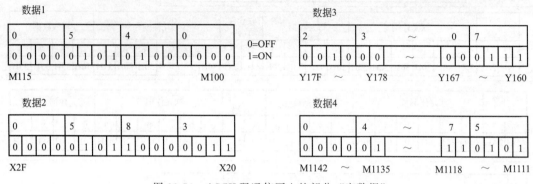

图 19-54　ASCII 码通信写入的部分"字数据"

② 使用二进制码进行通信　设置内容如图 19-55 所示。

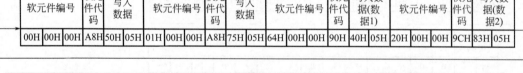

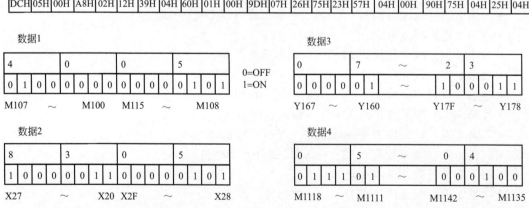

图 19-55　二进制码通信写入的"字数据"

a. 随机写入指令代码 1402。

b. 子指令代码 0000——写入"字数据"。

c. 字访问点数 04——4 点。

- （第 1 点）软元件代码 A8H——数据寄存器。
- （第 1 点）软元件编号 000000——数据寄存器 D0。
- （第 1 点）写入数据 0550——D0＝550。
- （第 2 点）软元件代码 A8H——数据寄存器。
- （第 2 点）软元件编号 000001——数据寄存器 D1。
- （第 2 点）写入数据 0575——D1＝575。
- （第 3 点）软元件代码 90H——辅助继电器 M。
- （第 3 点）软元件编号 000064——M100～M115。
- （第 3 点）写入数据 0540——M100～M115＝0540H。
- （第 4 点）软元件代码 9CH——输入继电器 X。
- （第 4 点）软元件编号 000020——X20～X2F。
- （第 4 点）写入数据 0583——X20～X2F＝0583H。

d. 写入双字点数 03——3 点。

- （第 1 点）软元件代码 A8H——数据寄存器。
- （第 1 点）软元件编号 0005DC——数据寄存器 D1500～D1501。
- （第 1 点）写入数据 04391202——D1500～D1501＝04391202H。
- （第 2 点）软元件代码 9DH——输出继电器 Y。
- （第 2 点）软元件编号 000160——输出继电器 Y160～Y17F。
- （第 2 点）写入数据 23752607H。
- （第 3 点）软元件代码 90H——辅助继电器 M。
- （第 3 点）软元件编号 000457——M1111～M1143。
- （第 3 点）写入数据 04250475。

写入指令执行后，位数据 M100～M115、X20～X2F、Y160～Y17F、M1111～M1143 的各"位"的 ON/OFF 如图 19-55 所示。

19.5.2.7　对机器人 CPU 缓冲存储器的直接数据通信

本节说明外部计算机与机器人 CPU 的缓冲存储器进行通信的过程。

（1）指令格式

读指令 Read（指令：0401）。

① 使用 ASCII 码通信　如图 19-56 所示。

图 19-56　使用 ASCII 码通信

未使用扩展设置时：

- 指令；
- 子指令；

• 软元件代码；
• 起始软元件号或软元件编号；
• 软元件点数。
② 使用扩展设置时：
• 指令；
• 子指令；
• 扩展设置；
• 软元件代码；
• 起始软元件号或软元件编号。
③ 使用二进制码通信　如图 19-57 所示。
a. 未使用扩展设置时：
• 指令；
• 子指令；
• 起始软元件号或软元件编号；
• 软元件代码；
• 软元件点数。
b. 使用扩展设置时：
• 指令；
• 子指令；
• 起始软元件号或软元件编号；
• 软元件代码；
• 扩展设置。

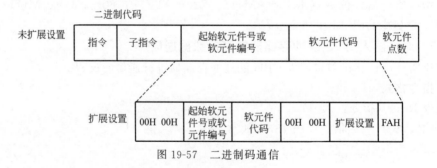

图 19-57　二进制码通信

(2) CPU 模块软元件与请求指令数据的对应关系

CPU 模块软元件与请求指令数据的对应关系如图 19-58 所示。

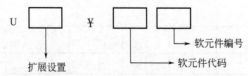

图 19-58　模块软元件与请求指令数据的对应关系
U——CPU 代号；扩展设置——设置 CPU 的模块号

(3) 对指令的说明

① 指令代码　可使用的指令代码如表 19-29 所示。

表 19-29　指令代码一览

项目		指令
类别	操作	
Device 软元件	Read 读取	0401
	Write 写入	1401
	Read Random 随机读取	0403
	Write Random 随机写入	1402

② 子指令代码　可使用的子指令代码如表 19-30 所示。

表 19-30　子指令代码一览

ASCII	二进制
0　　0　　8　　2 30H　30H　38H　32H	82H　00H

注：子指令 0082 表示对 CPU 模块直接读/写数据

③ 扩展设置　扩展设置功能就是设置 CPU 编号，如表 19-31 所示。

a. 指定 CPU 的起始输入输出编号。

表 19-31　扩展设置功能

ASCII	二进制
U　　3　　E 55H　33H　45H	EH　03H
以 16 进制数（ASCII 码 3 位）设置起始输入输出编号。起始输入输出编号以 4 位表现时对前 3 位进行设置	以 16 进制数（2 字节）设置起始输入输出编号。起始输入输出编号以 4 位表现时对前 3 位进行设置

b. CPU 模块的起始输入输出编号如表 19-32 所示。

表 19-32　CPU 模块编号

CPU 模块的编号	起始输入输出编号
1 号机	03E0H
2 号机	03E1H
3 号机	03E2H
4 号机	03E3H

④ 软元件代码　软元件指 CPU 缓存的软元件。软元件代码如表 19-33 所示。

表 19-33　软元件代码

软元件	种类	软元件代码		软元件编号范围	
		ASCII 码	二进制码		
CPU 缓存	字	G * * * *	00ABH	在访问对象缓存的软元件编号范围内进行设置	10 进制
CPU 缓存的恒定周期区		HG * *	002EH		

注：使用 ASCII 码通信时，以 4 位指定软元件代码。软元件代码为 3 位以下时，在软元件代码后附加 " * "（ASCII 码：2AH）或空格（ASCII 码：20H）。

⑤ 起始软元件号或软元件编号　以 10 进制数指定起始软元件号或软元件编号。以 10Byte（10 字节）指定 CPU 内的软元件编号（ASCII 码）。

⑥ 响应数据　与未做扩展设置时相同。

（4）通信示例

要求：访问 1 号 CPU 模块内的缓冲存储器（缓冲存储器地址：1）。

① 使用 ASCII 码进行通信　设置如图 19-59 所示。

指令数据

子　指　令						扩展指定							软元件代码			
0	0	8	2	0	0	U	3	E	0	0	0	0	G	*	*	*
30H	30H	38H	32H	30H	30H	55H	33H	45H	30H	30H	30H	30H	47H	2AH	2AH	2AH

软元件编号													
0	0	0	0	0	0	0	0	0	1	0	0	0	0
30H	30H	30H	30H	30H	30H	30H	30H	30H	31H	30H	30H	30H	30H

图 19-59　ASCII 码通信对 CPU 的直接访问

a. 子指令 0082——对 CPU 直接访问。

b. 扩展设置 U3E0——设置访问对象为 1 号 CPU 模块。

c. 软元件代码 G * * *——CPU 缓存。

d. 软元件编号 0000000001——缓存器地址：1。

② 使用二进制码进行通信　设置如图 19-60 所示。

指令数据

子　指　令			软元件编号				软元件代				扩展指定		
82H	00H	00H	00H	01H	00H	00H	00H	ABH	00H	00H	00H	E0H	03H	FAH

图 19-60　二进制码通信对 CPU 的直接访问

a. 子指令 0082——对 CPU 直接访问。

b. 扩展设置 U3E0——设置访问对象为 1 号 CPU 模块。

c. 软元件代码 00AB——CPU 缓存。

d. 软元件编号 00000001——缓存器地址：1。

19.5.3　测试指令 Self Test

“测试指令”功能是测试“外部计算机”与“机器人”的通信是否正常。通过进行重复测试可以确认“机器人”与“外部计算机”的连接是否正常，数据通信是否正常。

（1）测试指令规格

如图 19-61 所示，测试指令的格式内容如下：

① 使用 ASCII 码通信

a. 指令代码 0619。

b. 子指令。

c. 重复数据长度。

ASCII

指令代码				子指令				重复数据长度			重复数据
0	6	1	9								
30H	36H	31H	39H								

二进制

指令代码		子指令				重复数据长度			重复数据
19H	06H								

图 19-61　测试指令规格

d. 重复数据。

② 使用二进制码通信

a. 指令代码 0619。

b. 子指令。

c. 重复数据长度。

d. 重复数据。

(2) 对指令规格的说明

① 测试指令的指令代码规定为 0619。

② 子指令为 0000，如表 19-34 所示。

表 19-34　子指令

子指令	
ASCII 码	二进制码
<table><tr><td>0</td><td>0</td><td>0</td><td>0</td></tr><tr><td>30H</td><td>30H</td><td>30H</td><td>30H</td></tr></table>	<table><tr><td>00H</td><td>00H</td></tr></table>

③ 重复数据长度。以字节数指定"重复数据长度"，设置范围为 1～960 字节。

设置样例："重复数据长度"为 5 字节。

a. 使用 ASCII 码　将字节数转换为 ASCII 码（4 位，16 进制数），按照从高位字节到低位字节的顺序设置。如图 19-62 所示。

b. 使用二进制码　按照从低位字节到高位字节的顺序设置表示字节数的 2 字节的数字，如图 19-63 所示。

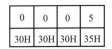

图 19-62　ASCII 码通信设置重复数据长度　　　图 19-63　二进制码通信设置重复数据长度

④ 重复数据　通过重复测试设置发送接收的数据。

a. 通过 ASCII 码进行数据通信时，指定最多 960 个字符的半角字符串（"0"～"9"，"A"～"F"），从起始处开始发送。

b. 通过二进制码进行数据通信时，将半角字符串（"0"～"9"，"A"～"F"）的代码作为 1 字节的数值，从起始字符代码开始发送，最多 960 个字节。

(3) 响应数据

保存与请求指令报文中指定的"重复数据长度"和"重复数据"。

(4) 通信示例

以字符串"ABCDE"进行测试。

① 使用 ASCII 码进行通信

a. 设置　如图 19-64 所示。

- 指令代码 0619。
- 子指令 0000。
- 重复数据长度 0005。
- 重复数据 ABCDE。

b. 响应数据

- 重复数据长度 0005。
- 重复数据 ABCDE。

指令数据

指令代码				子 指 令				重复数据长度				重 复 数 据				
0	6	1	9	0	0	0	0	0	0	0	5	A	B	C	D	E
30H	36H	31H	39H	30H	30H	30H	30H	30H	30H	30H	35H	41H	42H	43H	44H	45H

响应数据

重复数据长度				重 复 数 据				
0	0	0	5	A	B	C	D	E
30H	30H	30H	35H	41H	42H	43H	44H	45H

图 19-64　ASCII 码通信以字符串"ABCDE"测试

② 使用二进制码进行通信

a. 设置　如图 19-65 所示。

指令数据

		子指令	重复数据长度	重 复 数 据				
				A	B	C	D	E
19H	06H	00H 00H	05H 00H	41H	42H	43H	44H	45H

响应数据

重复数据长度	重 复 数 据				
	A	B	C	D	E
05H 00H	41H	42H	43H	44H	45H

图 19-65　二进制码通信以字符串"ABCDE"测试

- 指令代码 0619。
- 子指令 0000。
- 重复数据长度 0005H。
- 重复数据 ABCDE。

b. 响应数据

- 重复数据长度 0005。
- 重复数据 ABCDE。

19.6　结束代码

结束代码如表 19-35 所示。

表 19-35　结束代码一览表

代码类别	结束代码	内容	对策
正常执行	0000H	指令已经正常执行	表示请求指令已经正确执行
一般错误	C059H	① 指令/子指令的设置有错误。 ② 接收了规定序列以外的指令	修改指令/子指令,再次发送
	C05CH	请求报文有错误	修改请求报文,再次发送
	C061H	请求指令中的数据长度与数据数不符	修改请求指令中的数据或数据长度,再次发送
	CEE1H	请求报文大小超过可处理的范围	修改请求报文,再次发送
	CEE2H	响应报文大小超过可处理的范围	修改请求报文,再次发送

第20章
机器人编程指令的详细说明

目前常用的机器人编程语言是 MELFA-BASIC Ⅴ。本章对机器人使用的编程指令进行详细解释，并提供一些编程案例。本章按指令功能对编程指令进行编排，这样可以方便读者对编程指令的理解。在实际使用 RT ToolBox 软件进行编程时，软件提供了"编程模板"功能，可以直接查阅这些指令的标准书写格式。

20.1 动作控制类型指令

动作控制类型指令一览表如表 20-1 所示。

表 20-1　动作控制类型指令一览表

序号	指令名称	简要说明
1	Mov(Move)	关节插补
2	Mvs(Move S)	直线插补
3	Mvr(Move R)	圆弧插补
4	Mvr2(Move R2)	2 点圆弧插补
5	Mvr3(Move R3)	3 点圆弧插补
6	Mvc(Move C)	真圆插补
7	Mva(Move Arch)	圆弧连接型插补
8	MvTune(Move Tune)	工作模式选择
9	Ovrd(Override)	速度倍率设置
10	Spd(Speed)	速度设置指令
11	JOvrd(J Override)	设置关节轴旋转速度的倍率
12	Cnt(Continuous)	连续轨迹运行指令
13	Accel(Accelerate)	设置加减速度倍率
14	Cmp Jnt(Composition Joint)	设置关节型柔性伺服控制
15	Cmp Pos(Composition Posture)	设置直角坐标型柔性伺服控制
16	Cmp Tool(Composition Tool)	设置 TOOL 坐标型柔性伺服控制
17	Cmp Off(Composition OFF)	柔性伺服控制无效
18	Cmp G(Composition Gain)	设置柔性伺服控制增益
19	Mxt(Move External)	读取(以太网)连接的外部设备绝对位置数据进行直接移动
20	Oadl(Optimal Acceleration)	设置最佳加减速模式
21	LoadSet(Load Set)	设置抓手及工件编号
22	Prec (Precision)	设置高精度模式

序号	指令名称	简要说明
23	Torq(Torque)	设置各轴的转矩限制
24	Fine(Fine)	设置定位精度
25	Fine J(Fine Joint)	设置关节轴定位精度
26	Fine P(Fine Pause)	以直线距离设置定位精度
27	Servo	伺服电机电源的 ON/OFF
28	Wth(With)	附随指令
29	WthIf(With If)	附随指令

20.1.1　Mov——关节插补

(1) 功能

从"起点（当前点）"向"终点"做关节插补运行（以各轴等量旋转的角度实现插补运行），简称"关节插补"。（插补就是各轴联动运行。）

(2) 指令格式

Mov<终点>[,<近点>][<轨迹类型常数 1>,<常数 2>][<附随语句>]

(3) 例句

Mov(Plt 1,10),100 Wth M_Out(17)=1

说明：Mov 语句是关节插补，从起点到终点，各轴等量旋转实现联动运行，因此 Mov 语句运行轨迹无法准确描述（这是相对直线插补轨迹是一直线而言）。

① <终点>——目标点。

② <近点>——接近"终点"的一个点。

在实际加工中，往往需要快进到终点的附近位置（快进），再运动到终点。"近点"在"终点"的 Z 轴方向位置。根据符号确定是上方或下方。使用"近点"设置，是一种快速定位的方法。

③ <轨迹类型常数>——用于设置运行轨迹，常数 1=1，绕行，常数 1=0，捷径运行，绕行是指按示教轨迹，可能大于 180°轨迹运行，捷径指按最短轨迹，即小于 180°轨迹运行。

④ <附随语句>——在执行本指令时，同时执行其他的指令。

(4) 样例程序

Mov P1'——移动到 P1 点。

Mov P1+P2'——移动到 P1+P2 的位置点。

Mov P1* P2'——移动到 P1×P2 位置点。

Mov P1,-50'——移动到 P1 点上方 50mm 的位置点。

Mov P1 Wth M_Out(17)=1'——向 P1 点移动同时指令输出信号(17)为 ON。

Mov P1 WthIf M_In(20)=1,Skip'——向 P1 移动的同时,如果输入信号(20)为 ON,就跳到下一行。

Mov P1 Type 1,0'——指定运行轨迹类型为"捷径运行"。

(5) 图 20-1 中的移动路径及程序

1 Mov P1'——移动到 P1 点。

2 Mov P2，－50′——移动到 P2 点上方 50mm 位置点。

3 Mov P2′——移动到 P2 点。

4 Mov P3，－100，Wth M_Out(17)＝1′——移动到 P3 点上方 100mm 位置点，同时指令输出信号(17)为 ON。

5 Mov P3′——移动到 P3 点。

6 Mov P3 －100′——移动到 P3 点上方 100mm 位置点。

7 End

注意近点位置以 TOOL 坐标系的 Z 轴方向确定。

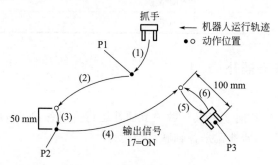

图 20-1　程序及移动路径

20.1.2　Mvs——直线插补

（1）功能

本指令为直线插补指令，从起点向终点做插补运行，运行轨迹为"直线"。

（2）指令格式 1

Mvs＜终点＞，＜近点距离＞，[＜轨迹类型常数 1＞，＜插补类型常数 2＞][＜附随语句＞]

（3）指令格式 2

Mvs＜离开距离＞[＜轨迹类型常数 1＞，＜插补类型常数 2＞][＜附随语句＞]

（4）对指令格式的说明

① ＜终点＞——目标位置点。

② ＜近点距离＞——以 TOOL 坐标系的 Z 轴为基准，到"终点"的距离（实际是一个"接近点"）往往用做快进、工进的分界点。

③ ＜轨迹类型常数 1＞——常数 1＝1，绕行；常数 1＝0，捷径运行。

④ ＜插补类型＞——常数＝0，关节插补；常数＝1，直角插补；常数＝2，通过特异点。

⑤ ＜离开距离＞——以 TOOL 坐标系的 Z 轴为基准，离开"终点"的距离（这是便捷指令）。

如图 20-2 所示。

（5）指令例句 1

向终点做直线运动
Mvs P1

（6）指令例句 2

向"接近点"做直线运动，实际到达"接近点"，同时指令输出信号(17)＝ON。

Mvs P1,－100.0 Wth M_Out(17)＝1

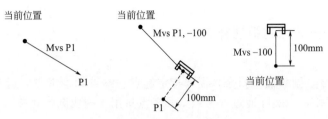

图 20-2　Mvs 指令的移动轨迹

（7）指令例句 3

向终点做直线运动(终点＝P4＋P5,"终点"经过加运算),实际到达"接近点",同时如果输入信号(18)＝ON,则指令输出信号(20)＝ON

Mvs P4＋P5, 50.0 WthIf M_In(18)＝1,M_Out(20)＝1

（8）指令例句 4

从当前点,沿 TOOL 坐标系 Z 轴方向移动 100mm。

Mvs,－100

20.1.3　Mvr——圆弧插补

（1）功能

Mvr 指令为三维圆弧插补指令，需要指定"起点"和圆弧中的"通过点"和"终点"，运动轨迹是一段圆弧。如图 20-3。

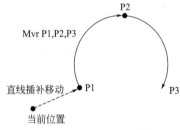

图 20-3　Mvr 指令的运动轨迹

（2）指令格式

Mvr＜起点＞,＜通过点＞,＜终点＞＜轨迹类型常数＞,＜插补类型常数＞附随语句

＜起点＞——圆弧的起点。

＜通过点＞——圆弧中的一个点。

＜终点＞——圆弧的终点。

＜轨迹类型常数＞——规定运行轨迹是"捷径"还是"绕行",常数＝0,捷径运行;常数＝1,绕行。

＜插补类型常数＞——规定"等量旋转"或"3 轴直交"或"通过特异点"。常数＝0,等量旋转;常数＝1,3 轴直交;常数＝2,通过特异点。

（3）指令例句

Mvr P1,J2,P3'——圆弧插补。

Mvr P1,P2,P3 Wth M_Out(17)＝1'——圆弧插补,同时指令输出信号(17)＝ON。

Mvr P3,(Plt 1,5),P4 WthIf M_In(20)＝1,M_Out(21)＝1'——圆弧插补,同时如果输入信号(20)＝1,则输出信号(21)＝ON。

20.1.4　Mvr2——2点圆弧插补

（1）功能

Mvr2 指令是 2 点圆弧插补指令，需要指定起点、终点和参考点。运动轨迹是一段只通过起点和终点的圆弧，不实际通过参考点（参考点只用于构成圆弧轨迹），如图 20-4。

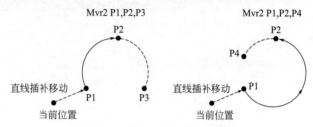

图 20-4　Mvr2 指令的运动轨迹

（2）指令格式

Mvr2＜起点＞,＜终点＞,＜参考点＞轨迹类型常数,插补类型常数附随语句

（3）说明

① 轨迹类型：常数＝1：绕行；常数＝0：捷径运行。
② 插补类型：常数＝0：关节插补；常数＝1：直角插补；常数＝2：通过特异点。

（4）指令例句

Mvr2 P1,P2,P3
Mvr2 P1,J2,P3
Mvr2 P1,P2,P3 Wth M_Out(17)＝1
Mvr2 P3,(Plt 1,5),P4 WthIf M_In(20)＝1,M_Out(21)＝1

20.1.5　Mvr3——3点圆弧插补

（1）功能

本指令是 3 点圆弧插补指令，需要指定起点、终点和圆心点。运动轨迹是一段只通过起点和终点的圆弧。如图 20-5。

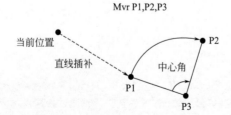

图 20-5　Mvr3 指令的运动轨迹

（2）指令格式

Mvr3＜起点＞,＜终点＞,＜圆心点＞轨迹类型常数,插补类型常数附随语句

＜起点＞——圆弧起点。

＜终点＞——圆弧终点。

＜圆心点＞——圆心。

轨迹类型常数：常数＝1：绕行；常数＝0：捷径运行。

插补类型常数：常数＝0：关节插补；常数＝1：直角插补；常数＝2：通过特异点。

（3）指令例句

```
Mvr3 P1,P2,P3
Mvr3 P1,J2,P3
Mvr3 P1,P2,P3 Wth M_Out(17)＝1
Mvr3 P3,(Plt 1,5),P4 WthIf M_In(20)＝1,M_Out(21)＝1
```

20.1.6　Mvc——真圆插补

（1）功能

Mvc 指令的运动轨迹是一完整的真圆，需要指定起点和圆弧中的两个点。运动轨迹如图 20-6。

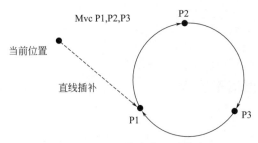

图 20-6　Mvc 指令的运动轨迹

（2）指令格式

Mvc＜起点＞,＜通过点 1＞,＜通过点 2＞附随语句

＜通过点 1＞,＜通过点 2＞——圆弧上的 2 个点。

＜起点＞——真圆的"起点"和"终点"。

（3）运动轨迹

从"当前位置"开始到"P1"点是直线轨迹。真圆运动轨迹为 P1→P2→P3→P1。

（4）指令例句

Mvc P1,P2,P3′——真圆插补。

Mvc P1,J2,P3′——真圆插补。

Mvc P1,P2,P3 Wth M_Out(17)＝1′——真圆插补同时输出信号(17)＝ON。

Mvc P3,(Plt 1,5),P4 WthIf M_In(20)＝1,M_Out(21)＝1′——真圆插补同时如果输入信号(20)＝1，则输出信号 21＝ON。

（5）说明

① Mvc 指令的运动轨迹由指定的 3 个点构成完整的真圆。

② 圆弧插补的"形位"为起点"形位"。通过其余 2 点的"形位"不计。

③ 从"当前位置"开始到"P1"点是直线插补轨迹。

20.1.7 MvTune——工作模式选择

（1）功能

使用 MvTune 指令，可以选择初始模式、高速定位模式、轨迹优先模式和抑制振动模式。

（2）指令格式

MvTune＜工作模式＞
＜工作模式＞＝1——标准模式。
＜工作模式＞＝2——高速定位模式。
＜工作模式＞＝3——轨迹优先模式。
＜工作模式＞＝4——抑制振动模式。

（3）指令例句

1 LoadSet 1,1'——设置抓手工作条件。
2 MvTune 2'——设置高速定位模式。
3 Mov P1
4 Mvs P1
5 MvTune 3'——设置轨迹优先模式
6 Mvs P3

20.1.8 Ovrd——速度倍率设置

（1）功能

Ovrd 指令用于设置速度倍率，也就是设置速度的百分数，是调速最常用指令。

（2）指令格式 1

Ovrd＜速度倍率＞

（3）指令格式 2

Ovrd＜速度倍率＞＜上升段速度倍率＞＜下降段速度倍率＞对应 MVa 指令

（4）指令例句 1

1 Ovrd 50'——设置速度倍率为 50％。
2 Mov P1
3 Mvs P2
4 Ovrd M_NOvrd'——设置速度倍率初始值(一般设置初始值为 100％)。
5 Mov P1
6 Ovrd 30,10,10'——设置速度倍率为 30％。上升段速度倍率为 10％,下降段速度倍率为 10％。

（5）说明

① 速度倍率与插补类型无关。速度倍率总是有效。
② 最大速度倍率为 100％。超出报警。
③ 初始值一般设置 100％。
④总的速度倍率＝操作面板倍率×程序速度倍率。
⑤ 程序结束 END 或程序复位后返回初始倍率。

20.1.9 Spd——速度设置指令

（1）功能

Spd 指令设置直线插补、圆弧插补时的速度。也可以设置最佳速度控制模式。以"mm/s"为单位设置。

（2）指令格式

Spd ＜速度＞

Spd M_NSpd(最佳速度控制模式)

（3）指令例句

1 Spd 100′——设置速度＝100mm/s。

2 Mvs P1

3 Spd M_NSpd′——设置初始值(最佳速度控制模式)。

4 Mov P2

5 Mov P3

6 Ovrd 80′——速度倍率＝80％。

7 Mov P4

8 Ovrd 100′——速度倍率＝100％。

（4）说明

① 实际速度＝操作面板倍率×程序速度倍率×Spd。

② M_NSpd 为初始速度设定值（通常为 10000）。

20.1.10 JOvrd——设置关节轴旋转速度的倍率

（1）功能

JOvrd 指令用于设置关节轴旋转的倍率。

（2）指令格式

JOvrd＜速度倍率＞

（3）指令例句

1 JOvrd 50′——设置关节轴运行速度倍率为 50％。

2 Mov P1

3 JOvrd M_NJOvrd′——设置关节轴运行速度倍率为初始值。

20.1.11 Cnt——连续轨迹运行指令

（1）功能

连续轨迹运行是指机器人控制点在通过各位置点时，不做加减速运行，而是以一条连续的轨迹通过各点，如图 20-7、图 20-8 所示。

（2）指令格式

Cnt＜1/0＞[,＜数值 1＞][,＜数值 2＞]

（3）指令格式说明

＜1/0＞：Cnt 1——连续轨迹运行；

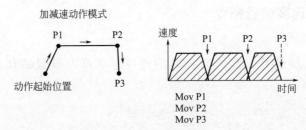

图 20-7　非连续轨迹运行时的运行轨迹和速度曲线

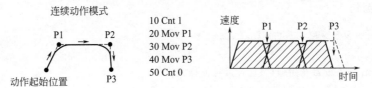

图 20-8　连续轨迹运行时的运行轨迹和速度曲线

Cnt 0——连续轨迹运行无效。

＜数值 1＞——过渡圆弧尺寸 1。

＜数值 2＞——过渡圆弧尺寸 2。

连续轨迹运行通过"某一位置点"时，其轨迹不实际通过位置点，而是一过渡圆弧，这过渡圆弧轨迹由指定的数值构成，如图 20-9。

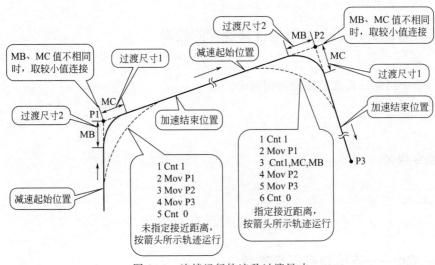

图 20-9　连续运行轨迹及过渡尺寸

（4）程序样例

1 Cnt 0′——连续轨迹运行无效。

2 Mvs P1′——移动到 P1 点。

3 Cnt 1′——连续轨迹运行有效。

4 Mvs P2′——移动到 P2 点。

5 Cnt 1,100,200′——指定过渡圆弧数据 100mm/200mm。

6 Mvs P3′——移动到 P3 点。

7 Cnt 1,300′——指定过渡圆弧数据 300mm。

8 Mov P4′——移动到 P4 点。

9 Cnt 0′——连续轨迹运行无效。

10 Mov P5′——移动到 P5 点。

(5) 程序说明

① 从 "Cnt 1" 到 "Cnt 0" 的区间为连续轨迹运行有效区间。

② 系统初始值："Cnt 0"（连续轨迹运行无效）。

③ 如果省略 "数值 1" "数值 2" 的设置，其过渡圆弧轨迹如图 20-9 中虚线所示，圆弧起始点为 "减速起始位置"，圆弧结束点为 "加速结束位置"。

20.1.12 Accel——设置加减速阶段的 "加减速度倍率"

(1) 功能

设置加减速阶段的 "加减速度倍率"（注意不是速度倍率）。

(2) 指令格式

Accel＜加速度倍率＞,＜减速度倍率＞,＜圆弧上升加减速度倍率＞,＜圆弧下降加减速度倍率＞

(3) 指令格式说明

1) ＜加减速度倍率＞——用于设置加减速度的倍率。

2) ＜圆弧上升加减速度倍率＞——对于 Mva 指令，用于设置圆弧段加减速度的 "倍率"。

(4) 指令例句

1 Accel 50,100′——假设标准加速时间＝0.2s,则加速度阶段倍率为 50%,即 0.4s。减速度阶段倍率为 100%,即 0.2s。

2 Mov P1

3 Accel 100,100′——假设标准加速时间为 0.2s,则加速度阶段倍率为 100%,即 0.2s。减速度阶段倍率为 100%,即 0.2s。

4 Mov P2

5 Def Arch 1,10,10,25,25,1,0,0′——定义圆弧。

6 Accel 100,100,20,20,20,20′——设置圆弧上升下降阶段加减速度倍率。

7 Mva P3,1

20.1.13 Cmp Jnt——指定关节轴进入 "柔性控制状态"

(1) 功能

Cmp Jnt 指令用于指定关节轴进入 "柔性控制状态"。

(2) 指令格式

Cmp Jnt,＜轴号＞

＜轴号＞——轴号用一组二进制码指定,&B000000 对应 6、5、4、3、2、1 轴。

(3) 指令例句

1 Mov P1

2 Cmp G 0.0,0.0,1.0,1.0,,′——设置各轴柔性控制增益。

3 Cmp Jnt,&B11′——指定 J1 轴、J2 轴进入柔性控制状态。

4 Mov P2

5 HOpen 1

6 Mov P1

7 Cmp Off'——关闭柔性控制状态返回常规状态。

20. 1. 14　Cmp Pos——直角坐标型柔性伺服控制

（1）功能

Cmp Pos 指令以直角坐标系为基准，指定伺服轴（C、B、A、Z、Y、X）进入"柔性控制工作模式"。

（2）指令格式

Cmp Pos,＜轴号＞

＜轴号＞——轴号用一组二进制编码指定。&B000000 对应 C、B、A、Z、Y、X 轴。

（3）指令例句

1 Mov P1

2 CmpG 0.5,0.5,1.0,0.5,0.5,'——设置各轴柔性控制增益。

3 Cmp Pos,&B011011'——设置 X、Y、A、B 轴进入"柔性控制模式"。

4 Mvs P2

5 M_Out(10)＝1

6 Dly 1.0

7 HOpen 1

8 Mvs,－100

9 Cmp Off'——关闭柔性控制状态返回常规状态。

20. 1. 15　Cmp Tool——TooL 坐标型柔性伺服控制

（1）功能

以 TOOL 坐标系为基准，指令伺服轴（C、B、A、Z、Y、X 轴）进入"柔性控制工作模式"。

（2）指令格式

Cmp Tool,＜轴号＞

＜轴号＞——轴号用一组二进制编码指定。&B000000 对应 C、B、A、Z、Y、X 轴。

（3）指令例句

1 Mov P1

2 CmpG 0.5,0.5,1.0,0.5,0.5,'——设置各轴柔性控制增益。

3 Cmp Tool,&B011011'——设置 TOOL 坐标系中的 X、Y、A、B 轴进入"柔性控制工作模式"。

4 Mvs P2

5 M_Out(10110)＝1

6 Dly 1.0

7 HOpen 1

8 Mvs,－100

9 Cmp Off'——关闭柔性控制状态返回常规状态。

20. 1. 16　Cmp Off——柔性伺服控制无效

（1）功能

Cmp Off 指令用于解除"机器人柔性控制工作模式"。

（2）指令格式

Cmp Off

（3）指令例句

1 Mov P1

2 CmpG 0.5,0.5,1.0,0.5,0.5,'——设置各轴柔性控制增益。

3 Cmp Pos,&B011011'——X、Y、A、B 轴进入"柔性控制工作模式"

4 Mvs P2

5 M_Out(10110)＝1

6 Dly 0.5

7 HOpen 1

8 Mvs,－100

9 Cmp Off'——关闭柔性控制状态返回常规状态。

20.1.17　Cmp G——设置柔性控制时各轴的增益

（1）功能

Cmp G 指令用于设置柔性控制时各轴的"柔性控制增益"。

（2）指令格式

直角坐标系

Cmp G[＜X 轴增益＞][＜Y 轴增益＞][＜Z 轴增益＞][＜A 轴增益＞][＜B 轴增益＞][＜C 轴增益＞]

关节型

Cmp G[＜J1 轴增益＞][＜J2 轴增益＞][＜J3 轴增益＞][＜J4 轴增益＞][＜J5 轴增益＞][＜J6 轴增益＞]

说明

[＜＊＊轴增益＞]——用于设置各轴的"柔性控制增益",常规状态为 1,以"柔性控制增益＝1"为基准进行设置。

（3）指令例句

Cmp G,,0.5,,,'——设置 Z 轴的柔性控制增益为 0.5,省略设置的轴用"逗号"分隔。

（4）说明

① 以指令位置与实际位置为比例，像弹簧一样产生作用力（实际位置越接近指令位置，作用力越小），Cmp G 就相当于弹性系数。

② 指令位置与实际位置之差可以由状态变量"M_CmpDst"读出，可用变量"M_CmpDst"判断动作（例如 PIN 插入）是否完成。

③ 柔性控制增益调低时，动作位置精度会降低，因此必须逐步调整确认。

④ 各型号机器人可以设置的最低"柔性控制增益"如表 20-2 所示。

表 20-2　各型号机器人可以设置的最低"柔性控制增益"

机型	CmpPos CmpTool	CmpJnt
RH-F 系列	0.20,0.20,0.20,0.20,0.20	0.01,0.01,0.20,0.01,1.0,1.0
RV-F 系列	0.01,0.01,0.01,0.01,0.01,0.01,	不可使用

20. 1. 18　Mxt

(1) 功能

Mxt 指令功能为（每隔规定标准时间）读取（以太网）连接的外部设备绝对位置数据，作为进行直接移动的指令。

(2) 指令格式

Mxt＜文件编号＞＜位置点数据类型＞［＜滤波时间＞］

＜文件编号＞——设置(等同于外部设备的)文件号。

＜位置点数据类型＞

0:直交坐标点。

1:关节坐标点。

2:脉冲数据。

＜滤波时间＞——设置滤波时间。

(3) 指令例句

10 Open″ENET:192.168.0.2″As ♯1′——设定 IP 地址 192.168.0.2 设备(传过来的数据)作为 1♯文件。

20 Mov P1

30 Mxt 1,1,50′——在实时控制中,从 1♯文件读取数据,读取的数据为关节坐标,滤波时间 50ms。

40 Mov P1

50 Hlt′——暂停。

20. 1. 19　Oadl——最佳加减速模式选择指令

(1) 功能

Oadl 指令根据对应抓手及工件条件，选择最佳加减速时间，所以也称为最佳加减速模式选择指令。

(2) 指令格式

Oadl ＜On/Off＞

Oadl On——最佳加减速模式打开。

Oadl Off——最佳加减速模式关闭。

(3) 指令例句

1 Oadl On′——最佳加减速模式＝ON。

2 Mov P1

3 LoadSet 1′——设置抓手及工件类型。

4 Mov P2

5 HOpen 1′——打开抓手。

6 Mov P3

7 HClose 1′——关闭抓手。

8 Mov P4′

9 Oadl Off′——最佳加减速模式关闭。

20.1.20　LoadSet——抓手编号及工件编号指令

（1）功能

在实用的机器人系统配置完毕后，抓手及工件的重量、大小和重心位置通过参数已经设置完毕（如图 20-10）。LoadSet 指令用于选择不同的抓手编号及工件编号。

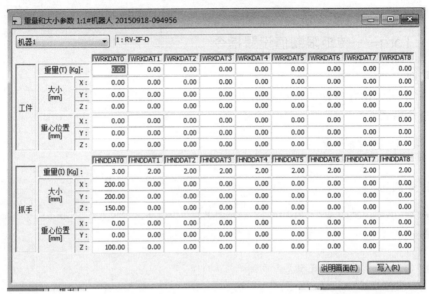

图 20-10　使用参数对抓手及工件重量、大小及重心位置进行设置

（2）指令格式

LoadSet＜抓手编号＞＜工件编号＞
＜抓手编号＞——0～8。对应参数 HNDDAT0～HNDDAT8。
＜工件编号＞——0～8。对应参数 WRKDAT0～WRKDAT8。

（3）指令例句

1 Oadl On'——最佳加减速模式打开。
2 LoadSet 1,1'——选择 1 号抓手 HNDDAT1 及 1 号工件 WRKDAT1。
3 Mov P1
4 LoadSet 0,0'——选择 0 号抓手 HNDDAT0 及 0 号工件 WRKDAT0。
5 Mov P2
6 Oadl Off'——最佳加减速模式关闭。

20.1.21　Prec——"高精度模式"选择指令

（1）功能

Prec 指令用于选择"高精度模式"有效或无效，用以提高轨迹精度。

（2）指令格式

Prec＜On/Off＞
Prec On——高精度模式有效。
Prec Off——高精度模式无效。

（3）指令例句

1 Prec On'——高精度模式有效。

2 Mvs P1

3 Mvs P2

4 Prec Off'——高精度模式无效。

5 Mov P1

20.1.22　Torq——转矩限制值设置指令

（1）功能

Torq 指令用于设置各轴的转矩限制值。

（2）指令格式

Torq<轴号><转矩限制率>

<转矩限制率>——额定转矩的百分数。

（3）指令例句

1 Def Act 1,M_Fbd>10 GoTo * SUB1,S'——如果实际位置与指令位置差 M_Fbd 大于 10mm 则跳转到子程序*SUB1。

2 Act 1＝1

3 Torq 3,10'——设置 J3 轴的转矩限制倍率为 10％。

4 Mvs P1

5 Mov P2

…

100 *SUB1

101 Mov P_Fbc

102 M_Out(10)＝1

103 End

20.1.23　Fine——定位精度设置指令

（1）功能

Fine 指令用于设置定位精度，定位精度用脉冲数表示，即指令脉冲与反馈脉冲的差值。脉冲数越小，定位精度越高。

（2）指令格式

Fine<脉冲数>,<轴号>

（3）说明

<脉冲数>——表示定位精度。用常数或变量设置。

<轴号>——设置轴号。

（4）程序样例

1 Fine 300'——设置定位精度为 300 脉冲,全轴通用。

2 Mov P1

3 Fine 100,2'——设置第 2 轴定位精度为 100 脉冲。

4 Mov P2

5 Fine 0,5′——定位精度设置无效。

6 Mov P3

7 Fine100′——定位精度设置为 100 脉冲。

8 Mov P4

20.1.24　Fine J——旋转定位精度设置指令

（1）功能

Fine J 指令用于设置关节轴的旋转定位精度。

（2）指令格式

Fine<定位精度>J[<轴号>]

（3）指令例句

1 Fine 1,J′——设置全轴定位精度为 1(deg)。

2 Mov P1

3 Fine 0.5,J,2′——设置 2 轴定位精度为 0.5(deg)。

4 Mov P2

5 Fine 0,J,5′——设置 5 轴定位精度无效。

6 Mov P3

7 Fine 0,J′——设置全轴定位精度无效。

8 Mov P4

20.1.25　Fine P——以直线距离设置定位精度

（1）功能

Fine P 指令用于以直线距离设置定位精度。

（2）指令格式

Fine<直线距离>,P

（3）指令例句

1 Fine 1,P′——设置定位精度为直线距离 1mm。

2 Mov P1

3 Fine 0,P′——定位精度无效。

4 Mov P2

20.1.26　Servo——指令伺服电机电源的 ON/OFF

（1）功能

Servo 指令用于指令机器人各轴的伺服电机电源 ON/OFF。

（2）指令格式

Servo<On/Off><机器人编号>

（3）指令例句

1 Servo On′——伺服电机电源 ON。

2 *L20:If M_Svo<>1 GoTo *L20′——等待伺服电机电源 ON。

3 Spd M_NSpd

4 Mov P1

5 Servo Off′——伺服电机电源 OFF。

20.1.27 Wth——在插补动作时附加处理的指令

(1) 功能

Wth 指令为附加处理指令,附加在插补指令之后,不能单独使用。

(2) 指令例句

Mov P1 Wth M_Out(17)=1 Dly M1+2′——向 P1 点移动同时指令输出(17)为 ON,暂停 M1+2s。

(3) 说明

① 附加指令与插补指令同时动作。

② 附加指令动作的优先级如下:

Com>Act>WthIf(Wth)

20.1.28 WthIf——在插补动作中带有附加条件的附加处理指令

(1) 功能

WthIf 指令也是附加处理指令,只是带有"判断条件"。

(2) 指令格式

Mov P1 WthIf<判断条件><处理>

<处理>——处理的内容有赋值、Hlt、Skip

(3) 指令例句

Mov P1 WthIf M_In(17)=1,Hlt′——向 P1 点移动,同时如果输入(17)为 ON,则暂停。

Mvs P2 WthIf M_RSpd>200,M_Out(17)=1 Dly M1+2′——向 P2 点移动,同时如果 M_RSpd>200,则指令输出(17)为 ON,同时暂停 M1+2s。

Mvs P3 WthIf M_Ratio>15,M_Out(1)=1′——向 P3 点移动,同时如果 M_Ratio>15,则指令输出(17)为 ON。

20.2　程序控制流程相关的指令

程序流程相关指令一览表如表 20-3 所示。

表 20-3　程序流程相关指令一览表

序号	指令名称	简要说明
1	Rem(Remarks)	标记字符串指令(′)
2	If…Then…Else…EndIf(If Then Else)	条件分支
3	Select Case	多选指令
4	GoTo(Go To)	跳转指令
5	GoSub(Return)(Go Subroutine)	调用子程序指令

序号	指令名称	简要说明
6	Reset Err(Reset Error)	报警复位指令
7	CallP(Call P)	调用指定"标记"的子程序指令
8	FPrm(FPRM)	子程序内定义自变量指令
9	Dly(Delay)	暂停时间设置指令
10	Hlt(Halt)	暂停执行程序指令
11	On…GoSub(ON Go Subroutine)	根据条件调用子程序指令
12	On…GoTo(On Go To)	根据条件跳转到某程序分支指令
13	For…Next(For-next)	循环指令
14	While…WEnd(While End)	根据条件执行循环的指令
15	Open	开启通信口或文件指令
16	Print	输出数据指令
17	Input	输入数据指令
18	Close	关闭通信口或文件指令
19	ColChk(Col Check)	碰撞检测功能有效/无效指令
20	On Com GoSub(On Communication Go Sub-routine)	根据外部通信口信息调用子程序指令
21	Com On/Com Off/Com Stop (Communication ON/OFF/STOP)	开启/关闭/停止外部通信口指令
22	HOpen/HClose(Hand Open/Hand Close)	抓手的开/闭指令
23	Error	报警指令
24	Skip	动作中的跳转指令
25	Wait	等待指令
26	Clr	清零指令
27	End	程序结束
28	Return	子程序/中断程序结束及返回
29	Label	标签指令

20.2.1　Rem——标记字符串

（1）功能

Rem 指令用于使标记字符串成为"指令注释"。

（2）指令格式

Rem＜指令＞

（3）指令例句

1 Rem***MAIN PROGRAM*** ′——对字符串"*** MAIN PROGRAM***"进行标记。

2′——***MAIN PROGRAM***成为"指令注释"。

3 Mov P1

20.2.2 If…Then…Else…EndIf——根据条件执行程序分支跳转的指令

(1) 功能

本指令用于根据"条件"执行"程序分支跳转",是改变程序流程的基本指令。

(2) 指令格式 1

If＜判断条件＞Then＜流程 1＞［Else＜流程 2＞］

这种指令格式是在程序一行里书写的判断-执行语句。如果"条件成立"就执行 Then 后面的程序指令；如果"条件不成立"执行 Else 后面的程序指令。

指令例句 1

If M1＞10 Then*L100'——如果 M1 大于 10,则跳转到 *L100 行。

If M1＞10 Then GoTo *L20 Else GoTo *L30'——如果 M1 大于 10,则跳转到 *L20 行,否则跳转到 *L30 行。

(3) 指令格式 2

如果本指令的处理内容较多,无法在一行程序里表示,就使用指令格式 2。如图 20-11 所示。

If＜判断条件＞

Then

＜流程 1＞

Else

＜流程 2＞］

EndIf

如果"条件成立"则执行 Then 开始一直到 Else 的程序行。如果"条件不成立"执行 Else 开始到 EndIf 的程序行。EndIf 用于表示流程 2 的程序结束。

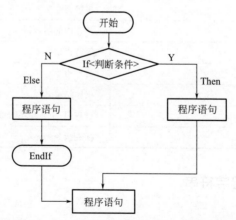

图 20-11 If-Then-Else…EndIf 指令的程序流程

① 指令例句 1

10 If M1＞10 Then'——如果 M1 大于 10,则

11 M1＝10

12 Mov P1

13 Else'——否则

14 M1＝－10

15 Mov P2

16 EndIf

② 指令例句 2　多级 If…Then…Else…EndIf 嵌套。

30 If M1＞10 Then'——第 1 级判断-执行语句。

31 If M2＞20 Then'——第 2 级判断-执行语句。

32 M1＝10

33 M2＝10

34 Else

35 M1＝0

36 M2＝0

37 EndIf'——第 2 级判断-执行语句结束

38 Else'——第 1 级分支执行语句。

39 M1＝－10

400 M2＝－10

410 EndIf'——第 1 级判断-执行语句结束。

③ 指令例句 3　在对 Then 及 Else 的流程处理中，以 Break 指令跳转到 EndIf 的下一行（不要使用 GoTo 指令跳转），如图 20-12。

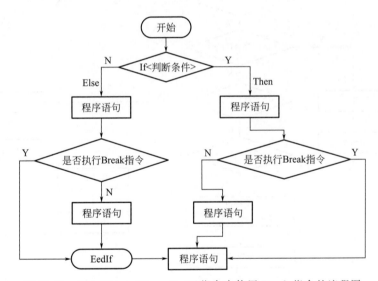

图 20-12　IF…Then…Else…EndIf 指令中使用 Break 指令的流程图

30 If M1＞10 Then'——第 1 级判断—执行语句。

31 If M2＞20 Then Break'——如果 M2＞20 就跳转出本级判断执行语句(本例中为 39 行)。

32 M1＝10

33 M2＝10

34 Else

35 M1＝－10

36 If M2＞20 Then Break'——如果 M2＞20 就跳转出本级判断执行语句(本例中为 39 行)。

37 M2＝－10

38 EndIf

39 If M_BrkCq＝1 Then Hlt

40 Mov P1

（4）说明

① 多行型指令 If…Then…Else…EndIf 必须书写 EndIf，不得省略，否则无法确定"流程 2"的结束位置。

② 不要使用 GoTo 指令跳转到本指令之外。

③ 嵌套多级指令最多为 8 级。

④ 在对 Then 及 Else 的流程处理中，以 Break 指令跳转到 EndIf 的下一行。

20.2.3 Select Case——根据不同的条件选择执行不同的程序块

（1）功能

Select Case 指令用于根据不同的条件选择执行不同的程序块，执行流程如图 20-13 所示。

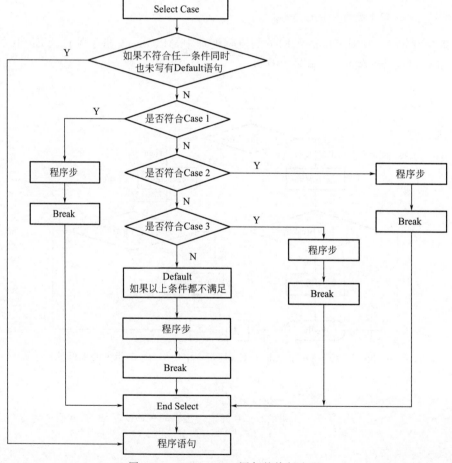

图 20-13　Select Case 语句的执行流程

（2）指令格式

Select＜条件＞

Case＜计算式＞

[＜处理＞]

```
Break
Case<计算式>
[<处理>]
Break
Default
[<处理>]
Break
End Select
```
<条件>——数值表达式。

（3）指令例句

```
1 Select MCNT
2 M1=10'——此行不执行。
3 Case Is=<10'——如果 MCNT≤10。
4 Mov P1
5 Break
6 Case11'——如果 MCNT=11 或 MCNT=12。
7 Case 12
8 Mov P2
9 Break
10 Case 13 To 18'——如果 13≤MCN≤18。
11 Mov P4
12 Break
13 Default'——除上述条件以外。
14 M_Out(10)=1
15 Break
16 End Select
```

（4）说明

① 如果"条件"的数据与某个"Case"的数据一致，则执行到"Break"行然后跳转到 End Select 行。

② 如果条件都不符合，就执行 Default 规定的程序。

③ 如果没有 Default 指令规定的程序，就跳到 End Select 下一行。

20.2.4　GoTo——无条件跳转指令

（1）功能
GoTo 指令用于无条件地跳转到指定的程序分支标记行。

（2）格式

```
GoTo  <程序分支标记>
```

（3）术语
<程序分支标记>——标记程序分支。

（4）指令样例

```
10 GoTo *LBL'——跳转到有 *LBL 标记的程序行。
100 *LBL
```

101 Mov P1

（5）说明

① 必须在程序分支处写标记符号。

② 无程序分支标记符，执行时会发生报警。

20.2.5 GoSub——调用指定"标记"的子程序指令

（1）功能

GoSub 指令为调用子程序指令。子程序前有"＊"标志。在子程序中必须要有返回指令 Return。这种调用方法与 CallP 指令的区别是：GoSub 指令指定的"子程序"写在"同一程序"内，用"标签"标定"起始行"，以"Return"做为子程序结束并返回"主程序"；而 CallP 指令调用的程序可以是一个独立的程序。

（2）指令格式

GoSub＜子程序标签＞

（3）指令例句

10 GoSub *LBL
11 End
…
100 *LBL
101 Mov P1
102 Return'——务必写 Return 指令。

（4）说明

① 子程序结束务必写"Return"指令，不能使用 GoTo 指令。

② 在子程序中还可使用 GoSub 指令，可以使用 800 段。

20.2.6 Reset Err——报警复位指令

（1）功能

Reset Err 指令用于使报警复位。

（2）指令格式

Reset Err

（3）指令例句

1 If M_Err＝1 Then Reset Err'——如果有 M_Err 报警发生,就执行报警复位。

20.2.7 CallP——调用子程序指令

（1）功能

CallP 指令用于调用子程序。

（2）指令格式及说明

CALLP [程序名][自变量 1][自变量 2]

[程序名]——被调用的"子程序"名字。

[自变量 1],[自变量 2]——设置在子程序中使用的变量,类似于"局部变量",只在被调用的子程序中

有效。

（3）指令例句 1

调用子程序时同时指定"自变量"。

1 M1＝0

2 CallP"10",M1,P1,P2'——调用"10"号子程序,同时指定 M1、P1、P2 为子程序中使用的变量。

3 M1=1

4 CallP"10",M1,P1,P2'——调用"10"号子程序,同时指定 M1、P1、P2 为子程序中使用的变量。

…

10 CallP"10",M2,P3,P4'——调用"10"号子程序,同时指定 M2、P3、P4 为子程序中使用的变量。

…

15 End

"10"子程序

1 FPrm M01,P01,P02'——规定与主程序中对应的"变量"。

2 If M01<>0 Then GoTo *LBL1

3 Mov P01

4 *LBL1

5 Mvs P02

6 End'——结束(返回主程序)

注:在主程序第 2 步、第 4 步调用子程序时,"10"子程序变量 M01、P01、P02 与主程序指定的变量 M1、P1、P2 相对应。在主程序第 10 步调用子程序时,"10"子程序变量 M01、P01、P02 与主程序指定的变量 M2、P3、P4 相对应。

主程序与子程序的关系如图 20-14 所示。

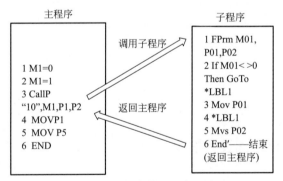

图 20-14　主程序与子程序的关系

（4）指令例句 2

调用子程序时不指定"自变量"。

1 Mov P1

2 CallP"20"'——调用"20"号子程序。

3 Mov P2

4 CallP"20"'——调用"20"号子程序。

5 End

"20"子程序

1 Mov P1'——子程序中的 P1 与主程序中的 P1 不同。

2 Mvs P002

3 M_Out(17)＝1
4 End

(5) 说明

① 子程序以 END 结束并返回主程序。如果没有 END 指令，则在最终行返回主程序。

② CallP 指令指定自变量时，在子程序一侧必须用 FPrm 定义自变量，而且数量、类型必须相同，否则发生报警。

③ 可以执行 8 级子程序调用。

④ TOOL 数据在子程序中有效。

20.2.8 FPrm——定义子程序中使用的"自变量"

(1) 功能

从主程序中调用子程序指令时，如果规定有自变量，就用 FPrm 指令使主程序定义的"局部变量"在子程序中有效。

(2) 指令格式

FPrm＜假设自变量＞＜假设自变量＞…

(3) 指令例句

主程序
1 M1＝1
2 P2＝P_Curr
3 P3＝P100
4 CallP"100",M1,P2,P3'——调用子程序"100",同时指定了变量 M1、P2、P3。
子程序"100"
1 FPrm M1,P2,P3'——指令从主程序中定义的变量有效。
2 If M1＝1 Then GoTo *LBL
3 Mov P1
4 *LBL
5 Mvs P2
6 End

20.2.9 Dly——暂停时间设置指令

(1) 功能

Dly 指令用于设置程序中的"暂停时间"，也作为构成"脉冲型输出"的方法。

(2) 指令格式

程序暂停型
Dly＜暂停时间＞
设定输出信号为 ON 的时间(构成脉冲输出)
M_Out(1)＝1 Dly＜时间＞

(3) 指令例句 1

1 Dly 30'——程序暂停时间 30s。

(4) 指令例句 2

1 M_Out(17)＝1 Dly 0.5'——输出端子(17)为 ON 时间为 0.5s。

2 M_Outb(18)＝1 Dly 0.5′——输出端子(18)为 ON 时间为 0.5s。

20.2.10　Hlt——暂停执行程序指令

(1) 功能

Hlt 指令用于暂停执行程序，程序处于待机状态。如果发出再启动信号，从程序的下一行启动。本指令在分段调试程序时常用。

(2) 指令格式

Hlt

(3) 指令例句 1

1 Hlt′——无条件暂停执行程序。

(4) 指令例句 2

满足某一条件时,执行暂停。

100 If M_In(18)＝1 Then Hlt′——如果输入信号(18)为 ON,则暂停。

200 Mov P1 WthIf M_In(17)＝1,Hlt′——在向 P1 点移动过程中,如果输入信号(17)为 ON,则暂停。

(5) 说明

① 在 Hlt 暂停后，重新发出启动信号，程序从下一行启动执行。

② 如果是在附随语句中发生的暂停，重新发出启动信号后，程序从中断处启动执行。

20.2.11　On…GoTo——不同条件下跳转到不同程序分支处的指令

(1) 功能

On…GoTo 指令是根据不同条件跳转到不同程序分支处的指令。判断条件是计算式，可能有不同的计算结果，根据不同的计算结果跳转到不同程序分支处。本指令与 On…GoSub 指令的区别：On…GoSub 是跳转到子程序；On…GoTo 指令是跳转到某一程序行。执行流程如图 20-15 所示。

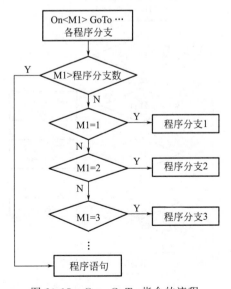

图 20-15　On…GoTo 指令的流程

（2）指令格式

On＜条件计算式＞GoTo＜程序行标签 1＞＜程序行标签 2＞…

（3）指令例句

On M1 GoTo *ABC1,*LJMP,*LM1_345,*LM1_345,*LM1_345,*L67,*L67
'——如果 M1＝1，就跳转到 *ABC1 行。

　　如果 M1＝2，就跳转到 *LJMP 行。

　　如果 M1＝3,M1＝4,M1＝5 就跳转到 *LM1_345 行。

　　如果 M1＝6,M1＝7，就跳转到 *L67 行。

11 MOV P500'——M1 不等于 1～7 就跳转到本行。

100 *ABC1

101 MOV P100

102 '…

110 MOV P200

111 *LJMP

112 MOV P300

113 '…

170 *L67

171 MOV P600

172 '…

200 *LM1_345

201 MOV P400

202 '…

20.2.12　On…GoSub——根据不同的条件调用不同的子程序

（1）功能

On…GoSub 指令用于根据不同的条件调用不同的子程序。执行流程如图 20-16 所示。

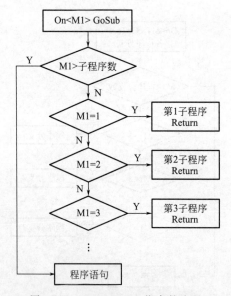

图 20-16　On…GoSub 指令的流程

（2）格式

On＜数值运算式＞GoSub[＜子程序标记＞][,[＜子程序标记＞]]…

（3）用语

＜数值运算式＞——数值运算式，作为判断条件。

＜子程序标记＞——记述子程序标记名，最大数为 32。

（4）程序样例

根据 M1 数值（1～7）调用不同的子程序。

M1＝1 调用子程序 ABC1,M1＝2 调用子程序 Lsub,M1＝3、4、5 调用子程序 LM1_345,M1＝6、7 调用子程序 L67。

1 M1＝M_Inb(16)And &H7

2 On M1 GoSub*ABC1,*Lsub,*LM1_345,*LM1_345,*LM1_345,*L67,*L67(注意,有 7 个子程序)

100 *ABC1

101 ′——M1＝1 时的程序处理。

102 Return′——务必以 Return 返回主程序。

121 *Lsub

122 ′——M1＝2 时的程序处理。

123 Return′——务必以 Return 返回主程序。

170 *L67

171 ′——M1＝6,M1＝7 时的程序处理。

172 Return′——务必以 Return 返回主程序。

200 *LM1_345

201 ′——M1＝3、M1＝4、M1＝5 时的程序处理。

202 Return′——务必以 Return 返回主程序。

（5）说明

① 以＜数值运算式＞的值决定调用某个子程序。

例如：＜式数值运算式＞＝2，即调用第 2 号子程序。

② ＜数值运算式＞的值大于子程序个数时，就跳转到下一行。例如＜数值运算式＞＝5，子程序＝3 个的情况下，会跳转到下一行。

③ 子程序结束处必须写 Return，以返回主程序。

20.2.13　While…WEnd——循环指令

（1）功能

While…WEnd 指令为循环动作指令。如果满足循环条件，则循环执行 While…WEnd 之间的动作。如果不满足则跳出循环。

（2）指令格式

While＜循环条件＞

处理动作

WEnd

＜循环条件＞——数据表达式。

（3）指令例句

如果 M1 在－5 和 5 之间，则循环执行。

1 While(M1>=-5)And(M1<=5)'——如果 M1 在-5 和 5 之间,则循环执行。

2 M1=-(M1+1)'——循环条件处理。

3 M_Out(8)=M1

4 WEnd'——循环结束指令。

5 End

While…WEnd 指令的循环过程如图 20-17 所示。

20.2.14 Open——定义及打开某一文件指令

(1) 功能

Open 指令为"启用"某一文件指令。

(2) 指令格式

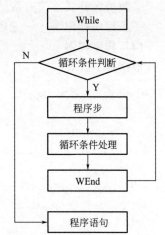

图 20-17 While…WEnd 循环
语句流程

Open"<文件名>"[For<模式>]As[♯]<文件号码>

<文件名>——文件名,如果使用"通信端口"则为"通信端口名"。

<模式>:

INPUT——输入模式(从指定的文件里读取数据);

OUTPUT——输出模式(向指定的文件写入数据);

APPEND——搜索模式;

省略——如果省略模式指定,则为"搜索模式"。

(3) 指令例句 1 (通信端口类型)

1 Open"COM1:"As♯1'——指定从 COM1 通信口传送的 COMDEV 1(内的文件)作为♯1 文件。

2 Mov P_01

3 Print♯1,P_Curr'——将当前值"(100.00,200.00,300,00,400.00)(7,0)"输出到♯1 文件。

4 Input♯1,M1,M2,M3'——读取♯1 文件中的数据"101.00,202.00,303.00"到 M1、M2、M3。

5 P_01.X=M1

6 P_01.Y=M2

7 P_01.C=Rad(M3)

8 Close'——关闭所有文件。

9 End

(4) 指令例句 2 (文件类型)

1 Open"temp.txt"For Append As♯1'——将名为"temp.txt"的文件定义为♯1 文件。

2 Print♯1,"abc"'——在♯1 文件上写入"abc"。

3 Close♯1'——关闭♯1 文件。

20.2.15 Print——输出数据指令

(1) 功能

Print 指令为向指定的文件输出数据。

(2) 指令格式

Print♯<文件号><数据式 1>,<数据式 2>,<数据式 3>

<数据式>——可以是数值表达式、位置表达式、字符串表达式。

(3) 指令例句 1

1 Open"temp.txt"For APPEND As ♯1'——将"temp.txt"文件定义为♯1 文件启用。

2 MDATA＝150'——设置 MDATA＝150。

3 Print＃1,"*** Print TEST*** "'——向＃1 文件输出字符串"***Print TEST*** "。

4 Print＃1'——输出"换行符"。

5 Print＃1,"MDATA＝",MDATA'—— 输出字符串"MDATA＝"之后,接着输出 MDATA 的具体数据 150。

6 Print＃1'——输出"换行符"。

7 Print＃1,"*************** "'——输出字符串"*************** "

8 End

输出结果如下:

Print TEST

MDATA＝150

****

（4）说明

① Print 指令后为"空白",即表示输出换行符,注意其应用。

② 字符串最大为 14 字符。

③ 多个数据以逗号分隔时,输出结果的多个数据有空格。

④ 多个数据以分号分割时,输出结果的多个数据之间无空格。

⑤ 以双引号标记"字符串"。

⑥ 必须输出换行符。

（5）指令例句 2

1 M1＝123.5

2 P1＝(130.5,－117.2,55.1,16.2,0.0,0.0)(1,0)

3 Print＃1,"OUTPUT TEST",M1,P1'——以逗号分隔。

输出结果:数据之间有空格。

OUTPUT TEST 123.5　(130.5,－117.2,55.1,16.2,0.0,0.0)(1,0)

（6）指令例句 3

3 Print＃1,"OUTPUT TEST";M1;P1'——以分号分隔。

输出结果:数据之间无空格。

OUTPUT TEST 123.5——(130.5,－117.2,55.1,16.2,0.0,0.0)(1,0)

（7）指令例句 4

在语句后面加逗号或分号,不会输出换行结果。

3 Print＃1,"OUTPUT TEST",'——以逗号结束。

4 Print＃1,M1;'——以分号结束。

5 Print＃1,P1

输出结果:

OUTPUT TEST 123.5(130.5,－117.2,55.1,16.2,0.0,0.0)(1,0)

20.2.16　Input——文件输入指令

（1）功能

Input 指令为从指定的文件读取"数据"的指令,读取的数据为 ASCII 码。

（2）指令格式

Input＃＜文件编号＞＜输入数据存放变量＞[＜输入数据存放变量＞]…

<文件编号>——指定被读取数据的文件号。

<输入数据存放变量>——指定读取数据存放的变量名称。

（3）指令例句

1 Open"temp. txt"For Input As#1'——设定文件"temp. txt"为 1#文件。

2 Input#1,CABC$ '——读取 1#文件:读取时从"起首"到"换行"为止的数据被存放到变量"CABC$ "（全部为 ASCII 码）。

…

10 Close#1'——关闭 1#文件。

（4）说明

如果文件 1#的数据为 PRN MELFA，125.75，（130.5，－117.2，55.1，16.2，0，0）（1，0）CR。

Input#1, C1 $, M1, P1

则：C1 $ ＝MELFA

M1＝125.75

P1＝(130.5，－117.2，55.1，16.2，0，0)(1，0)

20.2.17 Close——关闭文件

（1）功能

Close 指令将指定的文件（及通信口）关闭。

（2）指令格式

Close[#]<文件号>[[#<文件号>]

（3）指令例句

1 Open"temp. txt"For Append As#1'——将文件 temp. txt 作为 1#文件打开。

2 Print#1,"abc"'——在 1#文件中写入"abc"。

3 Close#1'——关闭 1#文件。

20.2.18 ColChk——碰撞检测功能有效/无效指令

（1）功能

ColChk 指令用于设置"碰撞检测功能有效/无效"。"碰撞检测功能"指检测机器人手臂及抓手与周边设备是否发生碰撞，如果发生碰撞立即停止，减少损坏。

（2）指令格式

ColChk On[NOErr]/Off

On——碰撞检测功能有效。检测到碰撞发生时,立即停机,并发出 1010 报警。同时伺服＝OFF。

Off——碰撞检测功能无效。

NOErr——检测到碰撞发生时,不报警。

（3）指令例句 1

检测到碰撞发生时报警。

1 ColLvl 80,80,80,80,80,80,,'——设置碰撞检测量级。

2 ColChk On'——碰撞检测功能有效。

3 Mov P1

4 Mov P2

5 Dly 0.2'——等待动作完成,也可以使用定位精度指令 Fine。

6 ColChk Off'——碰撞检测功能无效。

7 Mov P3

(4) 指令例句 2

检测到碰撞发生时,使用中断处理。

1 Def Act 1,M_ColSts(1)=1 GoTo *HOME,S'——如果检测到碰撞发生,跳转到"HOME"行。

2 Act 1=1

3 ColChk On,NOErr'——碰撞检测功能=ON。

4 Mov P1

5 Mov P2

6 Mov P3

7 Mov P4

8 ColChk Off'——碰撞检测功能=OFF。

9 Act 1=0

100 *HOME

101 ColChk Off'——碰撞检测功能=OFF。

102 Servo On

103 PESC=P_ColDir(1)*(−2)

104 PDST=P_Fbc(1)+PESC

105 Mvs PDST

106 Error 9100

(5) 说明

① 碰撞检测是指机器人移动过程中，实际转矩超出理论转矩达到一定量级后，则判断为"碰撞"，机器人紧急停止。

图 20-18 中，有理论转矩和实际检测到的转矩。如果实际检测到的转矩大于"设置的检测转矩量级"，就报警。

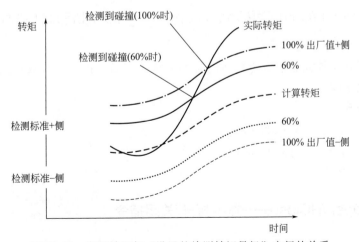

图 20-18　实际转矩与"设置的检测转矩量级"之间的关系

② 碰撞检测功能可以用参数 COL 设置。

20. 2. 19　On Com GoSub——根据外部通信口信息调用子程序指令

（1）功能
On Com GoSub 指令的功能是如果有来自通信口的指令则跳转执行某子程序。

（2）指令格式
On Com＜文件号＞GoSub＜程序行标签＞

（3）指令例句
1 Open"COM1:"As＃1'——指令"COM1:"传送的文件作为＃1文件。

2 On Com(1) GoSub *RECV'——如果 1＃文件有中断指令就跳转到子程序 RECV。

3 Com(1)On'——指令 1＃口插入指令生效(区间)。

4 '…(如果此区间有从 1＃口发出的中断指令,则跳转到标记 RECV 行)。

11

12 Mov P1

13 Com(1)Stop'——指令 1＃口插入指令暂停。

14 Mov P2

15 Com(1) On'——指令 1＃口插入指令生效(区间)。

16 '

…'(如果此区间有从 1＃口发出的中断指令,则跳转到标记 RECV 行。)

26 '

27 Com(1) Off'——指令 1＃口插入指令无效(区间)。

28 Close ＃1'——关闭 1 号文件。

29 End

…

40 * RECV'——子程序起始行标签。

41 Input＃1,M0001

42 Input＃1,P0001

50 Return1'——子程序结束。

20. 2. 20　Com On/Com Off/Com Stop——开启/关闭/停止外部通信口指令

（1）功能
指令用于设置从外部通信口传送到机器人一侧的"插入指令"有效/无效（相当于划分中断程序的有效区间）。

（2）指令格式
Com＜文件号＞On'——"插入指令"有效。

Com＜文件号＞Off'——"插入指令"无效。

Com＜文件号＞Stop'——"插入指令"暂停。

20. 2. 21　HOpen/HClose——抓手打开/关闭指令

（1）功能
HOpen/HClose 指令为抓手的 ON/OFF 指令，控制抓手的 ON/OFF。实质上是控制某一输出信号的 ON/OFF。所以在参数上要设置与抓手对应的输出信号。

（2）指令格式

HOpen＜抓手号码＞

HClose＜抓手号码＞

（3）令例句

1 HOpen 1'——指令抓手 1 为 ON。

2 Dly 0.2

3 HClose 1'——指令抓手 1 为 OFF。

4 Dly 0.2

5 Mov PUP

20.2.22　Error——发出报警信号指令

（1）功能

本指令用于在程序中发出报警指令。

（2）指令格式

Error＜报警编号＞

（3）指令例句 1

1 Error 9000

（4）指令例句 2

4 If M1＜＞0 Then *LERR'——如果 M1 不等于 0,则跳转到 *LERR 行。

…

14 *LERR

15 MERR＝9000＋M1*10'——根据 M1 计算报警号。

16 Error MERR

17 End

20.2.23　Skip——跳转指令

（1）功能

Skip 指令的功能是中断执行当前的程序行，跳转到下一程序行。

（2）指令格式

…,Skip

（3）指令例句

1 Mov P1 WthIf M_In(17)＝1,Skip'——如果执行 Mov P1 的过程中 M_In(17)＝1,则中断 Mov P1 的执行,跳到下一程序行。

2 If M_SkipCq＝1 Then Hlt'——如果发生了 Skip 跳转,则程序暂停。

20.2.24　Wait——等待指令

（1）功能

Wait 指令功能为等待条件满足后执行下一段指令，这是常用指令。

(2) 指令格式

Wait＜数值变量＞＝＜常数＞

＜数值变量＞——数值型变量,常用的有输入输出型变量。

(3) 指令例句 1

信号状态:

1 Wait M_In(1)＝1'——与 *L10:If M_In(1)＝0 Then GoTo *L10 功能相同。

2 Wait M_In(3)＝0

(4) 指令例句 2

多任务区状态:

3 Wait M_Run(2)＝1'——等待任务区 2 程序启动。

(5) 指令例句 3

变量状态:

Wait M_01＝100'——如果变量"M_01＝100",就执行下一行。

20.2.25　Clr——清零指令

(1) 功能

Clr 指令用于对输出信号、局部变量、外部变量及数据"清零"。

(2) 指令格式

Clr＜TYPE＞

＜TYPE＞——清零类型。

＜TYPE＞＝1:输出信号复位。

＜TYPE＞＝2:局部变量及数组清零。

＜TYPE＞＝3:外部变量及数组清零,但公共变量不清零。

(3) 指令例句 1 (类型 1)

Clr 1'——将输出信号复位。

(4) 指令例句 2 (类型 2)

Dim MA(10)

Def Inte IVAL

Clr 2'——MA(1)~MA(10)及变量 IVAL 及程序内局部变量清零。

(5) 指令例句 3 (类型 3)

Clr 3'——外部变量及数组清零。

(6) 指令例句 4 (类型 0)

Clr 0'——同时执行类型 1~3 清零。

20.2.26　End——程序段结束指令

(1) 功能

End 指令在主程序内表示程序结束；在子程序内表示子程序结束并返回主程序。

（2）指令格式

End

（3）指令例句

1 Mov P1

2 GoSub *ABC

3 End'——主程序结束。

…

10 *ABC

11 M1＝1

12 REnd

（4）说明

① 如果需要程序中途停止并处于中断状态，应该使用"Hlt"指令。

② 可以在程序中多处编制"END"指令。也可以在程序的结束处不编制"END"指令。

20.2.27 For…Next——循环指令

（1）功能

For…Next 指令为循环指令。

（2）指令格式

For＜计数器＞＝＜初始值＞To＜结束值＞Step＜增量＞

Next＜计数器＞

① ＜计数器＞——循环判断条件。

② Step＜增量＞——每次循环增加的数值。

（3）指令例句（求 1～10 的和）

1 MSUM＝0'——设置"MSUM＝0"。

2 For M1＝1 To 10'——设置 M1 从 1～10 为循环条件,单步增量＝1。

3 MSUM＝MSUM＋M1'——计算公式。

4 Next M1

（4）说明

① 循环嵌套为 16 级。

② 跳出循环不能使用 GoTo 语句；使用 Loop 语句。

20.2.28 Return——子程序/中断程序结束及返回

（1）功能

Return 指令是子程序/中断程序结束及返回指令。

（2）指令格式

Return,——子程序结束及返回

Return＜返回程序行指定方式＞

＜返回程序行指定方式＞:

0:返回到中断发生的"程序步"。

1:返回到中断发生的"程序步"的下一步。

（3）指令例句 1（子程序调用）

1 ′***MAIN PROGRAM***

2 GoSub * SUB_INIT′——跳转到子程序*SUB_INIT 行。

3 Mov P1

…

100 ′——***SUB INIT***。

101 *SUB_INIT′——子程序标记。

102 PSTART＝P1

103 M100＝123

104 Return 1′——返回到"子程序调用指令"的下一行(即第 3 步)。

（4）指令例句 2（中断程序调用）

1 Def Act 1,M_In(17)＝1 GoSub *Lact′——定义 Act1 对应的中断程序。

2 Act 1＝1

…

10 *Lact

11 Act 1＝0

12 M_Timer(1)＝0

13 Mov P2

14 Wait M_In(17)＝0

15 Act 1＝1

16 Return 0′——返回到发生"中断"的单步。

（5）说明

以 GoSub 指令调用子程序，必须以 Return 作为子程序的结束。

20.2.29　Label——标签

（1）功能

Label 用于为程序的分支处做标记，属于程序结构流程用标记。

（2）指令例句

1 *SUB1′—— *SUB1 是"标签"。

2 If M1＝1 Then GoTo *SUB1

3 *LBL1:If M_In(19)＝0 Then GoTo *LBL1′——*LBL1 是标签。

20.3　定义指令

定义指令一览表如表 20-4 所示。

表 20-4　定义指令一览表

序号	指令	说明
1	Dim	定义数组
2	Def Plt(Define Pallet)	定义 Pallet 指令

序号	指令	说明
3	Plt(Pallet)	Pallet 指令
4	Def Act(Define Act)	定义中断程序
5	Act	中断程序动作有效区间标志
6	Def Arch(Define Arch)	定义 Mva 指令的圆弧形状
7	Def Jnt(Define Joint)	定义关节型位置变量
8	Def Pos(Define Position)	定义直交型位置变量
9	Def Inte/Def Long/Def Float/Def Double (Define Integer/Long/Float/Double)	定义整数、实数变量
10	Def Char(Define Character)	定义字符串变量
11	Def IO(Define IO)	定义 I/O 信号变量
12	Def FN(Define function)	定义任意函数
13	Tool	设置 TOOL 坐标系
14	Base	设定新的世界坐标系
15	Title(Title)	以文本形式显示程序内容
16	赋值指令	用于对变量赋值(代入运算)

20.3.1　Dim——定义数组

(1) 功能

Dim 指令用于定义"数据组"——一组同类型数据变量。可以到三维数组。

(2) 指令格式

Dim<变量名>(<数据个数>,<数据个数>,<数据个数>),<变量名>(<数据个数>,<数据个数>,<数据个数>)

(3) 指令例句

1 Dim PDATA(10)′——定义 PDATA 为"位置点变量数组",该数组内有 PDATA1～PDATA10 共 10 个"位置点变量"。

2 Dim MDATA♯(5)′——定义 MDATA♯ 为双精度实数型变量组,该数组内有 MDATA♯1～MDATA♯5 共 5 个变量。

3 Dim M1%(6)′——定义 M1% 为整数型变量组,该数组内有 M1%1～M1%6 共 6 个变量。

4 Dim M2!(4)′——定义 M2! 为单精度实数型变量组,该数组内有 M2!1～M2!4 共 4 个变量。

5 Dim M3&(5)′——定义 M3& 为长精度整数型变量组,该数组内有 M3&1～M3&5 共 5 个变量。

6 Dim CMOJI(7)′——定义 CMOJI 为"字符串变量数组",该数组内有 CMOJI1～CMOJI7 共 7 个"字符串变量"。

20.3.2　Def Plt——定义"托盘结构"指令

(1) 功能

Pallet 指令也翻译为"托盘指令""码垛"指令。实际上是一个计算矩阵方格中各"点位中心"(位置)的指令,该指令需要设置"矩阵方格"有几行几列、起点终点、对角点位置、计数方向。由于该指令通常用于码垛动作,所以也就被称为"码垛指令"。

Def Plt 为定义"托盘结构"指令。

（2）指令格式

Def Plt＜托盘号＞＜起点＞＜终点 A＞＜终点 B＞[＜对角点＞]＜列数 A＞＜行数 B＞＜托盘类型＞

Plt——指定托盘中的某一点。

（3）指令样例 1

如图 20-19 所示。

1 Def Plt 1,P1,P2,P3,,3,4,1'——3 点型托盘定义指令。

2 Def Plt 1,P1,P2,P3,P4,3,4,1'——4 点型托盘定义指令。

3 点型托盘定义指令——指令中只给出起点、终点 A、终点 B。

4 点型托盘定义指令——指令中给出起点、终点 A、终点 B、对角点。

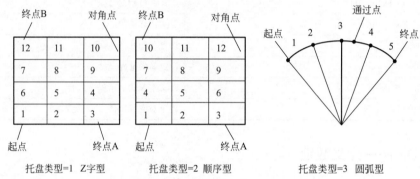

图 20-19 托盘的定义及类型

（4）说明

① ＜托盘号＞——系统可设置 8 个托盘，本数据设置第"几"号托盘。

② ＜起点/终点/对角点＞——如图 20-20 所示，用"位置点"设置。

③ ＜列数 A＞——起点与终点 A 之间列数。

④ ＜行数 B＞——起点与终点 B 之间行数。

⑤ ＜托盘类型＞——设置托盘中"各位置点"分布类型。

1：Z 字型；2：顺排型；3：圆弧型；

11：Z 字型；12：顺排型；13：圆弧型。

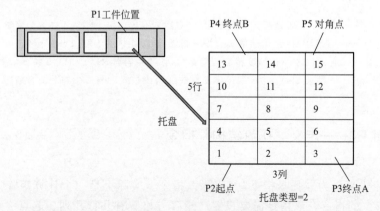

图 20-20 托盘的定义及类型

（5）指令样例 2

Def Plt 1,P1,P2,P3,P4,4,3,1——定义 1 号托盘。4 点定义。4 列×3 行。Z 字型格式

Def Plt 2,P1,P2,P3,,8,5,2——定义 2 号托盘。3 点定义。8 列×5 行。顺序型格式。（注意 3 点型指令在书写时在终点 B 后有两个"逗号"。）

Def Plt 3,P1,P2,P3,,5,1,3——定义 3 号托盘。3 点定义。圆弧型格式（注意：3 点型指令在书写时在终点 B 后有两个"逗号"）。

(Plt 1,5)——1 号托盘第 5 点。

(Plt 1,M1)——1 号托盘第 M1 点（M1 为变量）。

（6）程序样例 1

1 P3.A＝P2.A'——设定"形位（Pose）"P3 点 A 轴角度＝P2 点 A 轴角度。

2 P3.B＝P2.B

3 P3.C＝P2.C

4 P4.A＝P2.A

5 P4.B＝P2.B

6 P4.C＝P2.C

7 P5.A＝P2.A

8 P5.B＝P2.B

9 P5.C＝P2.C

10 Def Plt 1,P2,P3,P4,P5,3,5,2'——设定 1 号托盘，3 列×5 行，顺序型。

11 M1＝1'——设置 M1 变量。

12 *LOOP'——循环指令 LOOP。

13 Mov P1,－50

14 Ovrd 50

15 Mvs P1

16 HClose 1'——1# 抓手闭合

17 Dly 0.5

18 Ovrd 100

19 Mvs,－50

20 P10＝(Plt 1,M1)'——定义 P10 点为 1 号托盘 M1 点，M1 为变量。

21 Mov P10,－50

22 Ovrd 50

23 Mvs P10'——运行到 P10 点。

24 HOpen 1'——打开抓手 1。

25 Dly 0.5

26 Ovrd 100

27 Mvs,－50

28 M1＝M1＋1'——M1 做变量运算。

29 If M1＜＝15 Then*LOOP'——循环指令判断条件。如果 M1 小于等于 15，则继续循环。根据此循环完成对托盘 1 所有"位置点"的动作。

30 End

（7）程序样例 2［形位（Pose）在±180°附近的状态］

1 If Deg(P2.C)＜0 Then GoTo *MINUS'——如果 P2 点 C 轴角度小于 0 就跳转到 Level MINUS 行。

2 If Deg(P3.C)＜－178 Then P3.C＝P3.C＋Rad(＋360)'——如果 P3 点 C 轴角度小于－178°就指令 P3 点 C 轴加 360°。

3 If Deg(P4.C)<−178 Then P4.C=P4.C+Rad(+360)'——如果 P4 点 C 轴角度小于−178°就指令 P4 点 C 轴加 360°。

4 If Deg(P5.C)<−178 Then P5.C=P5.C+Rad(+360)'——如果 P5 点 C 轴角度小于−178°就指令 P5 点 C 轴加 360°。

5 GoTo *DEFINE'——跳转到 Level DEFINE 行。

6 *MINUS——Level MINUS

7 If Deg(P3.C)>+178 Then P3.C=P3.C−Rad(+360)'——如果 P3 点 C 轴角度大于 178°就指令 P3 点 C 轴减 360°。

8 If Deg(P4.C)>+178 Then P4.C=P4.C−Rad(+360)'——如果 P4 点 C 轴角度大于 178°就指令 P4 点 C 轴减 360°。

9 If Deg(P5.C)>+178 Then P5.C=P5.C−Rad(+360)'——如果 P5 点 C 轴角度大于 178°就指令 P5 点 C 轴减 360°。

10 *DEFINE'——程序分支标志 Level 中 DEFINE。

11 Def Plt 1,P2,P3,P4,P5,3,5,2'——定义 1♯托盘。3 列×5 行,顺序型。

12 M1=1'——M1 为变量。

13 *LOOP'——循环指令 Level LOOP。

14 Mov P1,−50

15 Ovrd 50

16 Mvs P1

17 HClose 1'——1 号抓手闭合。

18 Dly 0.5

19 Ovrd 100

20 Mvs,−50

21 P10=(Plt 1 M1)'——定义 P10 点为 1 号托盘中的 M1 点,M1 为变量。

22 Mov P10,−50

23 Ovrd 50

24 Mvs P10

25 HOpen 1'——打开抓手 1

26 Dly 0.5

27 Ovrd 100

28 Mvs,−50

29 M1=M1+1'——变量 M1 运算;

30 If M1<=15 Then *LOOP'——循环判断条件,如果 M1 小于等于 15,则继续循环。执行 15 个点的抓取动作。

31 End'

20.3.3　Plt——Pallet 指令

(1) 功能

本指令计算托盘（矩阵）内各格子点位置。

(2) 格式

Plt　<托盘号码>,<格子点号码>

(3) 术语

<托盘号码>——选择在 Def Plt 指令中设置的号码,以变量或常数指定。

<格子点号码>——设置托盘内的格子号码,以变量或常数指定。

（4）样例

1 Def Plt 1,P1,P2,P3,P4,4,3,1′——定义 1#托盘。

2 ′

3 M1＝1′——M1(计数器)初始化。

4 *LOOP

5 Mov PICK,50′——向取工件位置上空 50mm 移动。

6 Ovrd 50

7 Mvs PICK

8 HClose 1′——抓手闭合。

9 Dly 0.5′——抓手闭后等待 0.5s。

10 Ovrd 100

11 Mvs,50′——往现在位置上空 50mm 移动。

12 PLACE＝Plt 1,M1′——计算第 M1 号的位置。

13 Mov PLACE,50′——向 PLACE 位置上空 50mm 移动。

14 Ovrd 50

15 Mvs PLACE

16 HOpen 1′——抓手打开。

17 Dly 0.5

18 Ovrd 100

19 Mvs,50′——往现在位置上空 50mm 移动。

20 M1＝M1＋1′——计数器加算。

21 If M1＜＝12 Then *LOOP′——计数在范围内的话,从 *LOOP 开始循环处理。

22 Mov PICK,50

（5）说明

① 以 Def Plt 指令定义托盘的格子点位置。

② 托盘号码可以同时 1~8,最多 8 个同时定义。

③ 请注意格子点的位置会依据 Def Plt 定义的指定方向而有所不同。

④ 设置超过最大格子点号码会发生报警。

⑤ 将托盘的格子点作为移动指令的"目标位置"时,在下例中,如果没有用括号括起,会发生报警。

　　Mov（Plt 1，5）

20.3.4　Def Act——定义中断程序

（1）功能

Def Act 指令用于定义"中断程序",定义执行中断程序的条件及中断程序的动作。

（2）指令格式及说明

Def Act＜中断程序级别＞＜条件＞＜执行动作＞＜类型＞

① ＜中断程序级别＞——设置中断程序的级别（中断程序号）；

② ＜条件＞——是否执行"中断程序"的判断条件；

③ ＜执行动作＞——中断程序动作内容；

④ ＜类型＞——中断程序的执行时间点,也就是主程序的停止类型：

省略：停止类型 1,以 100％速度倍率正常停止。

S：停止类型 2,以最短时间、最短距离减速停止。

L：停止类型 3，执行完当前程序行后才停止。

(3) 指令例句

1 Def Act 1,M_In(17)＝1 GoSub *L100'——定义 ACT 1 中断程序为:如果输入信号(17)为 ON,则跳转到子程序* L100。

2 Def Act 2,MFG1 And MFG2 GoTo *L200'——定义 ACT 2 中断程序:如果"MFG1 与 MFG2"的逻辑 AND 运算为真,则跳转到子程序*L200。

3 Def Act 3,M_Timer(1)＞10500 GoSub *LBL'——定义 ACT 3 中断程序为:如果计时器时间大于 10500ms,则跳转到子程序*LBL。

10 *L100:M_Timer(1)＝0'——计时器 M_Timer(1)设置为 0。

11 Act 3＝1'——Act 3 动作区间有效。

12 Return 0

…

20 *L200:Mov P_Safe

21 End

…

30 *LBL

31 M_Timer(1)＝0'——计时器 M_Timer(1)设置为 0。

32 Act 3＝0'——Act 3 动作区间无效。

32 Return 0

(4) 说明

① 中断程序从"跳转起始行"到"Return"结束；

② 中断程序级别以号码 1~8 表示，数字越小越优先。如 ACT 1 优先于 ACT 2；

③ 执行中断程序时，主程序的停止类型如图 20-21、图 20-22。

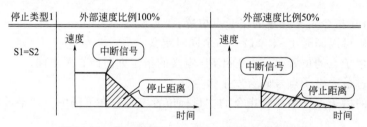

图 20-21　停止类型 1——停止过程中的行程相同

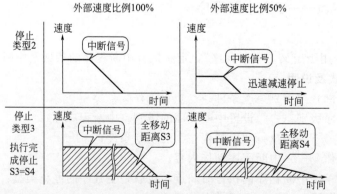

图 20-22　停止类型 2——以最短时间，最短距离减速停止；停止类型 3——执行完主程序当前行后，再执行中断程序

20.3.5　ACT——设置中断程序的有效工作区间

（1）功能

ACT 指令有两重意义：

① ACT 1～ACT 8 是"中断程序"的程序级别标志。

② ACT $n=1$，ACT $n=0$：划出了中断程序 ACT n 的生效区间。

（2）指令格式

ACT＜被定义的程序级别标志＞＝＜1＞'——中断程序可执行区间起始标志。

ACT＜被定义的程序级别标志＞＝＜0＞'——中断程序可执行区间结束标志。

指令格式说明：

＜被定义的程序级别标志＞——设置中断程序的"程序级别标志"。

（3）指令例句 1

1 Def Act 1,M_In(1)＝1 GoSub *INTR'——定义 ACT1 对应的"中断程序"。

2 Mov P1

3 Act 1＝1'——"ACT 1 定义的中断程序"动作区间生效。

4 Mov P2

5 Act 1＝0'——"ACT 1 定义的中断程序"动作区间无效。

10 *INTR

11 If M_In(1)＝1 GoTo*INTR'——M_IN(1)(LOOP)。

12 Return 0

（4）指令例句 2

1 Def Act 1,M_In(1)＝1 GoSub *INTR'——定义"ACT 1"对应的"中断程序"。

2 Mov P1

3 Act 1＝1'——"ACT 1"动作区间生效。

4 Mov P2

10 *INTR

11 Act 1＝0'——"ACT 1"动作区间无效。

12 M_Out(10)＝1

13 Return 1

（5）说明

① ACT 0 为最优先状态。程序启动时即为"ACT 0＝1"状态。如果"ACT 0＝0"，则"ACT 1～8＝1"，也无效。

② 中断程序的结束（返回）由"Return 1"或"Return 0"指定。

Return 1：转入主程序的下一行。

Return 0：跳转到主程序中"中断程序"的发生行。

20.3.6　Def Jnt——定义关节型变量

（1）功能

常规的关节型变量是以"J"为起首字母，如果不是以"J"为起首字母的关节型变量，就使用本指令定义。

（2）指令格式

Def Jnt＜关节变量名＞[,＜关节变量名＞]…

(3) 指令例句

1 Def Jnt SAFE'——定义"退避点 SAFE"为关节型变量。

2 Mov J1

3 SAFE=(-50,120,30,300,0,0,0,0)'——设置退避点数据。

4 Mov SAFE'——移动到"退避点"。

20.3.7　Def Pos——定义直交型变量

(1) 功能

Def Pos 指令用于将变量定义为直交型。常规直交型变量以"P"起头。若是定义非"P"起头的直交型变量则使用本指令。

(2) 指令格式

Def Pos<位置变量名>[,<位置变量名>]...

(3) 指令例句

1 Def Pos WORKSET'——定义 WORKSET 为"直交型变量"。

2 Mov P1

3 WORKSET=(250,460,100,0,0,-90,0,0)(0,0)'——定义 WORKSET 具体数据。

4 Mov WORKSET'——移动到"WORKSET"点。

20.3.8　Def Float/Def Double/Def Inte/Def Long——定义变量的数值类型

(1) 功能

本指令定义变量为数值型变量并指定精度如单精度、双精度等。

(2) 指令格式

Def Inte<数值变量名>[,<数值变量名>]…

Def Long<数值变量名>[,<数值变量名>]…

Def Float<数值变量名>[,<数值变量名>]…

Def Double<数值变量名>[,<数值变量名>]…

(3) 指令例句 1

定义整数型变量：

1 Def Inte WORK1,WORK2'——定义变量 WORK1、WORK2 为整数型变量。

2 WORK1=100'——WORK1=100

3 WORK2=10.562'——WORK2=11。

4 WORK2=10.12'——WORK2=10。

(4) 指令例句 2

定义长精度整数型变量：

1 Def Long WORK3

2 WORK3=12345

(5) 指令例句 3

定义单精度型实数变量：

1 Def Float WORK4

2 WORK4＝123.468′——WORK4＝123.468000。

（6）指令例句 4

定义双精度型实数变量：

1 Def Double WORK5
2 WORK5＝00/3′——WORK5＝33.333332061767599

（7）说明

① 以 Inte 定义的变量为整数型，范围－32768～＋32767。

② 以 Long 定义的变量为长整数型，范围－2147483648～2147483647。

③ 以 Float 定义的变量为单精度型实数，范围±3.40282347e＋38。

④ 以 Double 定义的变量为双精度型实数，范围：±1.7976931348623157e＋308。

20.3.9　Def Char——对字符串类型的变量进行定义

（1）功能

本指令用于定义不是 "C" 为起首字母的 "字符串类型" 的变量。"C" 起头的 "字符串类型" 变量无须定义。

（2）指令格式

Def Char＜字符串＞[,＜字符串＞]...
＜字符串＞——需要定义为变量的"字符串"。

（3）指令例句

1 Def Char MESSAGE′——定义 MESSAGE 为字符串变量。
2 MESSAGE＝"WORKSET"′——将"WORKSET"代入 MESSAGE。
CMSG＝"ABC"CMSG 也是字符串变量,但"CMSG"以"C"为起首字母,所以无须定义。

（4）说明

① 字符串变量最大 16 个字符。

② 本指令可定义多个字符串。

20.3.10　Def IO——定义输入输出变量

（1）功能

本指令用于定义输入输出变量。常规的输入输出变量用 M_In、M_Out/8、M_Inb、M_Outb/16、M_Inw、M_Outw 表示，除此之外，如还需要使用更特殊范围的输入输出信号，就使用本指令。

（2）指令格式

Def IO＜输入输出变量名＞＝＜指定信号类型＞＜输入输出编号＞[＜Mask 信息＞]
＜输入输出变量名＞——设置变量名称。
＜指定信号类型＞——指定"位(1bit)""字节(8bit)""字符(16bit)"其中一个。
＜输入输出编号＞——指定输入输出信号编号。
＜Mask 信息＞——特殊情况使用。

（3）指令例句 1

1 Def IO PORT1＝Bit,6′——定义变量 PORT1 为 "bit" 型变量,对应输出地址编号为 6。

10 PORT1＝1'——指令输出信号 6 为 ON。

20 PORT1＝0'——指令输出信号 6 为 OFF。

21 M1＝PORT1'——将输出信号 6 的状态赋予 M1。

（4）指令例句 2

将 PORT2 以字节的形式处理。Mask 信息指定为 16 进制 0F。

1 Def IO PORT2＝Byte,5,&H0F'——定义 PORT2 为字节型变量,对应输出信号地址编号为"5"。

10 PORT2＝&HFF'——定义输出信号 5～12 为 ON。

20 M2＝PORT2'——将输出信号 PORT2 的状态赋予 M2。

（5）指令例句 3

1 Def IO PORT3＝Word,8,&H0FFF'——定义 PORT3 为字符型变量,对应输出信号地址编号为"8"。

10 PORT3＝9'——输出信号 8～11 为 ON。

20 M3＝PORT3'——将输出信号 PORT3 的状态赋予 M3。

20.3.11 Def FN——定义任意函数

（1）功能
本指令用于定义任意函数

（2）指令格式

Def FN＜识别文字＞＜名称＞[(＜自变量＞[＜自变量＞]...)]＝＜函数计算式＞

（3）说明

① ＜识别文字＞——用于识别函数分类的文字。

M：数值型；

C：字符串型；

P：位置型；

J：关节型。

② ＜名称＞——需要定义的函数"名称"。

③ ＜自变量＞——函数中使用的自变量。

④ ＜函数计算式＞——函数计算方法。

（4）指令例句

1 Def FN M Ave(ma,mb)＝(ma＋mb)/2'——定义一个数值型函数,函数名称"Ave",有两个自变量,函数计算是求平均值。

2 MDATA1＝20

3 MDATA2＝30

4 MAVE＝FNMAve(MDATA1,MDATA2)'——将 20 和 30 的平均值 25 代入变量 MAVE。

5 Def FNpAdd(PA,PB)＝PA＋PB'——定义一个位置型函数,函数名称"Add",有两个自变量位置点,函数计算是位置点加法运算。

6 P10＝FNpAdd(P1,P2)'——将运算后的位置点代入 P10。

（5）说明

FN＋＜名称＞会成为函数名称,例：

数值型函数 FNMMAX——以 M 为识别符。

字符串函数 FNCAME$以 C 为识别符（在语句后面以 $记述）。

20.3.12 Tool——TOOL 数据的指令

(1) 功能

本指令用于设置 TOOL 的数据，适用于双抓手的场合，TOOL 数据包括抓手长度、机械 I/F 位置、形位（Pose）。

(2) 指令格式

Tool<TOOl 数据>

<TOOl 数据>——以位置点表达的 TOOl 数据

(3) 指令例句 1

直接以数据设置

1 Tool(100,0,100,0,0,0)'——设置一个新的 TOOl 坐标系。新坐标系原点 X＝100mm、Z＝100mm(实际上变更了"控制点")。

2 Mvs P1

3 Tool P_NTool'——返回初始值(机械 I/F,法兰面)。

(4) 指令例句 2

以直角坐标系内的位置点设置。

1 Tool PTL01

2 Mvs P1

如果 PTL01 位置坐标为(100,0,100,0,0,0,0,0),则与指令例句 1 相同。

(5) 说明

① 本指令适用于双抓手的场合。每个抓手的"控制点"不同。单抓手的情况下一般使用参数 MEXTL 设置即可。

② 使用 Tool 指令设置的数据存储在参数 MEXTL 中。

③ 可以使用变量 M_Tool 将 METL1～METL4 设置到 TOOL 数据中。

20.3.13 Base——设置一个新的"世界坐标系"

(1) 功能

本指令通过设置偏置坐标建立一个新的"世界坐标系"。"偏置坐标"为以"世界坐标系"为基准观察到"基本坐标系原点"的坐标值。如图 20-23 所示。

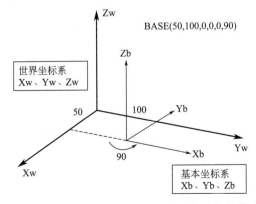

图 20-23 "世界坐标系"与"基本坐标系"的关系

（2）指令格式

Base<新原点>'——用新原点表示一个新的"世界坐标系"。

Base<坐标系编号>'——用"坐标系编号"选择一个新的"世界坐标系"。

0:系统初始坐标系 P_NBase,P_NBase＝0,0,0,0,0,0。

1～8:工件坐标系 1～8。

（3）指令例句 1

1 Base(50,100,0,0,0,90)'——以"新原点"设置一个新的"世界坐标系",这个点是"基本坐标系原点"在新坐标系内的坐标值。

2 Mvs P1

3 Base P2'——以"P2 点"为基点设置一个新的"世界坐标系"。

4 Mvs P1

5 Base 0'——返回初始"世界坐标系"。

（4）指令例句 2

以"坐标系编号"选择"坐标系"。

1 Base 1'——选择 1 号坐标系 WK1CORD。

2 Mvs P1

3 Base 2'——选择 2 号坐标系 WK2CORD。

4 Mvs P1

5 Base 0'——选择初始"世界坐标系"。

（5）说明

① 新原点数据是从新"世界坐标系"观察到"基本坐标系原点"的位置数据，即"基本坐标系"在新"世界坐标系"中的位置。

② 使用"当前位置点"建立一新"世界坐标系"时可以使用"Base Inv（P1）"指令（必须对"P1 点"进行逆变换）。

20.3.14　Title——以文本形式显示程序内容的指令

（1）功能

本指令用于以文本形式显示程序内容，在其他计算机软件中的机器人栏目中显示"程序内容"。

（2）指令格式

Title<文字>

（3）指令例句

1 Title"机器人 Loader Program"

2 Mvs P1

3 Mvs P2

20.3.15　赋值指令

（1）功能

本指令用于对变量赋值（代入运算）。

（2）指令格式 1

＜变量名＞＝＜计算式 1＞

（3）指令格式 2

脉冲输出型：
＜变量名＞＝＜计算式＞Dly＜计算式 2＞
＜计算式 1＞——数值表达式

（4）指令例句

10 P100＝P1＋P2*2'——代入位置变量。

20 M_Out(10)＝1'——指令输出信号为 ON。

M_Out(17)＝1 Dly 2.0'——指令输出信号 17 为 ON 的时间为 2s。

（5）说明

① 脉冲输出型指令，其输出为 ON 的时间与下一行指令同时执行。

② 如果下一行为 End 指令，则程序立即结束。但经过设定的时间后，输出信号为 OFF。

20.4　多任务相关指令

多任务相关指令一览表如表 20-5 所示。

表 20-5　多任务相关指令一览表

序号	指令	说明
1	XLoad(X Load)	加载程序指令
2	XRun(X Run)	程序启动指令
3	XStp(X Stop)	程序停止指令
4	XRst(X Reset)	程序复位指令
5	XClr(X Clear)	解除某任务区的程序选择状态指令
6	GetM(Get Mechanism)	取得控制权指令
7	RelM(Release Mechanism)	解除控制权指令
8	Priority	优先执行指令
9	Reset Err(Reset Error)	报警复位指令

20.4.1　XLoad——加载程序指令

（1）功能
本指令用于加载程序，多程序时，选择任务区（task slot）并加载程序号。

（2）指令格式

XLoad＜任务区号＞"＜程序名＞"

（3）指令例句

1 If M_Psa(2)＝0 Then *LblRun

2 XLoad 2,"10"'——在任务区 2 加载 10 号程序。

3 *L30:If C_Prg(2)＜＞"10"Then GoTo *L30

4 XRun 2'——任务区 2 启动运行。

5 Wait M_Run(2)=1

6 *LblRun

20.4.2　XRun——程序启动指令

(1) 功能

本指令用于在多任务工作时指定"任务区号"和"程序名"及"运行模式"。

(2) 指令格式

XRun<任务区号>"<程序名>"<运行模式>

<运行模式>——设置程序"连续运行"或"单次运行"。

<运行模式>=0:连续运行。

<运行模式>=1:单次运行。

(3) 指令例句 1

1 XRun 2,"1"'——指令运行任务区 2 内的 1 号程序,连续运行模式。

2 Wait M_Run(2)=1'——等待运行任务区 2 内的 1 号程序启动完成。

(4) 指令例句 2

1 XRun 3,"2",1'——指令运行任务区 3 内的 2 号程序,单次运行模式。

2 Wait M_Run(3)=1'——等待运行任务区 3 内程序启动完成。

(5) 指令例句 3

1 XLoad 2,"1"'——在任务区 2 内加载 1 号程序。

2 *LBL:If C_Prg(2)<>"1"Then GoTo *LBL'——等待加载完毕。

3 XRun 2'——指令运行任务区 2 内程序。

(6) 指令例句 4

1 XLoad 3,"2"'——在任务区 3 内加载 2 号程序。

2 *LBL:If C_Prg(3)<>"2"Then GoTo *LBL'——等待加载完毕。

3 XRun 3,,1'——指令运行任务区 3 内程序,单次运行模式。

本指令中,"程序名"必须要用双撇号。

20.4.3　XStp——程序停止指令

(1) 功能

本指令为多任务工作时的程序停止指令。需要指定"任务区号"。

(2) 指令格式

XStp<任务区号>

(3) 指令例句

1 XRun 2

10 XStp 2'——任务区 2 内的程序停止。

11 Wait M_Wai(2)=1

20 XRun 2

20.4.4 XRst——程序复位指令

（1）功能

本指令用于多任务工作时指令某一任务区程序复位。

（2）指令格式

XRst＜任务区号＞

（3）指令例句

1 XRun 2′——指令任务区 2 启动。

2 Wait M_Run(2)＝1′——等待任务区 2 启动完成。

10 XStp 2′——指令任务区 2 停止。

11 Wait M_Wai(2)＝1′——等待任务区 2 停止完成。

…

15 XRst 2′——指令任务区 2 内的程序复位。

16 Wait M_Psa(2)＝1′——等待任务区 2 内的程序复位完成。

…

20 XRun 2

21 Wait M_Run(2)＝1

本指令必须在"程序暂停"状态下执行,在其他状态下执行会报警。

20.4.5 XClr——解除某任务区的程序选择状态指令

（1）功能

多程序工作时，解除某任务区的程序选择状态，使该任务区处于可以重新加载程序的状态。

（2）指令格式

XClr＜任务区号＞

（3）指令例句

1 XRun 2,"1"′——运行任务区 2 内的 1 号程序。

10 XStp 2′——停止任务区 2 运行。

11 Wait M_Wai(2)＝1′——等待任务区 2 中断启动。

12 XRst 2′——解除任务区 2 程序中断状态。

13 XClr 2′——解除任务区 2 程序选择状态。

14 End

20.4.6 GetM——指定获取机器人控制权指令

（1）功能

本指令用于指定机器人的控制权。在多任务控制时，在任务区（插槽）以外的程序要执行对机器人控制，或对附加轴作为"用户设备"控制时，使用本指令。

（2）指令格式

GetM＜机器人编号＞

＜机器人编号＞——使用的机器人编号。

(3) 指令例句 1

1 RelM'——解除"机器人控制权",这样可以从任务区 2 对机器人 1 的任务区 1 程序进行控制。

2 XRun 2,"10"'——在任务区 2 选择并运行 10 号程序。

3 Wait M_Run(2)＝1'——等待任务区 2 的程序启动。

任务区 2 内的"10"号程序:

1 GetM 1'——取得 1 号机器人的控制权。

2 Servo On'——1 号机器人伺服电机电源 ON。

3 Mov P1

4 Mvs P2

5 P3＝P_Curr

6 Servo Off'——1 号机器人伺服电机电源 OFF。

7 RelM'——解除对 1 号机器人的控制权。

8 End

(4) 说明

① 一般执行单任务时在初始状态就获得对机器人 1 的控制权，所以不使用本指令。

② 不能够使多个程序同时获得对机器人 1 的控制权，所以对于任务区 1 以外的程序，要对机器人 1 进行控制必须按以下步骤执行:

a. 在任务区 1 的程序中，解除对机器人 1 的控制权。

b. 在其他任务区的程序中，使用"GetM 1"获得对机器人 1 的控制权。已经获得对机器人 1 的控制权的程序中，再发"GetM 1"指令会报警。

20.4.7 RelM——解除机器人控制权指令

(1) 功能

在多任务工作时，为了从其他任务区（插槽）对任务区 1 进行控制，需要"解除"任务区 1 的控制权。本指令就是"解除控制权指令"。

(2) 指令格式

RelM

(3) 指令例句

先在任务区 1 内解除控制权，再运行任务区 2 的程序，从任务区 2 对任务区 1 的程序进行控制。

1 RelM'——解除任务区 1 的控制权。

2 XRun 2,"10"'——指令任务区 2 内运行 10 号程序。

3 Wait M_Run(2)＝1'——等待任务区 2 程序启动。

任务区 2 内的"10"号程序:

1 GetM 1'——获取任务区 1 控制权。

2 Servo On'——指令做相关动作。

3 Mov P1

4 Mvs P2

5 Servo Off

6 RelM'——解除对任务区 1 的控制权。

7 End

20.4.8　Priority——设置各任务区程序的执行行数指令

(1) 功能
本指令在多任务时使用，指定各任务区（插槽）内程序的执行行数。

(2) 指令格式
Priority<执行行数>[<任务区号>]
<执行行数>——设置执行程序的行数。
<任务区号>——任务区号。

(3) 指令例句
10 Priority 3'——指定执行任务区 1 内的程序 3 行(如果省略任务区号,就是指当前任务区)。
20 Priority 4'——指定执行任务区 2 内的程序 4 行(如果省略任务区号,就是指当前任务区)。
动作:先执行任务区 1 内程序 3 行,再执行任务区 2 内程序 4 行,循环执行。

20.4.9　Reset Err——报警复位指令

(1) 功能
Reset Err 指令用于使报警复位。

(2) 指令格式
Reset Err

(3) 指令例句
1 If M_Err＝1 Then Reset Err'——如果有 M_Err 报警发生,就将报警复位。

第21章
机器人的状态变量

机器人的工作状态如"当前位置"等是可以用变量的形式表示的。实际上每一种工业控制器都有表示自身工作状态的功能，如数控系统用"X 接口"表示工作状态，所以机器人的状态变量就是表示机器人的"工作状态"的数据，在实际应用中极为重要。本章详细解释各机器人状态变量的定义、功能和使用方法。

21.1 C~J 状态变量

21.1.1 C_ Date——当前日期（年/月/日）

（1）功能

变量 C_ Date 表示当前时间，以年/月/日方式表示。

（2）格式

＜字符串变量＞＝C_Date

（3）例句

C1$ ＝C_Date(假设当前日期是 2015/9/28)
则
C1$ ＝"2015/9/28"

21.1.2 C_ Maker——制造商信息

（1）功能

C_ Maker 为制造商信息。

（2）格式

＜字符串变量＞＝C_Maker

（3）例句

C1$ ＝C_Maker(假设制造商信息为"COPYRIGHT2007……")
则
C1$ ＝"COPYRIGHT2007……"

21.1.3 C_ Mecha——机器人型号

（1）功能

C_ Mecha 为机器人型号。

（2）格式

＜字符串变量＞＝C_Mecha＜机器人号码＞

　　＜机器人号码＞——设置机器人号码，设置范围 1～3。

（3）例句

C1$＝C_Mecha(1)(假设机器人型号为″RV－12SQ″)

则

C1$＝″RV－12SQ″

即 1♯机器人型号为″RV－12SQ″

21.1.4　C_ Prg——已经选择的程序号

（1）功能

C _ Prg 为已经选择的程序号。

（2）格式

＜字符串变量＞＝C_Prg＜任务区号＞

＜任务区号＞——设置任务区(插槽)号。

（3）例句

C1$＝C_Prg(1)(假设任务区 1 内的程序号为″10″)

则

C1$＝10

21.1.5　C_ Time——当前时间（以 24 小时显示时/分/秒）

（1）功能

变量 C _ Time 为以时/分/秒方式表示的当前时间。

（2）格式

＜字符串变量＞＝C_Time

（3）例句

C1$＝C_Time(假设当前时间是″01/05/20″)

则

C1$＝″01/05/20″

21.1.6　C_ User——用户参数"USERMSG"所设置的数据

（1）功能

C _ User 为用户参数"USERMSG"所设置的数据。

（2）格式

＜字符串变量＞＝C_User

（3）例句

C1$＝C_User(假设用户参数"USERMSG"所设置的数据为″HANJIE″)

则

C1$＝″HANJIE″

21.1.7　J_ Curr——各关节轴的当前位置数据

（1）功能

J_Curr 是以各关节轴的旋转角度表示的"当前位置"数据，是在编写程序时经常使用的重要数据。

（2）格式

＜关节型变量＞＝J_Curr＜机器人编号＞

＜关节型变量＞——注意要使用"关节型的位置变量"，J 开头。

＜机器人编号＞——设置范围 1～3。

（3）例句

J1＝J_Curr′——设置 J1 为关节型当前位置点。

21.1.8　J_ ColMxl——碰撞检测中"推测转矩"与"实际转矩"之差的最大值

（1）功能

J_ColMxl 为碰撞检测中各轴的"推测转矩"与"实际转矩"之差的最大值，如图 21-1 所示，用于反映实际出现的最大转矩，从而给出相应保护措施。

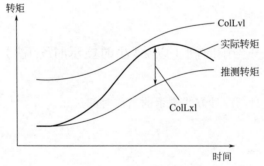

图 21-1　J_ColMxl 示意图

（2）格式

＜关节型变量＞＝J_ColMxl＜机器人编号＞

＜关节型变量＞——注意要使用"关节型的位置变量"，J 开头。

＜机器人编号＞——设置范围 1～3。

（3）例句

```
1 M1＝100
2 M2＝100
3 M3＝100
4 M4＝100
5 M5＝100
6 M6＝100
7 *LBL
8 ColLvl M1,M2,M3,M4,M5,M6,,′——设置各轴碰撞检测级别。
9 ColChk On′——碰撞检测开始。
```

```
10 Mov P1
…
50 ColChk Off'——碰撞检测结束。
51 M1＝J_ColMxl(1).J1＋10'——将实际检测到的 J1 轴碰撞检测值＋10 赋予 M1。
52 M2＝J_ColMxl(1).J2＋10'——将实际检测到的 J2 轴碰撞检测值＋10 赋予 M2。
53 M3＝J_ColMxl(1).J3＋10
54 M4＝J_ColMxl(1).J4＋10
55 M5＝J_ColMxl(1).J5＋10
56 M6＝J_ColMxl(1).J6＋10
57 GoTo *LBL
```

（4）应用案例

从 P1 点到 P2 点移动过程中，自动设置碰撞检测级别的程序，如图 21-2 所示。

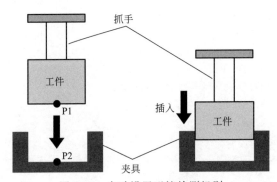

图 21-2　自动设置碰撞检测级别

```
'——********** 调用自动设置检测(量级)子程序**********
'——GoSub *LEVEL 调用自动设置检测(量级)子程序
'——HLT
'——********************************************
* MAIN 主程序
Oadl ON'——最佳加减速度控制＝ON。
LoadSet 2,2'——在任务区 2 中加载"2"号程序。
Collvl M_01,M_02,M_03,M_04,M_05,M_06,,'——设置各轴碰撞检测级别。
Mov PHOME'——回工作基点。
Mov P1
Dly 0.5
ColChk On'——碰撞检测开始。
Mvs P2
Dly 0.5
ColChk Off'——碰撞检测结束。
Mov PHOME
End
'——*LEVEL FIX(碰撞检测量级自动设置子程序)**
*LEVEL
Mov PHOME
M1＝0'——J1 轴检测量级初始设定。
```

M2＝0′——J2 轴检测量级初始设定。

M3＝0′——J3 轴检测量级初始设定。

M4＝0′——J4 轴检测量级初始设定。

M5＝0′——J5 轴检测量级初始设定。

M6＝0′——J6 轴检测量级初始设定。

ColLvl 500,500,500,500,500,500,,′——设置各轴碰撞检测量级 Level＝500%。

For MCHK＝1 To 10′——循环处理(由于测量误差的偏差范围较大,所以做多次检测,取最大值)。

Dly 0.3

Mov P1

Dly 0.3

Colhk ON′——碰撞检测开始。

Mvs P2

Dly 0.3

ColChk OFF′——碰撞检测结束。

If M1＜J_ColMxl(1).J1 Then M1＝J_ColMxl(1).J1

If M2＜J_ColMxl(1).J2 Then M2＝J_ColMxl(1).J2

If M3＜J_ColMxl(1).J3 Then M3＝J_ColMxl(1).J3

If M4＜J_ColMxl(1).J4 Then M4＝J_ColMxl(1).J4

If M5＜J_ColMxl(1).J5 Then M5＝J_ColMxl(1).J5

If M6＜J_ColMxl(1).J6 Then M6＝J_ColMxl(1).J6

′——将实际检测到的数据赋予 M1～M6。

Next MCHK′——下一循环。经过 10 次循环后,实际检测到的最大数据赋予 M1～M6。

M_01＝M1＋10′——设置检测量级为"全局变量"。

M_02＝M2＋10

M_03＝M3＋10

M_04＝M4＋10

M_05＝M5＋10

M_06＝M6＋10

ColLvl M_01,M_02,M_03,M_04,M_05,M_06,,′——将实际检测量级经过处理后,设置为新的检测量级。

Mvs P1

Mov PHOME

RETURN

′——**********************************

21.1.9 J_ECurr——当前编码器脉冲数

(1) 功能

J_ECurr 为各轴编码器发出的"脉冲数"。

(2) 格式

＜关节型变量＞＝J_ECurr＜机器人编号＞

＜关节型变量＞——注意要使用"关节型的位置变量",J 开头。

＜机器人编号＞——设置范围 1～3。

(3) 例句

1 JA＝J_ECurr(1)′——JA 为各轴脉冲值。

2 MA＝JA.J1′——MA 为 J1 轴脉冲值。

21.1.10　J_Fbc/J_AmpFbc——关节轴的当前位置/关节轴的当前电流值

（1）功能

① J_Fbc 是以编码器实际反馈脉冲表示的关节轴当前位置。

② J_AmpFbc 是关节轴的当前电流值。

（2）格式

＜关节型变量＞＝J_Fbc＜机器人编号＞

＜关节型变量＞＝J_AmpFbc＜机器人编号＞

＜关节型变量＞——注意要使用"关节型的位置变量"，J 开头。

＜机器人编号＞——设置范围 1～3。

（3）例句

J1＝J_Fbc'——J1＝以编码器实际反馈脉冲表示的关节轴当前位置。

J2＝J_AmpFbc'——J2＝各轴当前电流值。

21.1.11　J_Origin——原点位置数据

（1）功能

J_Origin 为原点的关节轴数据，多用于"回原点"功能。

（2）格式

＜关节型变量＞＝J_Origin＜机器人编号＞

＜关节型变量＞——注意要使用"关节型的位置变量"，J 开头。

＜机器人编号＞——设置范围 1～3。

（3）例句

J1＝J_Origin(1)'——J1＝关节轴数据表示的原点位置。

21.2　M 开头的状态变量

21.2.1　M_Acl/M_DAcl/M_NAcl/M_NDAcl/M_AclSts

（1）功能

① M_Acl 为当前加速时间比率（％）。

② M_DAcl 为当前减速时间比率（％）。

③ M_NAcl 为加速时间比率初始值（100％）。

④ M_NDAcl 为减速时间比率初始值（100％）。

⑤ M_AclSts 为当前位置的加减速状态。（0：停止；1：加速中；2：匀速中；3：减速中）。

（2）格式

＜数值型变量＞＝M_Acl＜数式＞

＜数值型变量＞＝M_DAcl＜数式＞

＜数值型变量＞＝M_NAcl＜数式＞

＜数值型变量＞＝M_NDAcl＜数式＞

＜数值型变量＞＝M_AclSts＜数式＞

<数值型变量>——必须使用"数值型变量"。

<数式>——表示任务区号,省略时为 1 号任务区。

(3) 例句

M1＝M_Acl'——M1＝任务区 1 的当前加速时间比率。

M1＝M_DAcl(2)'——M1＝任务区 2 的当前减速时间比率。

M1＝M_NAcl'——M1＝任务区 1 的初始加速时间比率。

M1＝M_NDAcl(2)'——M1＝任务区 2 的初始减速时间比率。

M1＝M_AclSts(3)'——M1＝任务区 3 的当前加减速工作状态。

(4) 说明

① 加减速时间比率＝初始加减速时间/实际加减速时间×100％。以初始加减速时间比率为 100％。

② M_AclSts 为当前位置的加减速状态:

M_AclSts＝0:停止;

M_AclSts＝1:加速中;

M_AclSts＝2:匀速中;

M_AclSts＝3:减速中。

21.2.2 M_BsNo——当前基本坐标系编号

(1) 功能

M_BsNo 为当前使用的"世界坐标系"编号。机器人使用的是"世界坐标系"。"工件坐标系"是世界坐标系的一种。机器人系统可设置 8 个工件坐标系。

M_BsNo 就是系统当前使用的坐标系编号,基本坐标系编号由参数 MEXBSNO 设置。

(2) 格式

<数值型变量>＝M_BsNo<机器人号码>

(3) 例句

1 M1＝M_BsNo'——M1＝机器人 1 当前使用的坐标系编号。

2 If M1＝1 Then'——如果当前坐标系编号为 1,就执行"Mov P1"。

3 Mov P1

4 Else'——否则,就执行"Mov P2"

5 Mov P2

6 EndIf

(4) 说明

M_BsNo＝0——初始值,由 P_Nbase 确定的坐标系。

M_BsNo＝1～8——工件坐标系,由参数 WK1CORD～WK8CORD 设置的坐标系。

M_BsNo＝-1——这种状态下,表示由 Base 指令或参数 MEXBS 设置坐标系。

21.2.3 M_BrkCq——Break 指令的执行状态

(1) 功能

M_BrkCq 为是否执行了"Break 指令"的检测结果。

M_BrkCq＝1:执行了 break 指令;

M _ BrkCq＝0：未 break 指令。

（2）格式

＜数值型变量＞＝M_BrkCq＜数式＞

＜数式＞——任务区号，省略时为任务区 1。

（3）例句

1 While M1＜＞0′——如果 M1＜＞0 就做循环。

2 If M2＝0 Then Break′——如果 M2＝0 就执行 Break 指令。

3 WEnd

4 If M_BrkCq＝1 Then Hlt′——如果已经执行了 Break 指令就暂停。

21.2.4　M_BTime——电池可工作时间

（1）功能

M _ BTime 为电池可工作时间。

（2）格式

＜数值型变量＞＝M_BTime

（3）例句

1 M1＝M_BTime′——M1 为电池可工作时间。

21.2.5　M_CavSts——发生干涉的机器人 CPU 号

（1）功能

M _ CavSts 为发生干涉的检测确认状态。

M _ CavSts＝1～3：已经检测到干涉。

M _ CavSts＝0：未检测到干涉。

（2）例句

Def Act 1,M_CavSts＜机器人号码＞＜＞0GoTo*LCAV,S

＜机器人号码＞——1～3,省略时为 1。

如果**＊♯机器人检测到"干涉",就跳转到*LCAV,S 行。

21.2.6　M_CmpDst——伺服柔性控制状态下，指令值与实际值之差

（1）功能

M _ CmpDst 为在伺服柔性控制状态下，指令值与实际值之差。

（2）格式

＜数值型变量＞＝M_CmpDst＜机器人号码＞

＜机器人号码＞——1～3,省略时为 1。

（3）例句

1 Mov P1

2 CmpG 0.5,0.5,1.0,0.5,0.5,,,′——设置柔性控制增益。

3 Cmp Pos,&B00011011

```
4 Mvs P2
5 M_Out(10)＝1
6 Mvs P1
7 M1＝M_CmpDst(1)'——M1为伺服柔性控制状态下指令值与实际值之差。
8 Cmp Off'——柔性控制结束。
```

21.2.7　M_CmpLmt——伺服柔性控制状态下，指令值是否超出限制

（1）功能

M_CmpLmt 表示在伺服柔性控制状态下，指令值是否超出限制。

M_CmpLmt＝1：超出限制。

M_CmpLmt＝0：没有超出限制。

（2）格式

```
M_CmpLmt＜机器人号码＞＝1
M_CmpLmt＜机器人号码＞＝0
＜机器人号码＞——1～3,省略时为 1。
```

（3）例句

```
1 Def Act 1,M_CmpLmt(1)＝1 GoTo *LMT'——如果 1♯机器人的指令值超出限制,就跳转到 *LMT
2'
3'
10 Mov P1
11 CmpG 1,1,0,1,1,1,1,1'——设置柔性控制增益。
12 Cmp Pos,&B100'——柔性控制有效。
13 Act 1＝1'——中断程序有效区间。
14 Mvs P2
15'
100 *LMT'——中断程序。
101 Mvs P1
102 Reset Err'——报警复位。
103 Hlt'——暂停。
```

21.2.8　M_ColSts——碰撞检测结果

（1）功能

M_ColSts 为碰撞检测结果。

M_ColSts＝1：检测到碰撞；

M_ColSts＝0：未检测出碰撞。

（2）格式

```
M_ColSts＜机器人号码＞＝1
M_ColSts＜机器人号码＞＝0
＜机器人号码＞——1～3,省略时为 1。
```

（3）例句

```
1 Def Act 1,M_ColSts(1)＝1 GoTo*HOME,S'——如果检测到碰撞,就跳转到*HOME,S。
```

2 Act 1＝1′——中断程序有效区间。

3 ColChk On,NOErr′——碰撞检测生效(非报警状态)。

4 Mov P1

5 Mov P2

6 Mov P3

7 Mov P4

8 Act 1＝0′——中断程序无效。

100 *HOME′——中断程序标记。

101 ColChk Off′——碰撞检测无效。

102 Servo On

103 PESC＝P_ColDir(1)*(－2)

104 PDST＝P_Fbc(1)＋PESC

105 Mvs PDST′——运行到"待避点"。

106 Error 9100

21.2.9　M_Cstp——检测程序是否处于"循环停止中"

(1) 功能

M_Cstp 表示程序的"循环工作状态"。

M_Cstp＝1：程序处于"循环停止中"；

M_Cstp＝0：其他状态。

(2) 格式

＜数值变量＞＝M_Cstp

(3) 例句

1 M1＝M_Cstp

在程序自动运行中,如果在操作面板上按下"END",系统进入"循环停止中"状态,M_Cstp＝1。

21.2.10　M_Cys——检测程序是否处于"循环中"

(1) 功能

M_Cys 表示程序的"循环工作状态"。

M_Cys＝1：程序处于"循环中"；

M_Cys＝0：其他状态。

(2) 格式

＜数值变量＞＝M_Cys

(3) 例句

1 M1＝M_Cys

21.2.11　M_DIn/M_DOut——读取/写入 CC-Link 定义的远程寄存器的数据

(1) 功能

M_DIn/M_DOut 用于向 CC-Link 定义的远程寄存器读取或写入数据。

(2) 格式

＜数值变量＞＝M_DIn＜数式 1＞

<数值变量>＝M_DOut<数式 2>

<数式 1>——CC-Link 输入寄存器(6000～)。

<数式 2>——CC-Link 输入寄存器(6000～)。

(3) 例句

1 M1＝M_DIn(6000)'——M1＝CC-Link 输入寄存器 6000 的数值。

2 M1＝M_DOut(6000)'——M1＝CC-Link 输出寄存器 6000 的数值。

3 M_DOut(6000)＝100'——设定 CC-Link 输出寄存器 6000＝100。

21.2.12 M_Err/M_ErrLvl/M_ErrNo——报警信息

(1) 功能

M_Err/M_ErrLvl/M_ErrNo 用于表示是否有报警发生及报警等级。

① M_Err 是否发生报警：

M_Err＝0，无报警；M_Err＝1，有报警。

② M_ErrLvl 报警等级——0～6 级：

M_ErrLvl＝0，无报警；

M_ErrLvl＝1，警告；

M_ErrLvl＝2，低等级报警；

M_ErrLvl＝3，高等级报警；

M_ErrLvl＝4，警告 1；

M_ErrLvl＝5，低等级报警 1；

M_ErrLvl＝6，高等级报警 1；

③ M_ErrNo 为报警代码。

(2) 格式

<数值变量>＝M_Err

<数值变量>＝M_ErrLvl

<数值变量>＝M_ErrNo

(3) 例句

1 *LBL:If M_Err＝0 Then *LBL'——如果有报警发生,则停留在本程序行。

2 M2＝M_ErrLvl'——M2＝报警级别。

3 M3＝M_ErrNo'——M3＝报警号。

21.2.13 M_Exp——自然对数

(1) 功能

M_Exp＝自然对数的底 (2.71828182845905)。

(2) 例句

1 M1＝M_Exp'——M1＝2.71828182845905。

21.2.14 M_Fbd——指令位置与反馈位置之差

(1) 功能

M_Fbd 为指令位置与反馈位置之差。

（2）格式

＜数值变量＞＝M_Fbd＜机器人编号＞

（3）例句

1 Def Act 1,M_Fbd＞10 GoTo*SUB1,S'——如果偏差大于 10mm 则跳转到*SUB1。

2 Act 1＝1'——中断区间有效。

3 Torq 3,10'——设置 J3 轴的转矩限制在 10％以下。

4 Mvs P1

5 End

10 * SUB1

11 Mov P_Fbc'——使实际位置与指令位置相同。

12 M_Out(10)＝1

13 End

（4）说明

误差值为 X、Y、Z 的合成值。

21.2.15　M_G——重力常数（9.80665）

（1）功能

M_G＝重力常数（9.80665）。

（2）例句

1 M1＝M_G'——M1＝重力常数(9.80665)。

21.2.16　M_HndCq——抓手输入信号状态

（1）功能

M_HndCq 为抓手输入信号状态。

（2）格式

＜数值变量＞＝M_HndCq＜数式＞

＜数式＞——抓手输入信号编号 1～8,即输入信号 900～907。

（3）例句

1 M1＝M_HndCq(1)

（4）说明

M_HndCq(1)＝输入信号900。

21.2.17　M_In/M_Inb/M_In8/M_Inw/M_In16——输入信号状态

（1）功能

这是一类输入信号状态，是最常用的状态信号。

M_In——"位"输入信号。

M_Inb/M_In8——以"字节"为单位的输入信号。

M_Inw/M_In16——以"字"为单位的输入信号。

（2）格式

＜数值变量＞＝M_In＜数式＞

＜数值变量＞＝M_Inb＜数式＞/M_In8＜数式＞

＜数值变量＞＝M_Inw＜数式＞/M_In16＜数式＞

（3）说明

＜数式＞——输入信号地址。输入信号地址的范围定义：

① 0～255：通用输入信号；

② 716～731：多抓手信号；

③ 900～907：抓手输入信号；

④ 2000～5071：Profibus 用；

⑤ 6000～8047：CC-Link 用。

（4）例句

1 M1%＝M_In(10010)'——M1＝输入信号 10010 的值(1 或 0)。

2 M2%＝M_Inb(900)'——M2＝输入信号 900～907 的 8 位数值。

3 M3%＝M_Inb(10300)And &H7'——M3＝10300～10307 与 H7 的逻辑和运算值。

4 M4%＝M_Inw(15000)'——M4＝输入 15000～15015 构成的数据值(相当于一个 16 位的数据寄存器)。

21. 2. 18　M_ In32——输入 32 位外部数据

（1）功能

M_In32 为外部 32 位输入数据的信号状态。

（2）格式

＜数值变量＞＝M_In32＜数式＞

（3）说明

＜数式＞——输入信号地址。输入信号地址的范围定义：

① 0～255：通用输入信号；

② 716～731：多抓手信号；

③ 900～907：抓手输入信号；

④ 2000～5071：Profibus 用；

⑤ 6000～8047：CC-Link 用。

（4）例句

1 *ack_wait

2 If M_In(7)＝0 Then *ack_check

3 M1&＝M_In32(10000)'——M1＝由输入信号 10000～10031 组成的 32 位数据。

4 P1.Y＝M_In32(10100)/1000'——P1.Y＝从外部输入信号 10100～10131 组成的数据除以 1000 的值。这是将外部数据定义为"位置点"数据的一种方法。

21. 2. 19　M_JOvrd/M_NJOvrd/M_OPovrd/M_Ovrd/M_NOvrd——速度倍率值

（1）功能

表示当前速度倍率的状态变量。

① M_JOvrd——关节插补运动的速度倍率。

② M_NJOvrd——关节插补运动速度倍率的初始值（100%）。

③ M＿OPovrd——操作面板的速度倍率值。

④ M＿Ovrd——当前速度倍率值（以 Overd 指令设置的值）。

⑤ M＿NOvrd——速度倍率的初始值（100％）

（2）格式

＜数值变量＞＝M_JOvrd＜数式＞

＜数值变量＞＝M_NJOvrd＜数式＞

＜数值变量＞＝M_OPovrd＜数式＞

＜数值变量＞＝M_Ovrd＜数式＞

＜数值变量＞＝M_NOvrd＜数式＞

＜数式＞——任务区号,省略时为 1

（3）例句

1 M1＝M_Ovrd

2 M2＝M_NOvrd

3 M3＝M_JOvrd

4 M4＝M_NJOvrd

5 M5＝M_OPOvrd

6 M6＝M_Ovrd(2)'——任务区 2 的当前速度倍率。

21.2.20　M_Line——当前执行的程序行号

（1）功能

M＿Line 为当前执行的程序行号（会经常使用）。

（2）格式

＜数值变量＞＝M_Line＜数式＞

　＜数式＞——任务区号,省略时为 1。

（3）例句

1 M1＝M_Line(2)'——M1＝任务区 2 的当前执行程序行号。

21.2.21　M_LdFact——各轴的负载率

（1）功能

负载率是指实际载荷与额定载荷之比（实际电流与额定电流之比）。由于 M＿LdFact 表示了实际工作负载，所以经常使用。

（2）格式

＜数值变量＞＝M_LdFact＜轴号＞

　＜数值变量＞——负载率(0～100％)

　＜轴号＞——各轴轴号

（3）例句

1 Accel 100,100'——设置加减速时间为 100％。

2 *Label

3 Mov P1

4 Mov P2

```
5 If M_LdFact(2)＞90 Then'——如果 J2 轴的负载率大于 90％,则…。
6 Accel 50,50'——将加速度降低到原来的 50％。
7 M_SetAdl(2)＝50
8 Else'——否则
9 Accel 100,100'——将加速度调整到原来的 100％。
10 EndIf
11 GoTo *Label
```

（4）说明

如果负载率过大则必须延长加减速时间或改变机器人的工作负载。

21.2.22　M_Mode——操作面板的当前工作模式

（1）功能

M_Mode 表示操作面板的当前工作模式。

M_Mode＝1：MANUAL（手动）。

M_Mode＝2：AUTO（自动）。

（2）格式

＜数值变量＞＝M_Mode

（3）例句

1 M1＝M_Mode'——M1＝操作面板的当前工作模式。

21.2.23　M_On/M_Off——ON/OFF 状态

（1）功能

M_On/M_Off 表示一种 ON/OFF 状态：M_On＝1，M_Off＝0。

（2）格式

＜数值变量＞＝M_On

＜数值变量＞＝M_Off

（3）例句

1 M1＝M_On'——M1＝1。

2 M2＝M_Off'——M2＝0。

21.2.24　M_Open——被打开文件的状态

（1）功能

M_Open 表示被指定的文件已经开启或未被开启的状态。

M_Open＝1：指定的文件已经开启。

M_Open＝－1：未指定文件。

（2）格式

＜数值变量＞＝M_Open＜文件号码＞

＜文件号码＞——设置范围 1～8,省略时为 1。

（3）例句

1 Open "temp. txt" As #2'——将"temp. txt"设置为#2文件。

2 *LBL:If M_Open(2)<>1 Then GoTo *LBL'——如果2#文件尚未打开,则在本行反复运行,也是等待2#文件打开。

21.2.25　M_Out/M_Outb/M_Out8/M_Outw/M_Out16——输出信号状态（指定输出或读取输出信号状态）

（1）功能

输出信号状态。

① M_Out——以"位"为单位的输出信号状态。

② M_Outb/M_Out8——以"字节（8位）"为单位的输出信号数据。

③ M_Outw/M_Out16——以"字（16位）"为单位的输出信号数据。

这是最常用的变量之一。

（2）格式

M_Out(<数式1>)=<数值2>

M_Outb(<数式1>)/M_Out8(<数式1>)=<数值3>

M_Outw(<数式1>)/M_Out16(<数式1>)=<数值4>

M_Out(<数式1>)=<数值2>dly<时间>

<数值变量>=M_Out(<数式1>)

（3）说明

<数式1>——用于指定输出信号的地址。输出信号的地址范围分配如下：

① 10000～18191 多CPU共用软元件；

② 0～255 外部I/O信号；

③ 716～723 多抓手信号；

④ 900～907 抓手信号；

⑤ 2000～5071 PROFIBUS用信号；

⑥ 6000～8047 CC-Link用信号；

<数值2>，<数值3>，<数值4>——输出信号输出值,可以是常数、变量、数值表达式。

<数值2>设置范围：0或1。

<数值3>设置范围：-128～+127。

<数值4>设置范围：-32768～+32767。

<时间>——设置输出信号为ON的时间。单位：s。

（4）例句

1 M_Out(902)=1'——指令输出信号902为ON。

2 M_Outb(10016)=&HFF'——指令输出信号10016～10023的8位为ON。

3 M_Outw(10032)=&HFFFF'——指令输出信号10032～10047的16位为ON。

4 M4=M_Outb(10200)And&H0F'——M4=输出信号10200～10207与H0F的逻辑和。

（5）说明

输出信号与其他状态变量不同。输出信号是可以对其进行"指令"的变量而不仅仅是"读取其状态"的变量。实际上更多的是对输出信号进行设置,指令输出信号为ON/OFF。

21.2.26　M_Out32——向外部输出或读取 32 位的数据

（1）功能

M_Out32 用于指令外部输出信号状态（指定输出或读取输出信号状态），是以"32位"为单位的输出信号数据。

（2）格式

M_Out32＜数式 1＞＝＜数值＞
＜数值变量＞＝M_Out32＜数式 1＞
＜数式 1＞——用于指定输出信号的地址。输出信号的地址范围分配如下：
10000～18191：多 CPU 共用软元件；
0～255：外部 I/O 信号；
716～723：多抓手信号；
900～907：抓手信号；
2000～5071：Profibus 用信号；
6000～8047：CC-Link 用信号。
＜数值＞——设置范围：－2147483648～＋2147483647(&H80000000～&H7FFFFFFF)。

（3）例句

1 M_Out32(10000)＝P1.X *1000′——将 P1.X *1000 代入 10000～10031 的 32 位中。
2 *ack_wait
3 If M_In(7)＝0 Then *ack_check
4 P1.Y＝M_In32(10100)/1000′——将 M_In32(10100)构成的 32 位数据除以 1000 后代入 P1.Y。

21.2.27　M_PI——圆周率

（1）功能

M_PI 表示圆周率。

（2）格式

M_PI＝3.14159265358979。

（3）例句

M1＝M_PI′——M1＝3.14159265358979。

21.2.28　M_Psa——任务区的程序是否为可选择状态

（1）功能

M_Psa 表示任务区是否处于程序可选择状态。
M_Psa＝1：可选择程序。
M_Psa＝0：不可选择程序。

（2）格式

＜数值变量＞＝M_Psa＜数式＞
＜数式＞——任务区号：1～32,省略时为 1。

（3）例句

1 M1＝M_Psa(2)′——M1＝任务区 2 的程序选择状态。

21.2.29　M_Ratio——（在插补移动过程中）当前位置与目标位置的比率

（1）功能

M_Ratio 为（在插补移动过程中）当前位置与目标位置的比率。

（2）格式

＜数值变量＞＝M_Ratio＜数式＞

＜数式＞——任务区号:1～32,省略时为当前任务区号。

（3）例句

1 Mov P1 WthIf M_Ratio＞80,M_Out(1)＝1'——如果在向 P1 的移动过程中,当前位置与目标位置的比率大于 80%,则指令输出信号 1 为 ON。

21.2.30　M_RDst——（在插补移动过程中）距离目标位置的"剩余距离"

（1）功能

M_RDst 为（在插补移动过程中）距离目标位置的"剩余距离"。M_RDst 多用于在特定位置需要动作时用。

（2）格式

＜数值变量＞＝M_RDst＜数式＞

＜数式＞——任务区号:1～32,省略时为当前任务区号。

（3）例句

1 Mov P1 WthIf M_RDst＜10,M_Out(10)＝1'——如果在向 P1 的移动过程中,"剩余距离"＜10mm,则指令输出信号 10 为 ON。

21.2.31　M_Run——任务区内程序执行状态

（1）功能

M_Run 为任务区内程序的执行状态。

M_Run＝1：程序在执行中。

M_Run＝0：其他状态。

（2）格式

＜数值变量＞＝M_Run＜数式＞

＜数式＞——任务区号:1～32,省略时为当前任务区号。

（3）例句

1 M1＝M_Run(2)'——M1＝任务区 2 内的程序执行状态。

21.2.32　M_SetAdl——设置指定轴的加减速时间比例（注意不是状态值）

（1）功能

M_SetAdl 用于设置指定轴的加减速时间比例（注意不是状态值）。

（2）格式

M_SetAdl＜轴号码＞＝＜数值变量＞

＜数值变量＞——设置范围 1～100%,初始值为参数 Jadl 值。

（3）例句

1 Accel 100,50′——设置加减速比例。

2 If M_LdFact(2)＞90 Then′——如果 J2 轴的负载率＞90％,则

3 M_SetAdl(2)＝70′——设置 J2 轴加减速比率＝70％。

4 EndIf′——加速为 70％(100％×70％),减速为 35％(50％×70％),因为在第 1 行设置了加减速比例"Accel 100,50"。

5 Mov P1

6 Mov P2

7 M_SetAdl(2)＝100′——设置 J2 轴加减速比率＝100％。

8 Mov P3′——加速为 100％,减速为 50％。

9 Accel 100,100

10 Mov P4

21.2.33　M_SkipCq——Skip 指令的执行状态

（1）功能

M_SkipCq 即在已执行的程序中，检测是否已经执行了 Skip 指令。

M_SkipCq＝1：已经执行 skip 指令；

M_SkipCq＝0：未执行 skip 指令。

（2）格式

＜数值变量＞＝M_SkipCq＜数式＞

＜数式＞——任务区号:1～32,省略时为当前任务区号。

（3）例句

1 Mov P1 WthIf M_In(10)＝1,Skip′——在向 P1 移动过程中,如果 M_In(10)＝1,则执行 Skip,跳向下一行。

2 If M_SkipCq＝1 Then GoTo *Lskip′——如果 M_SkipCq＝1,则跳转到 *Lskip 行。

…

10 *Lskip

21.2.34　M_Spd/M_NSpd/M_RSpd——插补速度

（1）功能

M_Spd——当前设定速度。

M_NSpd——初始速度（最佳速度控制）。

M_RSpd——当前指令速度。

（2）格式

＜数值变量＞＝M_Spd＜数式＞

＜数值变量＞＝M_NSpd＜数式＞

＜数值变量＞＝M_RSpd＜数式＞

＜数式＞——任务区号:1～32,省略时为当前任务区号。

（3）例句

1 M1＝M_Spd′——M1＝当前设定速度。

2 Spd M_NSpd′——设置为最佳速度模式。

M_RSpd 为当前指令速度,多用于多任务和 With、WithIf 指令中。

21.2.35　M_Svo——伺服电机电源状态

（1）功能

M_Svo 为伺服电机电源状态。

M_Svo=1：伺服电机电源 ON。

M_Svo=0：伺服电机电源 OFF。

（2）格式

＜数值变量＞＝M_Svo＜数式＞

＜数式＞——任务区号：1～32，省略时为当前任务区号。

（3）例句

1 M1＝M_Svo(1)'——M1＝伺服电机电源状态。

21.2.36　M_Timer——计时器（以 ms 为单位）

（1）功能

M_Timer 为计时器（以 ms 为单位），可以检测机器人的动作时间。

（2）格式

＜数值变量＞＝M_Timer＜数式＞

＜数式＞——计时器序号：1～8，不能省略括号。

（3）例句

1 M_Timer(1)＝0'——计时器清零（从当前点计时）。

2 Mov P1

3 Mov P2

4 M1＝M_Timer(1)'——从当前点→P1→P2 所经过的时间（假设计时时间＝5.432s，则 M1＝5432）。

5 M_Timer(1)＝1.5'——设置 M_Timer(1)＝1.5。

M_Timer 可以作为状态型函数，对某一过程进行计时，计时以毫秒为单位。也可以被设置，设置时以秒为单位。

21.2.37　M_Tool——设定或读取 TOOL 坐标系的编号

（1）功能

M_Tool 是双向型变量，既可以设置也可以读取。M_Tool 用于设定或读取 TOOL 坐标系的编号。

（2）格式

＜数值变量＞＝M_Tool＜机器人编号＞

M_Tool＜机器人编号＞＝＜数式＞

＜机器人编号＞——1～3，省略时为 1。

＜数式＞——TOOL 坐标系序号：1～4。

（3）例句 1（设置 TOOL 坐标系）

1 Tool(0,0,100,0,0,0)'——设置 TOOL 坐标系原点(0,0,100,0,0,0)并写入参数 MEXTL。

2 Mov P1

3 M_Tool＝2'——选择当前 TOOL 坐标系为 2♯TOOL 坐标系(由 MEXTL2 设置的坐标系)

4 Mov P2

(4) 例句 2 (设置 TOOL 坐标系)

1 If M_In(900)＝1 Then'——如果 M_In(900)＝1则。

2 M_Tool＝1'——选择 TOOL1 作为 TOOL 坐标系。

3 Else

4 M_Tool＝2'——选择 TOOL2 作为 TOOL 坐标系。

5 EndIf

6 Mov P1

参数 MEXTL1、MEXTL2、MEXTL3、MEXTL4 用于设置 TOOL 坐标系 1～4。M_Tool 可以选择这些坐标系，也表示了当前正在使用的坐标系。

21.2.38　M_Uar——机器人任务区域编号

(1) 功能

机器人系统可以定义 16 个用户任务区，M_Uar 为机器人当前任务区域编号 M_Uar 可以视作 16 位数据寄存器。某一位为 ON，即表示进入对应的"任务区"。

(2) 格式

＜数值变量＞＝M_Uar＜机器人编号＞

＜机器人编号＞——1～3,省略时为 1。

(3) 例句

1 M1＝M_Uar(1)AND &H0004'——对用户任务区 3 的检测。

2 If M1＜＞0 Then M_Out(10)＝1'——如果 M1 不等于 0(进入了用户任务区 3),则指令 M_Out(10)＝1。

21.2.39　M_Uar32——机器人任务区域状态

(1) 功能

机器人系统可以定义 32 个用户任务区，M_Uar32 为机器人当前任务区域编号。M_Uar32 可以视作 32 位数据寄存器。某一位为 ON，即表示进入对应的"任务区"。

(2) 格式

＜数值变量＞＝M_Uar32＜机器人编号＞

＜机器人编号＞——1～3,省略时为 1。

(3) 例句

1 Def Long M1

2 M1&＝M_Uar32(1) AND &H00080000'——检测机器人是否进入"任务区 20"。

3 If M1&＜＞0 Then M_Out(10)＝1'——如果 M1& 不等于 0(进入了用户任务区 20),则指令 M_Out(10)＝1。

21.2.40　M_UDevW/M_UDevD——多 CPU 之间的数据读取及写入指令

(1) 功能

M_UDevW/M_UDevD 为多 CPU 之间的数据读取及写入指令。在一控制系统内有"通用 CPU"和"机器人控制 CPU"时，在多个 CPU 之间必须进行信息交换。在进行信息交换时，需要指定 CPU 号和公用软元件起始地址号。

M_UDevW——以"字（16bit）"为单位进行读写。

M_UDevD——以"双字（32bit）"为单位进行读写。

（2）格式 1 读取格式

<数值变量>＝M_UDevW<起始输入输出地址><共有内存地址>

<数值变量>＝M_UDevD<起始输入输出地址><共有内存地址>

（3）格式 2 写入格式

M_UDevW<起始输入输出地址><共有内存地址>＝<数值>

M_UDevD<起始输入输出地址><共有内存地址>＝<数值>

<起始输入输出地址>——指定 CPU 单元的输入输出地址号。以 16 进制表示时为：&H3E0～&H3E3。

10 进制为：992～995。

1#机：&H3E0(10 进制为 992)；

2#机：&H3E1(10 进制为 993)；

3#机：&H3E2(10 进制为 994)；

4#机：&H3E4(10 进制为 995)。

<共有内存地址>——指多个 CPU 之间可以共同使用的内存地址。

范围如下(10 进制)：

a. M_UDevW：10000～24335；

b. M_UDevD：10000～24334。

<数值>——设置读写数据的范围。

a. M_UDevW：－32768～32767(&H8000～&H7FFF)。

b. M_UDevD：－2147483648～2147483647(&H80000000～&H7FFFFFFF)。

（4）例句

1 M_UDevW(&H3E1,10010)＝&HFFFF'——在2#CPU 的 10010 内写入数据 &HFFFF(16 进制)。

2 M_UDevD(&H3E1,10011)＝P1.X *1000'——在 2#CPU 的 10011/10012 内写入数据"P1.X* 1000"。

3 M1％＝M_UDevW(&H3E2,10001)And&H7'——M1％＝M_UDevW(&H3E2,10001)低 3 位值。

21.2.41　M_Wai——任务区内的程序执行状态

（1）功能

M_Wai 表示任务区内的程序执行状态。

M_Wai＝1：程序为中断执行状态；

M_Wai＝0：中断以外状态。

（2）格式

<数值变量>＝M_Wai<机器人编号>

<机器人编号>——1～3,省略时为 1。

（3）例句

1 M1＝M_Wai(1)

21.2.42　M_XDev/M_XDevB/M_XDevW/M_XDevD——PLC 输入信号数据

（1）功能

在多 CPU 工作时，读取 PLC 输入信号数据。

① M_XDev——以"位"为单位的输入信号状态；

② M_XDevB——以"字节（8位）"为单位的输入信号数据；

③ M_XDevW——以"字（16位）"为单位的输入信号数据；

④ M_XDevD——以"双字（32位）"为单位的输入信号数据。

（2）格式

＜数值变量＞＝M_XDev(PLC输入信号地址)

＜数值变量＞＝M_XDevB(PLC输入信号地址)

＜数值变量＞＝M_XDevW(PLC输入信号地址)

＜数值变量＞＝M_XDevD(PLC输入信号地址)

（3）PLC输入信号地址

设置范围以16进制表示如下：

① M_XDev：&H0~&HFFF（0~4095）；

② M_XDevB：&H0~&HFF8（0~4088）；

③ M_XDevW：&H0~&HFF0（0~4080）；

④ M_XDevD：&H0~&HFE0（0~4064）。

（4）例句

1 M1%＝M_XDev(1)'——M1＝PLC输入信号1(1~0)。

2 M2%＝M_XDevB(&H10)'——M2＝PLC输入信号10起8位的值。

3 M3%＝M_XDevW(&H20)And&H7'——M3＝PLC输入信号20起(16进制)低3位值。

4 M4%＝M_XDevW(&H20)'——M4＝PLC输入信号20起16位数值。

5 M5&＝M_XDevD(&H100)'——M5＝PLC输入信号100起32位数值。

6 P1.Y＝M_XDevD(&H100)/1000

21.2.43 M_YDev/M_YDevB/M_YDevW/M_YDevD——PLC输出信号数据

（1）功能

在多CPU工作时，设置或读取PLC输出信号数据（可写可读）。

① M_YDev——以"位"为单位的输出信号状态；

② M_YDevB——以"字节（8位）"为单位的输出信号数据；

③ M_YDevW——以"字（16位）"为单位的输出信号数据；

④ M_YDevD——以"双字（32位）"为单位的输出信号数据。

（2）格式1

读取：

＜数值变量＞＝M_YDev(PLC输出信号地址)

＜数值变量＞＝M_YDevB(PLC输出信号地址)

＜数值变量＞＝M_YDevW(PLC输出信号地址)

＜数值变量＞＝M_YDevD(PLC输出信号地址)

（3）格式2

设置：

M_YDev(PLC输出信号地址)＝数值

M_YDevB(PLC输出信号地址)＝数值

M_YDevW(PLC输出信号地址)＝数值

M_YDevD(PLC 输出信号地址)＝数值

（4） PLC 输出信号地址

设置范围以 16 进制表示如下：

① M _ YDev：&H0～&HFFF（0～4095）；

② M _ YDevB：&H0～&HFF8（0～4088）；

③ M _ YDevW：&H0～&HFF0（0～4080）；

④ M _ YDevD：&H0～&HFE0（0～4064）。

（5）＜数值＞——设置写入数据的范围

a. M _ YDev：1 或 0；

b. M _ YDevB：－128～127；

c. M _ YDevW：－32768～32767（&H8000～&H7FFF）；

d. M _ UDevD：－2147483648～2147483647（&H80000000～&H7FFFFFFF）。

（6）例句

1 M_YDev(1)＝1'——设置 PLC 输出信号 1 为 ON。

2 M_YDevB(&H10)＝&HFF'——设置 PLC 输出信号 10～17 为 ON。

3 M_YDevW(&H20)＝&HFFFF'——设置 PLC 输出信号 20～41 为 ON。

4 M_YDevD(&H100)＝P1.X*1000'——设置 PLC 输出信号 100(H100＝P1.X×1000)。

5 M1%＝M_YDevW(&H20) And &H7

21.3 P 开头状态变量

21.3.1 P_Base/P_NBase——基本坐标系偏置值

（1）功能

P _ Base——当前基本坐标系偏置值，即从当前世界坐标系观察到的"基本坐标系原点"的数据。P _ NBase——基本坐标系初始值＝（0，0，0，0，0，0）（0，0），当世界坐标系与基本坐标系一致时，即为初始值。

（2）格式

＜位置变量＞＝P_Base＜机器人编号＞

＜位置变量＞＝P_NBase

＜位置变量＞——以 P 开头,表示"位置点"的变量。

＜机器人编号＞——1～3,省略时为 1。

（3）例句

1 P1＝P_Base'——P1＝当前"基本坐标系"在"世界坐标系"中的位置。

2 Base P_NBase'——以基本坐标系的初始位置为当前"世界坐标系"。

21.3.2 P_CavDir——机器人发生干涉碰撞时的位置数据

（1）功能

P _ CavDir 为机器人发生干涉碰撞时的位置数据，是读取专用型数据。P _ CavDir 是检测到碰撞发生后，自动退避时确定方向所使用的"位置点数据"（应该回退以避免事故，回退的数据。)

(2) 格式

<位置变量>＝P_CavDir<机器人编号>

<位置变量>——以 P 开头，表示"位置点"的变量。

<机器人编号>——1～3，省略时为 1。

(3) 例句

Def Act 1,M_CavSts<>0 GoTo *Home,S'——定义如果发生"干涉"后的"中断程序"。

Act 1＝1'——中断区间有效。

CavChk On,0,NOErr'——设置干涉回避功能有效。

Mov P1'——移动到 P1 点。

Mov P2'——移动到 P2 点。

Mov P3'——移动到 P3 点。

*Home'——程序分支标志。

CavChk Off'——设置干涉回避功能无效。

M_CavSts＝0'——干涉状态清零。

MDist＝ Sqr (P _ CavDir. X * P _ CavDir. X ＋ P _ CavDir. Y * P _ CavDir. Y ＋ P _ CavDir. Z * P _ CavDir. Z)'——求出移动量的比例(求平方根运算)。

PESC＝P_CavDir(1)*(−50)*(1/MDist)'——生成待避动作的移动量,从干涉位置回退 50mm。

PDST＝P_Fbc(1)＋PESC'——生成待避位置。

Mvs PDST'——移动到 PDST 点。

Mvs PHome'——回待避位置。

21.3.3　P_ColDir——机器人发生干涉碰撞时的位置数据

本变量功能及使用方法与 P _ CavDir 相同。

21.3.4　P_Curr——当前位置（X, Y, Z, A, B, C, L1, L2）（FL1, FL2）

(1) 功能

P _ Curr 为 "当前位置"，这是最常用的变量。

(2) 格式

<位置变量>＝P_Curr<机器人编号>

<位置变量>——以 P 开头，表示"位置点"的变量。

<机器人编号>——1～3，省略时为 1。

(3) 例句

1 Def Act 1,M_In(10)＝1 GoTo *LACT

2 Act 1＝1

3 Mov P1

4 Mov P2

5 Act 1＝0

100 *LACT

101 P100＝P_Curr'——读取当前位置,P100＝当前位置。

102 Mov P100,−100'——移动到 P100 近点−100 的位置。

103 End

21.3.5　P_Fbc——以伺服反馈脉冲表示的当前位置（X，Y，Z，A，B，C，L1，L2）（FL1，FL2）

（1）功能

P_Fbc 是以伺服反馈脉冲表示的当前位置（X，Y，Z，A，B，C，L1，L2）（FL1，FL2）。

（2）格式

＜位置变量＞＝P_Fbc＜机器人编号＞

＜机器人编号＞——1～3,省略时为 1。

（3）例句

1 P1＝P_Fbc

21.3.6　P_Safe——待避点位置

（1）功能

P_Safe 是由参数 Jsafe 设置的"待避点位置"。

（2）格式

＜位置变量＞＝P_Safe＜机器人编号＞

＜机器人编号＞——1～3,省略时为 1。

（3）例句

1 P1＝P_Safe′——设置 P1 点为"待避点位置"。

21.3.7　P_Tool/P_NTool——TOOL 坐标系数据

（1）功能

P_Tool 为 TOOL 坐标系数据。P_NTool 为 TOOL 坐标系初始数据（0，0，0，0，0，0，0，0）（0，0）。

（2）格式

＜位置变量＞＝P_Tool＜机器人编号＞

＜位置变量＞＝P_NTool

＜机器人编号＞——1～3,省略时为 1。

（3）例句

1 P1＝P_Tool′——P1＝当前使用的 TOOL 坐标系的偏置数据。

21.3.8　P_WkCord——设置或读取当前"工件坐标系"数据

（1）功能

P_WkCord 用于设置或读取当前"工件坐标系"数据，是双向型变量。

（2）格式 1

读取：

＜位置变量＞＝P_WkCord＜工件坐标系编号＞

（3）格式 2

设置：

P_WkCord＜工件坐标系编号＞＝＜工件坐标系数据＞

＜工件坐标系编号＞——设置范围 1～8。

＜工件坐标系数据＞——位置点类型数据，为从"基本坐标系"观察到的"工件坐标系原点"的位置数据。

（4）例句

1 PW＝P_WkCord(1)′——PW＝1♯工件坐标系原点(WK1CORD)数据。

2 PW.X＝PW.X＋100

3 PW.Y＝PW.Y＋100

4 P_WkCord(2)＝PW′——设置2♯工件坐标系(WK2CORD)。

5 Base 2′——以 2♯工件坐标系为基准运行。

6 Mov P1

设定工件坐标系时，结构标志无意义。

21.3.9 P_Zero——零点 [（0，0，0，0，0，0，0，0)(0，0)]

（1）功能

P_Zero 为"零点"。

（2）格式 1

读取：

＜位置变量＞＝P_Zero

（3）例句

1 P1＝P_Zero′——P1＝(0,0,0,0,0,0,0,0)(0,0)

P_Zero 一般在将位置变量初始化时使用。

第22章
编程指令中使用的函数

在机器人的编程言语中，提供了大量的运算函数，这样就大大提高了编程的便利性。本章详细介绍这些运算函数的用法。这些运算函数按英文字母顺序排列，便于学习和查阅。在学习本章时，应该先通读一遍，然后根据编程需要，重点研读需要使用的指令。

22.1 A 起首字母

22.1.1 Abs——求绝对值

（1）功能

Abs 为求绝对值函数。

（2）格式

＜数值变量＞＝Abs(＜数式＞)

（3）例句

1 P2.C＝Abs(P1.C)′——将 P1 点 C 轴数据求绝对值后赋予 P2 点 C 轴。

2 Mov P2

3 M2＝－100

M1＝Abs(M2)′——将 M2 求绝对值后赋值到 M1。

22.1.2 Align——坐标轴转换

（1）功能

Align 功能是将当前位置形位（Pose）轴（A，B，C）数据变换为最接近的"直交轴"数据（0，±90，±180）。只是坐标数据变换，不实际移动。

（2）格式

＜位置变量＞＝Align(＜位置＞)

（3）例句

1 P1＝P_Curr

2 P2＝Align(P1)

3 Mov P2

图 22-1 是将 B 轴数据转换成 90°的例子。

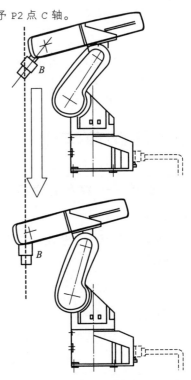

图 22-1 将 B 轴数据转换为 90°

22.1.3 Asc——求字符串的 ASCII 码

（1）功能

Asc 用于求字符串的 ASCII 码。

（2）格式

＜数值变量＞＝Asc(＜字符串＞)

（3）例句

M1＝Asc("A")'——M1＝&H41。

22.1.4 Atn/Atn2——（余切函数）计算余切

（1）功能

Atn/Atn2 为（余切函数）计算余切。

（2）格式

1)＜数值变量＞＝Atn(＜数式＞)
2)＜数值变量＞＝Atn2(＜数式 1＞,＜数式 2＞)
＜数式＞——$\Delta Y/\Delta X$;
＜数式 1＞——ΔY;
＜数式 2＞——ΔX。

（3）例句

1 M1＝Atn(100/100)'——M1＝π/4(弧度)。
2 M2＝Atn2(－100,100)'——M1＝－π/4(弧度)。

（4）说明

① 根据数据计算余切，单位为"弧度"。
② Atn 范围在－π/2～π/2。
③ Atn2 范围在－π～π。

22.2 B 起首字母

22.2.1 Bin$ ——将数据变换为二进制字符串

（1）功能

Bin$ 将数据变换为二进制字符串。

（2）格式

＜字符串变量＞＝Bin$ (＜数式＞)

（3）例句

1 M1＝&B11111111
2 C1$ ＝Bin$ (M1)'——C1$ ＝11111111。

说明：如果数据是小数，则四舍五入为整数后再转换。

22.3　C 起首字母

22.3.1　CalArc——圆弧运算

（1）功能

CalArc 用于当指定的 3 点构成一个圆弧时，求出圆弧的半径、中心角和圆弧长度。

（2）格式

＜数值变量 4＞＝CalArc（＜位置 1＞,＜位置 2＞,＜位置 2＞,＜数值变量 1＞,＜数值变量 2＞,＜数值变量 3＞,＜位置变量 1＞）

（3）说明

① ＜位置 1＞——圆弧起点；

② ＜位置 2＞——圆弧通过点；

③ ＜位置 3＞——圆弧终点；

④ ＜数值变量 1＞——计算得到的"圆弧半径（mm）"；

⑤ ＜数值变量 2＞——计算得到的"圆弧中心角（deg）"；

⑥ ＜数值变量 3＞——计算得到的"圆弧长度（mm）"；

⑦ ＜位置变量 1＞——计算得到的"圆弧中心坐标（位置型，ABC＝0）"；

⑧ ＜数值变量 4＞——函数计算值；

a. ＜数值变量 4＞＝1：可正常计算；

b. ＜数值变量 4＞＝－1：给定的 2 点为同一点，或 3 点在一直线上；

c. ＜数值变量 4＞＝－2：给定的 3 点为同一点。

（4）例句

```
1 M1＝CalArc(P1,P2,P3,M10,M20,M30,P10)
2 If M1<>1 Then End'——如果各设定条件不对,就结束程序。
3 MR＝M10'——将"圆弧半径"代入"MR"。
4 MRD＝M20'——将"圆弧中心角"代入"MRD"。
22 MARCLEN＝M30'——将"圆弧长度"代入"MARCLEN"。
23 PC＝P10'——将"圆弧中心坐标"代入"PC"。
```

22.3.2　Chr$ ——将 ASCII 码变换为"字符"

（1）功能

Chr$ 用于将 ASCII 码变换为"字符"。

（2）格式

＜字符串变量＞＝Chr$（＜数式＞）

（3）例句

```
1 M1＝&H40
2 C1$ ＝Chr$ (M1＋1)'——C1$ ＝"A"。
```

22. 3. 3　CInt——将数据四舍五入后取整

（1）功能

CInt 用于将数据四舍五入后取整。

（2）格式

<数值变量>＝CInt(<数据>)

（3）例句

1 M1＝CInt(1.22)'——M1＝2。
2 M2＝CInt(1.4)'——M2＝1。
3 M3＝CInt(−1.4)'——M3＝−1。
4 M4＝CInt(−1.22)'——M4＝−2。

22. 3. 4　CkSum——进行字符串的"和校验"计算

（1）功能

CkSum 的功能为进行字符串的"和校验"计算。

（2）格式

<数值变量>＝*CkSum(<字符串>,<数式 1>,<数式 2>)

（3）说明

<字符串>——指定进行"和校验"的字符串；

<数式 1>——指定进行"和校验"的字符串的起始字符；

<数式 2>——指定进行"和校验"的字符串的结束字符。

（4）例句

1 M1＝CkSum("ABCDEFG",1,3)'——对本字符串的第 1～3 字符进行"和校验"计算。M1 的计算结果为：&H41("A")＋&H42("B")＋&H43("C")＝&HC6。

22. 3. 5　Cos——余弦函数（求余弦）

（1）功能

Cos 为余弦函数。

（2）格式

<数值变量>＝Cos(<数据>)

（3）例句

1 M1＝Cos[Rad(60)]

（4）说明

① 角度单位为"弧度"。

② 计算结果范围："−1～1"。

22.3.6　Cvi——对字符串的起始 2 个字符进行 ASCII 码转换为整数

（1）功能

Cvi 的功能为对字符串的起始 2 个字符进行 ASCII 码转换为整数。

（2）格式

＜数值变量＞＝Cvi(＜字符串＞)

（3）例句

```
1 M1＝Cvi("10ABC")'——M1＝&H3031。
```

（4）说明

主要用于简化外部数据的处理。

22.3.7　Cvs——将字符串的起始 4 个字符的 ASCII 码转换为单精度实数

（1）功能

Cvs 的功能是将字符串的起始 4 个字符的 ASCII 码转换为单精度实数。

（2）格式

＜数值变量＞＝Cvs(＜字符串＞)

（3）例句

```
M1＝Cvs("FFFF")'——M1＝12689.6。
```

22.3.8　Cvd——将字符串的起始 8 个字符的 ASCII 码转换为双精度实数

（1）功能

Cvd 的功能是将字符串的起始 8 个字符的 ASCII 码转换为双精度实数。

（2）格式

＜数值变量＞＝Cvd(＜字符串＞)

（3）例句

```
1 M1＝Cvd("FFFFFFFF")'——M1＝＋3.2229224e＋30。
```

22.4　D 起首字母

22.4.1　Deg——将角度单位从弧度（rad）变换为度（deg）

（1）功能

Deg 功能是将角度单位从弧度（rad）变换为度（deg）。

（2）格式

＜数值变量＞＝Deg(＜数式＞)

（3）例句

```
1 P1＝P_Curr
```

2 If Deg(P1.C)＜170 Or Deg(P1.C)＞－1220 Then *NOErr1′——如果 P1.C 的度数(deg)小于 170°
或大于－1220°(deg),则跳转到＊NOErr1。

3 Error 9100

4 *NOErr1

22.4.2 Dist——求 2 点之间的距离（mm）

（1）功能

Dist 的功能是求 2 点之间的距离（mm）。

（2）格式

＜数值变量＞＝Dist(＜位置 1＞,＜位置 2＞)

（3）例句

1 M1＝Dist(P1,P2)′——M1 为 P1 与 P2 点之间的距离。

（4）说明

J 关节点无法使用本功能。

22.5 E 起首字母

22.5.1 Exp——计算 e 为底的指数函数

（1）功能

Exp 的功能是计算 e 为底的指数函数。

（2）格式

＜数值变量＞＝Exp(＜数式＞)

（3）例句

1 M1＝Exp(2)′——M1＝e2。

22.5.2 Fix——计算数据的整数部分

（1）功能

计算数据的整数部分。

（2）格式

＜数值变量＞＝Fix(＜数式＞)

（3）例句

1 M1＝Fix(22.22)′——M1＝22。

22.5.3 Fram——建立坐标系

（1）功能

Fram 的功能是由给定的 3 个点构建一个坐标系标准点，常用于建立新的工件坐标系。

（2）格式

＜位置变量 4＞＝Fram(＜位置变量 1＞,＜位置变量 2＞,＜位置变量 3＞)

＜位置变量 1＞——新平面上的"原点"；

＜位置变量 2＞——新平面上的"X 轴上的一点"；

＜位置变量 3＞——新平面上的"Y 轴上的一点"；

＜位置变量 4＞——新坐标系基准点。

（3）例句

```
1 Base P_NBase'——初始坐标系。
2 P10＝Fram(P1,P2,P3)'——求新建坐标系(P1,P2,P3)原点 P10 在世界坐标系中的位置。
3 P10＝Inv(P10)'——转换。
4 Base P10'——新建世界坐标系。
```

22.6 H 起首字母

22.6.1 Hex$ ——将 16 进制数据转换为"字符串"

（1）功能

Hex$用于将数据（－32768～32767）转换为 16 进制"字符串"。

（2）格式

＜字符串变量＞＝Hex$（＜数式＞,＜输出字符数＞)

（3）例句

```
10 C1$ ＝Hex$ (&H41FF)'——C1$ ＝"41FF"。
20 C2$ ＝Hex$ (&H41FF,2)'——C2$ ＝"FF"。
```

（4）说明

＜输出字符数＞——从右边计数的字符。

22.7 I 开头

22.7.1 Int——计算数据最大值的整数

（1）功能

Int 用于计算数据最大值的整数。

（2）格式

＜数值变量＞＝Int(＜数式＞)

（3）例句

```
1 M1＝Int(3.3)'——M1＝3。
```

22.7.2 Inv——对位置数据进行"反向变换"

(1) 功能

Inv 的功能是对位置数据进行"反向变换"。Inv 指令可用于根据当前点建立新的"工件坐标系",如图 22-2。在视觉功能中,也可以用于计算偏差量。

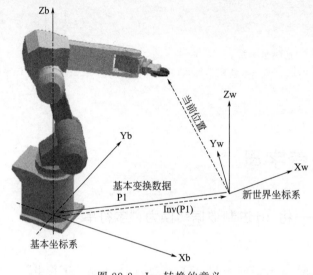

图 22-2　Inv 转换的意义

(2) 格式

＜位置变量＞＝Inv(＜位置变量＞)

(3) 例句

1 P1＝Inv(P1)

(4) 说明

① 在原坐标系中确定一点"P1"。

② 如果希望以"P1"点作为新坐标系的原点,使用指令 Inv 进行变换,即"P1＝Inv(P1)",则以 P1 为原点建立了新的坐标系。注意图中 Inv(P1) 的效果。

22.8　J 起首字母

22.8.1 JtoP——将关节位置数据转成"直角坐标系数据"

(1) 功能

JtoP 用于将关节位置数据转成"直角坐标系数据"。

(2) 格式

＜位置变量＞＝JtoP(＜关节变量＞)

(3) 例句

1 P1＝JtoP(J1)

（4）说明

注意 J1 为关节变量；P1 为位置型变量。

22.9　L 起首字母

22.9.1　Left\$——按指定长度截取字符串

（1）功能

Left\$ 用于按指定长度截取字符串。

（2）格式

＜字符串变量＞＝Left\$（＜字符串＞,＜数式＞）

＜数式＞——用于指定截取的长度。

（3）例句

1 C1\$ ＝Left\$（"ABC",2）'——C1\$ ＝AB。

（4）说明

从左边截取＜数式＞指定的长度。

22.9.2　Len——计算字符串的长度（字符个数）

（1）功能

Len 用于计算字符串的长度（字符个数）。

（2）格式

＜数值变量＞＝Len(＜字符串＞)

（3）例句

1 M1＝Len("ABCDEFG")'——M1＝7。

22.9.3　Ln——计算自然对数（以 e 为底的对数）

（1）功能

Ln 用于计算自然对数（以 e 为底的对数）。

（2）格式

＜数值变量＞＝Ln(＜数式＞)

（3）例句

1 M1＝Ln(2)'——M1＝0.693147。

22.9.4　Log——计算常用对数（以 10 为底的对数）

（1）功能

Log 用于计算常用对数（以 10 为底的对数）。

（2）格式

＜数值变量＞＝Log(＜数式＞)

(3) 例句

1 M1＝Log(2)'——M1＝0.301030。

22.10　M 起首字母

22.10.1　Max——计算最大值

(1) 功能

Max 用于求出一组数据中的最大值。

(2) 格式

＜数值变量＞＝Max(＜数式 1＞,＜数式 2＞,＜数式 3＞)

(3) 例句

1 M1＝Max(2,1,3,4,10,100)'——M1＝100。

这一组数据中最大的数是 100。

22.10.2　Mid$ ——根据设定求字符串的部分长度的字符

(1) 功能

Mid$ 用于根据设定求字符串的部分长度的字符。

(2) 格式

＜字符串变量＞＝Mid$ (＜字符串＞,＜数式 2＞,＜数式 3＞)
＜数式 2＞——用于指定被截取字符串长度的起始位置。
＜数式 3＞——用于指定截取的长度。

(3) 例句

1 C1$ ＝Mid$ ("ABCDEFG",3,2)'——C1$ ="CD"。
从指定字符串"ABCDEFG"的第 3 位起,截取 2 位字符。

22.10.3　Min——求最小值

(1) 功能

Min 用于求出一组数据中最小值。

(2) 格式

＜数值变量＞＝Min(＜数式 1＞,＜数式 2＞,＜数式 3＞)

(3) 例句

1 M1＝Min(2,1,3,4,10,100)'——M1＝1。

这一组数据中最小的数是 1。

22.10.4　Mirror$ ——字符串计算

(1) 功能

Mirror$ 的计算过程如下。

① 将指定的字符串转换成 ASCII 码；

② 将 ASCII 码转换成二进制数；

③ 将二进制数取反；

④ 将取反后的二进制数转换为 ASCII 码；

⑤ 将 ASCII 码转换为字符。

（2）格式

<字符串变量>＝Mirror$（<字符串>）

（3）例句

1 C1$ ＝Mirror$（"BJ"）

（4）说明

"BJ" ＝&H42，&H4A（将指定的字符串转换成 ASCII 码）

＝&B01000010，&B01001010（将 ASCII 码转换成二进制数）

＝&H222，&H42＝&B01010010，&B01000010（将各二进制数取反后转换成 ASCII 码）

C1 $ ＝"RB"——将 ASCII 码转换为字符。

22.10.5 Mki$ ——字符串计算

（1）功能

Mki $ 用于将整数的值转换为两个字符的字符串。

（2）格式

<字符串变量>＝Mki$（<数式>）

（3）例句

1 C1$ ＝Mki$（20299）'——C1$ ＝"OK"。

2 M1＝Cvi（C1$ ）'——M1＝20299。

22.10.6 Mks$ ——字符串计算

（1）功能

Mks $ 用于将单精度数转换为 4 个字符的字符串。

（2）格式

<字符串变量>＝Mks$（<数式>）

（3）例句

1 C1$ ＝Mks$（100.1）

2 M1＝Cvs（C1$ ）'——M1＝100.1。

22.10.7 Mkd$ ——字符串计算

（1）功能

Mkd $ 用于将双精度数转换为 8 个字符的字符串。

(2) 格式

<字符串变量>=Mkd$ <数式>

(3) 例句

```
1 C1$ =Mks$ (10000.1)
2 M1=Cvs(C1$ )'——M1=10000.1。
```

22.11 P 起首字母

22.11.1 PosCq——检查给出的位置点是否在允许动作区域内

(1) 功能

PosCq 用于检查给出的位置点是否在允许动作范围区域内。

(2) 格式

<数值变量>=PosCq<位置变量>

<位置变量>——可以是直交型也可以是关节型位置变量。

(3) 例句

```
1 M1=PosCq(P1)
```

(4) 说明

如果 P1 点在动作范围以内，M1=1；如果 P1 点在动作范围以外，M1=0。

22.11.2 PosMid——求出 2 点之间做直线插补的中间位置点

(1) 功能

PosMid 用于求出 2 点之间做直线插补的中间位置点。

(2) 格式

<位置变量>=PosCq(<位置变量 1>,<位置变量 1>,<数式 1>,<数式 1>)

<位置变量 1>——直线插补起点；

<位置变量 2>——直线插补终点。

(3) 例句

```
1 P1=PosMid(P2,P3,0,0)'——P1 点为 P2、P3 点的中间位置点。
```

22.11.3 PtoJ——将直交型位置数据转换为关节型数据

(1) 功能

PtoJ 用于将直交型位置数据转换为关节型数据。

(2) 格式

<关节位置变量>=PtoJ(<直交位置变量>)

(3) 例句

```
1 J1=PtoJ(P1)
```

（4）说明

J1 为关节型位置变量；P1 为直交型位置变量。

22.12　R 起首字母

22.12.1　Rad——将角度（deg）单位转换为弧度单位（rad）

（1）功能

Rad 用于将角度（deg）单位转换为弧度单位（rad）。

（2）格式

＜数值变量＞＝Rad(＜数式＞)

（3）例句

```
1 P1＝P_Curr
2 P1.C＝Rad(90)
3 Mov P1
```

（4）说明

常常用于对位置变量中"形位"（Pose）（A，B，C 轴）的计算和三角函数的计算。

22.12.2　Rdfl1——将形位（Pose）结构标志用"字符""R"/"L"、"A"/"B"、"N"/"F"表示

（1）功能

Rdfl1 用于将形位（Pose）结构标志用"字符""R"/"L"、"A"/"B"、"N"/"F"表示。

（2）格式

＜字符串变量＞＝Rdfl1(＜位置变量＞,＜数式＞)

＜数式＞——指定取出的结构标志。

＜数式＞＝0:取出"R"/"L";

＜数式＞＝1:取出"A"/"B";

＜数式＞＝1:取出"N"/"F"。

（3）例句

```
1 P1＝(100,0,100,180,0,180)(7,0)'——P1 的结构 flag7(&B111)＝RAN。
2 C1$ ＝Rdfl1(P1,1)'——C1$ ＝A
```

22.12.3　Rdfl2——求指定关节轴的"旋转圈数"

（1）功能

Rdfl2 用于求指定关节轴的"旋转圈数"，即求结构标志 FL2 的数据。

（2）格式

＜设置变量＞＝Rdfl2(＜位置变量＞,＜数式＞)

＜数式＞——指定关节轴。

（3）例句

```
1 P1=(100,0,100,180,0,180)(7,&H00100000)
2 M1=Rdfl2(P1,6)'——M1=1。
```

（4）说明

① 取得的数据范围：−8～7。

② 结构标志 FL2 由 32 位构成。旋转圈数为−1～−8 时，显示形式为 F—8。在 FL2 标志中，FL2=00000000 中各位对应轴号 87654321。每 1 位的数值代表旋转的圈数。正数表示正向旋转的圈数。

例：

J6 轴旋转圈数=+1 圈，则 FL2=00100000（旋转圈数：−2−10+1+2）。

J6 轴旋转圈数=−1 圈，则 FL2=00F00000（旋转圈数：E，F0+1+2）。

22.12.4　Rnd——产生一个随机数

（1）功能

Rnd 用于产生一个随机数。

（2）格式

<数值变量>=Rnd(<数式>)

<数式>——指定随机数的初始值。

<数值变量>——数据范围 0.0～1.0。

（3）例句

```
1 Dim MRND(10)
2 C1=Right$("C_Time",2)'——C1="me"。
3 MRNDBS=Cvi(C1)
4 MRND(1)=Rnd(MRNDBS)
5 For M1=2 To 10
6 MRND(M1)=Rnd(0)
7 Next M1
```

22.12.5　Right$ ——从字符串右端截取"指定长度"的字符串

（1）功能

Right $ 用于从字符串右端截取"指定长度"的字符串。

（2）格式

<字符串变量>=Right$(<字符串>,<数式>)

<数式>——用于指定截取的长度。

（3）例句

```
1 C1$ =Right$("ABCDEFG",3)'——C1$ ="EFG"。
```

（4）说明

从右边截取<数式>指定长度的字符串。

22.13　S 起首字母

22.13.1　Setfl1——变更指定"位置点"的"形位（Pose）结构标志 FL1"

（1）功能

Setfl1 用于变更指定"位置点"的"形位（pose）结构标志 FL1"。

（2）格式

＜位置变量＞＝Setfl1(＜位置变量＞,＜字符串＞)

＜字符串＞——设置变更后的 FL1 标志。

"R"or"L"设置 Right/Left；

"A"or"B"设置 Above/Below；

"N"or"F"设置 Nonflip/Flip。

（3）例句

10 Mov P1

20 P2＝Setfl1(P1,"LBF")'——将 P1 点的结构标志 FL1 改为"LBF"。

30 Mov P2

这一功能可以用于改变坐标系后，要求用原来的形位（Pose）结构工作时，保留形位（Pose）结构 FL1 的场合。FL1 标志以数字表示的样例如图 22-3 所示：

图 22-3　形位标志结构

22.13.2　Setfl2——变更指定"位置点"的"形位（Pose）结构标志 FL2"——旋转圈数

（1）功能

Setfl2 用于变更指定"位置点"的"形位（Pose）结构标志 FL2"——旋转圈数。

（2）格式

＜位置变量＞＝Setfl1(＜位置变量＞,＜数式 1＞,＜数式,2＞)

＜数式 1＞——设置轴号 1～8；

＜数式 1＞——设置旋转圈数－8～7。

（3）例句

10 Mov P1

20 P2＝Setfl2(P1,6,1)'——设置 P1 点 J6 轴旋转圈数＝1。

30 Mov P2

（4）说明

各轴实际旋转角度与 FL2 标志的对应关系如图 22-4。

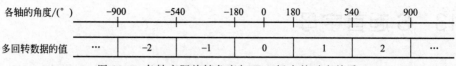

图 22-4　各轴实际旋转角度与 FL2 标志的对应关系

22.13.3　SetJnt——设置各关节变量的值

(1) 功能
SetJnt 用于设置"关节型位置变量"。

(2) 格式
＜关节型位置变量＞＝SetJnt(＜J1 轴＞,＜J2 轴＞,＜J3 轴＞,＜J4 轴＞,＜J22 轴＞,＜J6 轴＞,
＜J7 轴＞,＜J8 轴＞)

＜J1 轴＞～＜J2 轴＞:单位为弧度(rad)。

(3) 例句

```
1 J1＝J_Curr
2 For M1＝0 To 60 Step 10
3 M2＝J1.J3＋Rad(M1)
4 J2＝SetJnt(J1.J1,J1.J2,M2)'——只使 J3 轴每次增加 10°,J4 轴以后为相同的值。
5 Mov J2
6 Next M1
7 M0＝Rad(0)
8 M90＝Rad(90)
9 J3＝SetJnt(M0,M0,M90,M0,M90,M0)
10 Mov J3
```

22.13.4　SetPos——设置直交型位置变量数值

(1) 功能
设置直交型位置变量数值。

(2) 格式
＜位置变量＞＝SetPos(＜X 轴＞,＜Y 轴＞,＜Z 轴＞,＜A 轴＞,＜B 轴＞,＜C 轴＞,＜L1 轴＞,
＜L2 轴＞)

＜X 轴＞～＜Z 轴＞:单位为"mm";

＜A 轴＞～＜C 轴＞:单位为弧度(rad)。

(3) 例句

```
1 P1＝P_Curr
2 For M1＝0 To 100 Step 10
3 M2＝P1.Z＋M1
4 P2＝SetPos(P1.X,P1.Y,M2)'——Z 轴数值每次增加 10mm,A 轴以后各轴数值不变。
5 Mov P2
6 Next M1
```

可以用于以函数方式表示运动轨迹的场合。

22. 13. 5 Sgn——求数据的符号

（1）功能

Sgn 用于求数据的符号。

（2）格式

＜数值变量＞＝Sgn(＜数式＞)

（3）例句

```
1 M1＝－12
2 M2＝Sgn(M1)'——M2＝－1。
```

（4）说明

① ＜数式＞＝正数，＜数值变量＞＝1；

② ＜数式＞＝0，＜数值变量＞＝0；

③ ＜数式＞＝负数，＜数值变量＞＝－1。

22. 13. 6 Sin——求正弦值

（1）功能

Sin 用于求正弦值。

（2）格式

＜数值变量＞＝Sin(＜数式＞)

（3）例句

```
1 M1＝Sin(Rad(60))'——M1＝0.86603。
```

（4）说明

＜数式＞的单位为弧度。

22. 13. 7 Sqr——求平方根

（1）功能

Sqr 用于求平方根。

（2）格式

＜数值变量＞＝Sqr(＜数式＞)

（3）例句

```
1 M1＝Sqr(2)'——M1＝1.41421。
```

22. 13. 8 Strpos——在字符串里检索"指定的字符串"的位置

（1）功能

Strpos 用于在字符串里检索"指定的字符串"的位置。

（2）格式

＜数值变量＞＝Strpos(＜字符串 1＞,＜字符串 2＞)

<字符串 1>——基本字符串；

<字符串 2>——被检索的字符串。

(3) 例句

1 M1＝Strpos("ABCDEFG","DEF")'——M1＝4,"DEF"在字符串 1 中出现的位置是 4。

22.13.9　Str$ ——将数据转换为"十进制字符串"

(1) 功能

Str$用于将数据转换为"十进制字符串"。

(2) 格式

<字符串变量>＝Str$ (<数式>)

(3) 例句

1 C1$ ＝Str$ (123)'——C1$ ＝"123"。

22.14　T 起首字母

22.14.1　Tan——求正切

(1) 功能

Tan 用于求正切。

(2) 格式

<数值变量>＝Tan(<数式>)

(3) 例句

1 M1＝Tan(Rad(60))'——M1＝1.732022。

(4) 说明

<数式>的单位为弧度。

22.15　V 起首字母

22.15.1　Val——将字符串转换为"数值"

(1) 功能

Val 将字符串转换为"数值"。

(2) 格式

<数值变量>＝Val(<字符串>)

<字符串>——字符串形式可以是十进制、二进制(&B)、十六进制(&H)。

(3) 例句

1 M1＝Val("122")

2 M2＝Val("&B1111")

3 M3＝Val("&HF")

上例中，M1、M2、M3 的数值相同。

22.16　Z 起首字母

22.16.1　Zone——检查指定的位置点是否进入指定的区域

（1）功能

Zone 用于检查指定的位置点是否进入指定的位置区域，如图 22-5 所示。

（2）格式

＜数值变量＞＝Zone(＜位置 1＞,＜位置 2＞,＜位置 3＞)

① ＜位置 1＞——检测点。

② ＜位置 2＞,＜位置 3＞——构成指定区域的空间对角点。

③ ＜位置 1＞,＜位置 2＞,＜位置 3＞为直交型位置点 P。

④ ＜数值变量＞＝1:＜位置 1＞点进入指定的区域。

⑤ ＜数值变量＞＝0:＜位置 1＞点没有进入指定的区域。

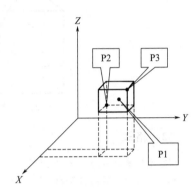

图 22-5　指定的位置点是否进入指定的位置区域

（3）例句

1 M1＝Zone(P1,P2,P3)

2 If M1＝1 Then Mov P_Safe Else End

22.16.2　Zone2——检查指定的位置点是否进入指定的区域（圆筒型）

（1）功能

Zone2 用于检查指定的位置点是否进入指定的位置区域（圆筒型），如图 22-6。

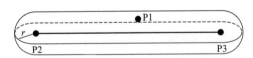

图 22-6　指定的位置点是否进入指定的位置区域

（2）格式

＜数值变量＞＝Zone2(＜位置 1＞,＜位置 2＞,＜位置 3＞,＜数式＞)

① ＜位置 1＞——被检测点。

② ＜位置 2＞,＜位置 3＞——构成指定圆筒区域的空间点。

③ ＜数式＞——两端半球的半径。

④ ＜位置 1＞,＜位置 2＞,＜位置 3＞为直交型位置点 P。

⑤ ＜数值变量＞＝1:＜位置 1＞点进入指定的区域。

⑥ ＜数值变量＞＝0:＜位置 1＞点没有进入指定的区域。

Zone2 只用于检查指定的位置点是否进入指定的（圆筒型）区域，不考虑"形位（Pose）"。

（3）例句

1 M1＝Zone2(P1,P2,P3,220)

381

2 If M1＝1 Then Mov P_Safe Else End

22.16.3 Zone3——检查指定的位置点是否进入指定的区域（长方体）

（1）功能

Zone3用于检查指定的位置点是否进入指定的位置区域（长方体），如图 22-7 所示。

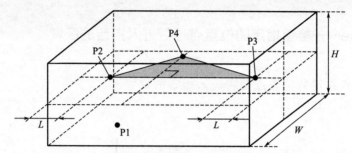

图 22-7 指定的位置点是否进入指定的位置区域

（2）格式

＜数值变量＞＝Zone(＜位置 1＞,＜位置 2＞,＜位置 3＞,＜位置 4＞,＜数式 W＞,＜数式 H＞,＜数式 L＞)

1)＜位置 1＞——检测点。

2)＜位置 2＞,＜位置 3＞——构成指定区域的空间点。

3)＜位置 4＞——与＜位置 2＞,＜位置 3＞共同构成指定平面的点。

4)＜位置 1＞,＜位置 2＞,＜位置 3＞为直交型位置点 P。

5)＜数式 W＞——指定区域宽。

6)＜数式 H＞——指定区域高。

7)＜数式 L＞——(以＜位置 2＞,＜位置 3＞为基准)指定区域长。

8)＜数值变量＞＝1:＜位置 1＞点进入指定的区域。

9)＜数值变量＞＝0:＜位置 1＞点没有进入指定的区域。

（3）例句

1 M1＝Zone3(P1,P2,P3,P4,100,100,220)

2 If M1＝1 Then Mov P_Safe Else End

参 考 文 献

［1］ 黄凤.工业机器人与自控系统的集成应用［M］.北京：化学工业出版社，2017.

［2］ 黄凤.工业机器人编程指令详解.［M］.北京：化学工业出版社，2017.

［3］ 戎罡.三菱电机中大型可编程控制器应用指南［M］.北京：机械工业出版社，2011.

［4］ 刘伟.六轴工业机器人在自动装配生产线中的应用［J］.电工技术，2015（8）：49-50.

［5］ 吴昊.基于 PLC 的控制系统在机器人码垛搬运中的应用［J］.山东科学，2011（6）：75-78.

［6］ 任旭，等.机器人砂带磨削船用螺旋桨关键技术研究［J］.制造技术与机床，2015（11）：127-131.

［7］ 高强，等.基于力控制的机器人柔性研抛加工系统搭建［J］.制造技术与机床，2015（10）：41-44.

［8］ 陈君宝.滚边机器人的实际应用［J］.金属加工，2015（22）：60-63.

［9］ 三菱电机公司.CR750/CR751 控制器操作说明书，2013.

［10］ 三菱电机公司.CR800 系列控制器 CR750/CR751 系列控制器.

［11］ 三菱电机公司.RT ToolBox2/RT ToolBox2 mini 操作说明书，2013.

［12］ 三菱电机公司.Mitsubishi Industrial Robot SD Series Tracking Function Manual，2009.

［13］ 三菱电机公司.Mitsubishi Industrial Robot Tracking Function Manual CR750/CR751 series controller CRn-700 series controller，2012.

［14］ 三菱电机公司.Q 系列 CC-Link 网络系统.用户参考手册，2000.

［15］ 杨忠宝，康顺哲.VB 语言程序设计教程［M］.北京：人民邮电出版社，2010.

［16］ 郭其一，黄世泽，等.现场总线与工业以太网应用［M］.北京：科学出版社，2018.

［17］ 李正军，李潇然.现场总线与工业以太网［M］.北京：中国电力出版社，2018.